机械零部件结构设计及计算实例

刘瑛 李玉兰 主编

化学工业出版社

·北京·

本书是编者在总结多年教学实践经验的基础上，充分吸纳机械设计领域中的新标准、新工艺、新结构和新方法编写而成。在编写中力求体系合理，信息量大，突出实用性和使用方便性。

全书分上下两篇。上篇在介绍机械零部件结构工艺性设计的基本要求和内容的基础上，以大量的图例介绍了铸件、锻压件、冲压件、切削件、热处理零件和粉末冶金件、工程塑料件、橡胶件、焊接件等零部件的结构工艺性，以及零部件设计的装配与维修工艺性；下篇以通用零部件为主干，全面系统地阐述了常用连接件、带传动、链传动、齿轮传动、螺旋传动、轴、轴承、联轴器、离合器和制动器等典型零部件的选用和结构设计，并给出了应用实例。

本书可供从事机械设计、制造、维修及相关工作的工程技术人员使用与参考。

图书在版编目（CIP）数据

机械零部件结构设计及计算实例/刘瑛，李玉兰主编.
北京：化学工业出版社，2014.6（2023.4重印）
ISBN 978-7-122-20514-8

Ⅰ.①机… Ⅱ.①刘…②李… Ⅲ.①机械元件-结构
设计②机械元件-结构计算 Ⅳ.①TH13

中国版本图书馆 CIP 数据核字（2014）第 083359 号

责任编辑：张兴辉 文字编辑：孙 科
责任校对：边 涛 装帧设计：王晓宇

出版发行：化学工业出版社（北京市东城区青年湖南街 13 号 邮政编码 100011）
印 装：北京科印技术咨询服务有限公司数码印刷分部
787mm×1092mm 1/16 印张 16 字数 397 千字 2023 年 4 月北京第 1 版第 9 次印刷

购书咨询：010-64518888 售后服务：010-64518899
网 址：http://www.cip.com.cn
凡购买本书，如有缺损质量问题，本社销售中心负责调换。

定 价：58.00 元

前　言

近年来，为增强学生的适应性、工程实践能力和创新性，各高等院校都在开展课程体系、教学内容、教学方法和教学手段的改革，力求使学生的素质、知识和能力更好地适应市场经济的需要和新技术的发展。

在机械类和近机械类专业的教学环节中，机械零部件的设计是学生必须熟练掌握的基本内容。在多年的教学实践中，编者发现机械零部件的结构设计往往是学生的薄弱环节，学生所做的不合理结构设计常常导致零部件无法加工制造。因此，为适应机械设计基础课程教学改革，根据"机械设计基础课程教学基本要求"以及教育部组织的高等教育面向21世纪教学内容和课程体系改革计划要求，编者依据多年的教学实践经验，吸纳了机械工程设计领域中的新标准、新工艺、新结构、新理论和新方法，以大量的图例介绍了各种零部件结构的加工工艺性、装配工艺性和维修工艺性，系统地阐述了典型零部件的选用和结构设计，并给出了应用实例。

本书在编写和内容上具有以下特色。

① 体系合理、条理清楚。本书分上下两篇，上篇在介绍机械零部件结构工艺性设计的基本要求和内容的基础上，图文并茂地介绍了铸件、锻压件、冲压件、切削件、热处理零件和粉末冶金件、工程塑料件、橡胶件、焊接件等零部件的结构工艺性，以及零部件设计的装配与维修工艺性；下篇以通用零部件为主干，全面系统地阐述了常用连接件、带传动、链传动、齿轮传动、螺旋传动、轴、轴承、联轴器、离合器和制动器等典型零部件的选用和结构设计，并以实例说明了这些知识点的应用。

② 实践性强、知识与技能并重。全书的内容较为全面地涵盖了机械工程设计所涉及的零部件，充分分析了机械零部件结构设计的多样性，设计计算实例模拟了实际工程设计，具有较强的实践性，充分体现了理论联系实际、知识与技能并重的思想。

本书兼顾了机械类和近机械类专业的特点与要求，优化整合了机械零部件结构设计的有关内容，与当前教学密切配合，反映了当前教学的特色与发展趋势，突出了系统性、科学性和实用性，既可作为高等院校学生的教学教材和参考资料，也可供从事机械设计、制造、维修及相关工作的工程技术人员使用与参考。

本书由刘瑛、李玉兰主编，张学玲、柴树峰任副主编，骆素君主审。参与编写的有军事交通学院的刘洁、张丽杰、李永刚、田广才、杨钢、孙燕、白丽娜、冯任余、李静、陈宏睿、欧阳熙。

编　者

目　录

上篇　机械零部件结构工艺性设计

下篇 典型零部件的结构设计及计算实例

上篇　机械零部件结构工艺性设计

第1章　机械结构设计的基本要求和主要内容

1.1　机械结构设计的基本要求

1.1.1　机械结构设计基本准则

机械结构设计是一项综合性的技术工作，机械设计的最终结果是以一定的结构形式表现出来的，按所设计的结构进行加工、装配，制造成最终的产品。所以，机械结构设计应满足作为产品的多方面要求。基本要求有功能性、可靠性、工艺性、经济性和外观造型等方面的要求。此外，还应改善零件的受力，提高强度、刚度、精度和寿命等。

由于结构设计的错误或不合理，可能造成零部件不应有的失效，将使机器达不到设计精度的要求，给装配和维修带来极大的不方便。因此，机械结构设计过程中应考虑如下的结构设计准则：实现产品的预期设计功能；满足零件的强度、刚度设计要求；考虑零部件的加工工艺、装配工艺以及机构的造型设计要求等准则。

1.1.2　机械零件结构设计基本要求

机械零件结构设计应满足的要求很多，基本要求主要包括功能及使用要求、加工及装配工艺性要求、人机学及环保、经济性等要求。

（1）功能要求

要满足运动范围和形式、速度大小和载荷传递等传动要求，以实现承载、固定、连接等功能。

① 明确功能　结构设计是要根据其在机器中的功能和与其他零部件相互的连接关系，确定参数尺寸和结构形状。零部件主要的功能有承受载荷、传递运动和动力，以及保证或保持有关零件或部件之间的相对位置或运动轨迹等。设计的结构应能满足从机器整体考虑对它的功能要求。

② 功能合理的分配　产品设计时，根据具体情况，通常有必要将任务进行合理的分配，即将一个功能分解为多个分功能。每个分功能都要有确定的结构承担，各部分结构之间应具有合理、协调的联系，以达到总功能的实现。多结构零件承担同一功能可以减轻零件负担，延长使用寿命。例如，若只靠螺栓预紧产生的摩擦力来承受横向载荷时，会使螺栓的尺寸过大，可增加抗剪元件，如销、套筒和键等，以分担横向载荷来解决这一问题。

③ 功能集中　为了简化机械产品的结构，降低加工成本，便于安装，在某些情况下，可由一个零件或部件承担多个功能。功能集中会使零件的形状更加复杂，但要有度，否则反而影响加工工艺、增加加工成本，设计时应根据具体情况而定。

（2）使用性能要求

满足结构的强度、刚度、耐磨性、稳定性及可靠性等使用性能的要求。

① 等强度准则　零件截面尺寸的变化应与其内应力变化相适应，使各截面的强度相等。按等强度原理设计的结构，材料可以得到充分利用，从而减轻了重量、降低成本。如悬臂支

架、阶梯轴的设计等。

② 合理力流结构　力流在构件中不会中断，任何一条力线都不会突然消失，必然是从一处传入，从另一处传出。力流的另一个特性是它倾向于沿最短的路线传递，从而在最短路线附近力流密集，形成高应力区。其他部位力流稀疏，甚至没有力流通过，从应力角度上讲，材料未能充分利用。因此，为了提高构件的刚度，应该尽可能按力流最短路线来设计零件的形状，减少承载区域，从而累积变形越小，提高了整个构件的刚度，使材料得到充分利用。

③ 减小应力集中结构　当力流方向急剧转折时，力流在转折处会过于密集，从而引起应力集中，设计中应在结构上采取措施，使力流转向平缓。应力集中是影响零件疲劳强度的重要因素。结构设计时，应尽量避免或减小应力集中。

④ 使载荷平衡结构　在机器工作时，常产生一些无用的力，如惯性力、斜齿轮轴向力等，这些力不但增加了轴和轴衬等零件的负荷，降低其精度和寿命，同时也降低了机器的传动效率。所谓载荷平衡就是指采取结构措施，部分或全部平衡无用力，以减轻或消除其不良影响。这些结构措施主要是采用平衡元件、对称布置等。

（3）工艺性要求

机械零件结构设计的工艺性要求分布在零部件生产过程的各阶段，要综合考虑制造、装配、维修和热处理等各种工艺及技术问题，要结合生产批量、制造条件和新的工艺技术发展来进行设计，以求在保证功能和使用要求的前提下，采用较经济的工艺方法，保质、保量地制造出零件。一般而言，机械零件结构的工艺性要求包括：加工工艺性要求、装配工艺性要求、维修工艺性要求和热处理工艺性要求。

（4）其他要求

机械零件结构设计还包括运输要求、人机学要求、环保与经济性要求等其他要求。运输要求指零件结构便于吊装和有利于交通工具运输。人机学要求指零件结构美观，符合宜人性要求，操作舒适安全。环保要求指减少对环境危害，零件可回收再利用。

机械零件的经济性主要取决于所选择的材料和结构设计。设计时要合理选择零件材料，要考虑材料的力学性能是否适应零件的工作条件和加工工艺，合理地确定零件的尺寸和满足工艺要求的结构，尽量简化结构形状，注意减少机械加工量，合理地规定制造精度等级和技术条件，尽可能采用标准件、通用件。

1.2　机械零件结构设计的主要内容

结构设计的主要任务是按照原理方案绘制出全部结构图，以便作为生产依据制造出可实现功能要求的产品。结构设计可分为机器总体结构设计和零部件结构设计。机械零件结构设计主要内容则包括选择零件的毛坯及其制造方法，选择零件的材料及其热处理方式，确定零件的形状、尺寸、公差、配合和技术条件等，并将之体现于零件图中。

1.2.1　满足功能要求的结构设计

满足主要机械功能要求，指满足运动范围和形式、速度大小和载荷传递等传动功能的要求，在技术上的具体化实现。如工作原理、工作的可靠性、工艺、材料和装配等方面的实现。

（1）根据运动功能设计机构或结构

机构设计是根据功能要求设计原理方案。例如齿轮机构可以实现匀速转动——匀速转动运动；连杆机构可以实现匀速转动——变速转动或往复摆动运动；凸轮机构可以实现匀速转动——不同速度和规律的移动或摆动；螺旋机构可以实现匀速转动——线性移动，等等。

① 执行构件的基本运动形式　常用机构的执行构件的运动形式有回转运动、直线运动和曲线运动三种，其中回转运动和直线运动是最简单的机械运动形式。按照运动有无往复性和间歇性，基本运动的形式如表 1-1 所示。

表 1-1　执行构件的基本运动形式

序号	运动形式	举　例
1	单向转动	曲柄摇杆机构中的曲柄、转动导杆机构中的转动导杆、齿轮机构中的凸轮
2	往复摆动	曲柄摇杆机构中的摇杆、摆动导杆机构中的摆动导杆、滑块机构中的摇块
3	单向移动	带传动机构或链传动机构中的输送带(链)移动
4	往复移动	曲柄滑块机构中的滑块、牛头刨机构中的刨头
5	间歇运动	槽轮机构中的槽轮、棘轮机构中的棘轮,凸轮机构、连杆机构也可以构成间歇运动
6	实现轨迹	平面连杆机构中的连杆曲线、行星轮系中行星轮上任意点的轨迹

② 机构的运动形式转换功能　不同机构具有运动形式转换的功能，按照机构运动形式转换功能，可以组合成完成总功能的新机械。表 1-2 列出了机构的一些基本运动形式转换功能。

表 1-2　机构的运动形式转换功能

序号	基本功能	举　例
1	转动⇌转动	双曲柄机构、齿轮机构、带传动机构、链传动机构
	转动⇌摆动	曲柄摇杆机构、曲柄摇块机构、摆动导杆机构、摆动从动件凸轮机构
	转动⇌移动	曲柄滑块机构、齿轮齿条机构、挠性输送机构
	转动⇌单向间歇转动	螺旋机构、正弦机构、移动推杆凸轮机构
	摆动⇌摆动	槽轮机构、不完全齿轮机构、空间凸轮间歇运动机构
	摆动⇌移动	双摇杆机构
	移动⇌移动	正切机构
	摆动⇌单向间歇运动	双滑块机构、移动推杆移动凸轮机构、齿轮棘轮机构、摩擦式棘轮机构
2	变换运动速度	齿轮机构(用于增速或减速)、双曲柄机构(用于变速)
3	变换运动方向	齿轮机构、蜗杆机构、锥齿轮机构等
4	进行运动合成(或分解)	差动轮系、各种二自由度机构
5	对运动进行操纵或控制	离合器、凸轮机构、连杆机构、杠杆机构
6	实现给定的运动位置或轨迹	平面连杆机构、连杆-齿轮机构、凸轮-连杆机构、联动凸轮机构
7	实现某些特殊功能	增力机构、增程机构、微动机构、急回特性机构、夹紧机构、定位机构

③ 对机构按功能分类　在实际的机械设计时，要求所选用的机构能实现某种规律、运动形式、运动范围或速度的动作或有关功能，因此，从机械设计需要出发，可以将各种机构，按运动形式和速度规律实现的功能进行分类。在表 1-3 中简要介绍了按运动形式和速度规律等功能进行机构分类的情况。

表 1-3　机构的分类

序号	执行构件实现的运动或功能	机　构　形　式
1	匀速转动机构(包括定传动比机构、变传动比机构)	摩擦轮机构;齿轮机构、轮系;平行四边形机构;转动导杆机构;各种有级或无级变速机构
2	非匀速转动机构	非圆齿轮机构;双曲柄四杆机构;转动导杆机构;组合机构;挠性件机构
3	往复运动机构(包括往复移动和往复摆动)	曲柄摇杆往复运动机构;双摇杆往复运动机构;滑块往复运动机构;凸轮式往复运动机构;齿轮式往复运动机构;组合机构
4	间歇运动机构(包括间歇转动、间歇摆动、间歇移动)	间歇转动机构(棘轮、槽轮、凸轮、不完全齿轮等机构);间歇摆动机构(一般利用连杆曲线上近似圆弧或直线段实现);间歇移动机构(由连杆机构、凸轮机构、齿轮机构、组合机构等来实现单侧停歇、双侧停歇、步进移动)
5	差动机构	差动螺旋机构;差动棘轮机构;差动齿轮机构;差动连杆机构;差动滑轮机构
6	实现预期轨迹机构	直线机构(连杆机构、行星齿轮机构等);特殊曲线(椭圆、抛物线、双曲线等)绘制机构;工艺轨迹机构(连杆机构、凸轮机构、凸轮-连杆机构等)

（2）利用功能面分析法进行结构设计

机械零件的结构设计就是将原理方案具体化。实现零件功能的结构方案多种多样，在进行机械零部件结构设计时，功能面分析法是常用的方法之一。

功能面是指机械结构中相邻零件的作用表面，例如两啮合齿轮间的啮合面、轮毂与轴的配合表面、V带传动中V带与带轮轮槽的作用表面、键连接中的工作表面等。零件的基本形状或其功能面要素是与其功能要求相对应的，表1-4列出了常用零件的基本形状及功能的对应关系。功能面可用形状、尺寸、数量、位置、排列顺序和不同功能面的连接等参数来描述，若改变功能面的参数，可以获得多种零件结构和组合变化。例如通过改变零件表面的形状，可以将直齿轮改变为斜齿轮；通过改变齿轮的模数、轴的直径等尺寸，可以获得不同尺寸的零件；通过改变螺钉头作用面的数目或几何形状，可以使其适用于不同的场合。

表 1-4 常用零件的基本形状及其功能

形状类别名称		形 状 图 例	功能
面	接触面（平面、圆柱面、圆锥面）	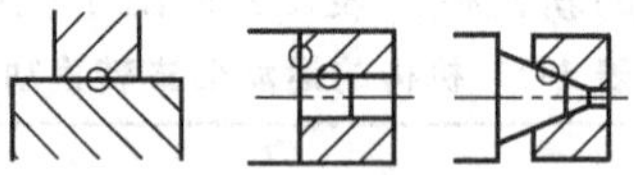	配合、安装等
	滑动面（圆柱面、平面）	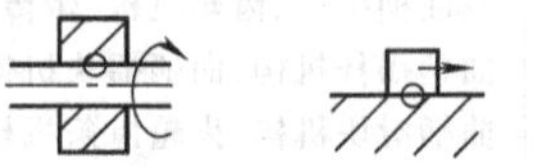	支承或导向
孔	圆周排列孔	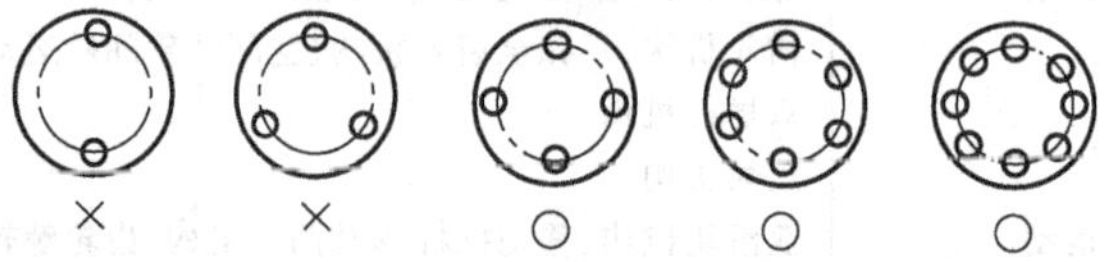	安装、紧固、定位
	直线排列孔	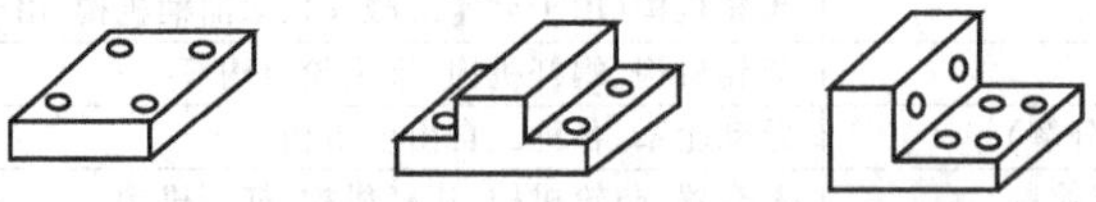	安装、紧固、定位
	不通孔	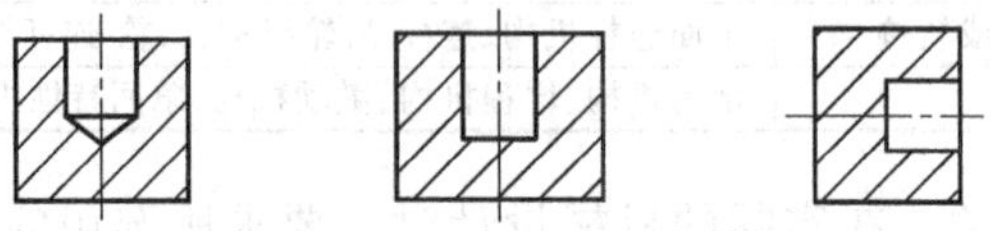	定位或安装
	台阶孔	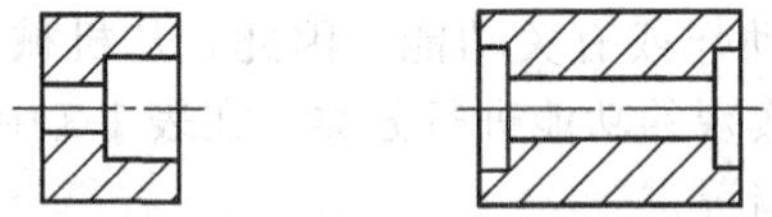	定位或安装
槽	导向及传递转矩槽	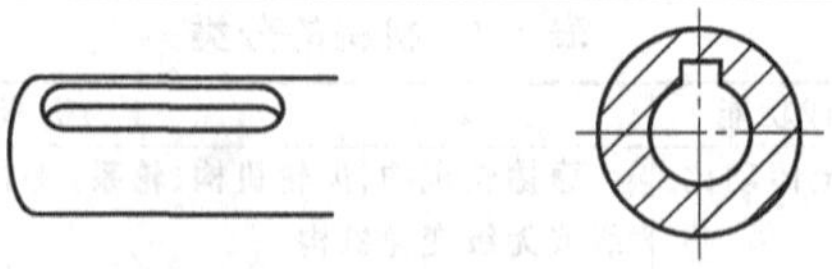 键槽导向槽　　　孔中键槽	导向、传递转矩
	密封圈槽	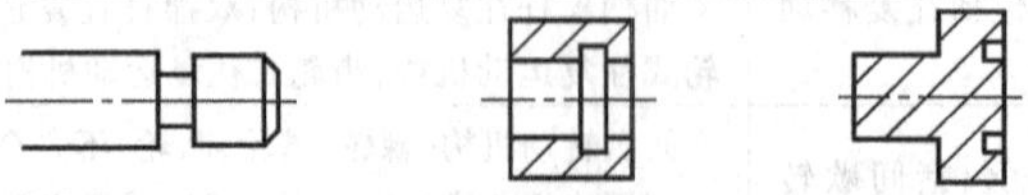 轴上O形槽　孔中O形槽　端面O形槽	安装密封圈
	导向及紧固槽	块体沟槽 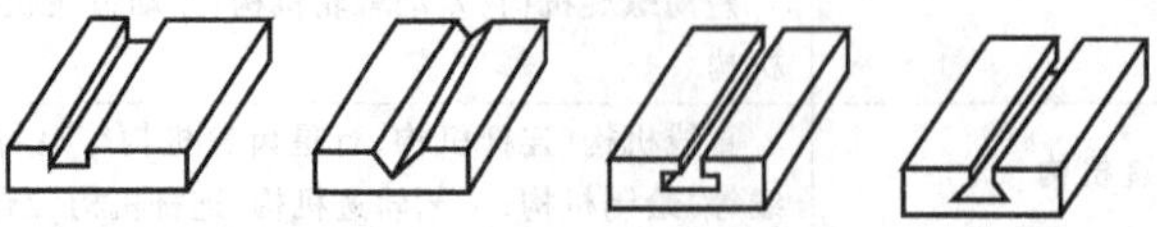	导向、紧固或安装定位

续表

形状类别名称		形 状 图 例	功能
倒角	倒斜角	端面倒角　　圆柱端面倒角　　孔内倒角　　沟槽倒角	便于安装,保护安装面,保证操作安全
	倒圆角	轴段间圆角　　孔底圆角　　沟槽圆角	减小应力集中,提高强度
螺纹	不完全螺纹	不完全螺纹　　标准六角头螺纹　　螺纹孔	用于不需将螺纹完全旋入的场合,加工方便
	完全螺纹	开退刀槽所形成　　板上螺纹孔　　镗削孔（退刀槽）	螺纹完全旋入,端面需接触

　　功能面分析法要先根据原理方案规定各功能面,再由功能面构造出能够满足功能要求的三维实体零部件。利用功能面分析法进行结构设计的一般步骤可参见例题。

　　例:已知直角阀门的原理方案示意图如图 1-1 所示,要求对直角阀门进行结构设计。

　　(1) 确定直角阀门的主体结构和尺寸

　　由通过阀体的流量、管内压强和其他相关条件确定各管的直径、壁厚以及阀瓣的厚度和相对位置,从而画出直角阀门的主体结构草图,如图 1-2 所示。

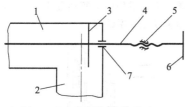

图 1-1　直角阀门结构示意图

1—水平管;2—垂直管;3—阀瓣;4—螺旋阀杆;

5—螺母;6—手轮;7—密封

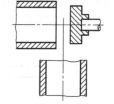

图 1-2　直角阀门主体结构

　　(2) 功能和功能面的分析

　　阀门的主功能是通过阀瓣和阀体管道端面的接合与开启实现流体的流通与封闭,该功能面可采用平(环)面或圆锥面。阀门可通过下列各结构功能实现主功能。

　　① 阀瓣和阀杆的连接结构,功能面可以是圆柱配合面、螺纹面等,依连接方式而不同。

　　② 阀杆与阀体的密封结构,功能面为阀杆柱面,具体还取决于密封件接触形式。

　　③ 螺旋驱动结构,功能面为螺旋面,按摩擦形式不同可分为滑动螺旋或滚动螺旋面。

　　(3) 确定阀瓣和阀杆的连接结构

阀瓣和阀杆的连接方式，可设计成刚性可拆连接和可转动连接两类，如图 1-3 所示。其中，刚性连接方式对功能面的配合精度要求较高，否则难以保证良好的密封性能；可转动连接方式能减少阀瓣的磨损和抖动，有利于提高阀门的使用性能。

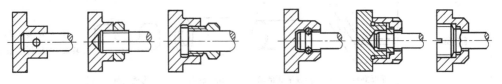

　　　　　(a) 刚性可拆连接方式　　　　　　　　　　　　　　(b) 可转动连接方式

图 1-3　阀瓣和阀杆的连接方式

（4）确定阀体与阀杆的密封结构

图 1-4（a）所示的接触式密封结构适用于低开启频率的阀门，图 1-4（b）所示的非接触式密封结构适用于高开启频率的阀门。确定采用图 1-4（c）所示的结构。

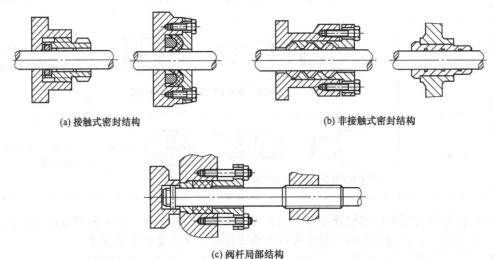

　　　　　(a) 接触式密封结构　　　　　　　　　　　　　　(b) 非接触式密封结构

(c) 阀杆局部结构

图 1-4　阀体与阀杆的密封结构

（5）确定螺旋驱动结构

驱动结构采用图 1-5（a）所示的手动螺旋结构，驱动螺旋接触面采用具有自锁功能的滑动螺旋面以保证阀瓣的密闭效果，阀瓣和阀杆可相对转动，该结构较为简单，不宜采用电动驱动方式。图 1-5（b）所示的结构中螺母旋转，宜于采用电动驱动方式，驱动螺旋可采用滚动螺旋副结构。

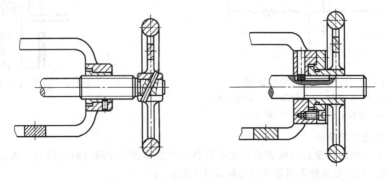

　　　　　(a) 手动螺旋结构　　　　　　　　　　　　　　**(b) 旋转螺母结构**

图 1-5　阀杆螺旋驱动结构

（6）确定阀体结构

考虑到整体的密闭性和阀体内部零件的可拆装性，阀体结构采用法兰结构，如图 1-6 所示。

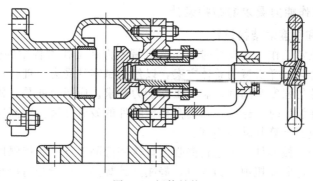

图 1-6 阀体结构

（3）现代机械结构及功能分析示例

下面以机器人手腕的结构分析为例来对现代机械结构及功能进行分析。

通用机器人的主要机械结构可划分为基座、臂部、腕部和末端执行器（手爪）。其中，基座起支撑作用，固定式机器人的基座直接连接在地面基础上，移动式机器人的基座安装在移动机构上；臂部连接基座和腕部，主要改变末端执行器的空间位置；腕部连接臂部和末端执行器，主要改变末端执行器的空间姿态；末端执行器也称手爪部分或手部，是机器人的作业工具。

腕部确定末端执行器的空间作业姿态，一般具有三个自由度：臂转——绕小臂轴线旋转；手转——使末端执行器绕自身轴线旋转；腕摆——使手部相对臂部摆动。为实现臂转、手转和腕摆三个自由度，腕部可由三个回转关节组合而成，组合方式可多种多样。不论何种组合方式，腕部的结构设计都应满足传递运动灵活、结构紧凑轻巧、避免运动干涉等要求。

图 1-7（a）是某型弧焊机器人手腕部的传动简图，具有腕摆和手转两个自由度。根据原理方案设计出的结构如图 1-7（b）所示，图中，腕摆电动机通过同步齿形带传动将动力输入腕摆谐波减速器 7，腕摆谐波减速器 7 的输出轴带动腕摆框 1 实现腕摆运动；手转电动机通过同步齿形带传动将动力输入手转谐波减速器 10，手转谐波减速器 10 的输出轴将动力传到锥齿轮 9，实现手转运动。

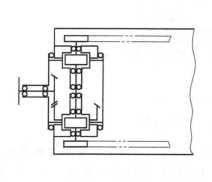

(a) 传动简图

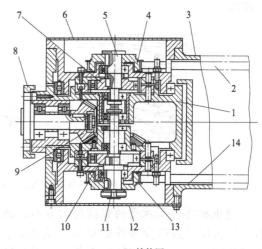

(b) 结构图

图 1-7 某型弧焊机器人手腕部

1—腕摆框；2—腕摆齿形带；3—小臂；4—腕摆带轮；5—腕摆轴；6,12—端盖；7—腕摆谐波减速器；
8—连接法兰；9—锥齿轮；10—手转谐波减速器；11—手转轴；13—手转带轮；14—手转齿形带

1.2.2　满足工作能力要求的结构设计

（1）提高强度和刚度的结构设计

为使机械零件正常工作，在设计时应保证机械零件在工作过程中的强度和刚度。因此，在设计时，首先应合理选择机械的总体方案，以使机械零件受力合理；再进行合理的结构设计，以提高机械零件的强度和刚度，满足工作能力要求。应指出的是，机械零件多在变应力状态下工作，因此在设计时，还应注意提高机械零件的疲劳强度。对高速运转或高频振动状态下工作的零件还应当计算其动态刚度。

对于一般重要的机械零件，可进行静强度计算和静刚度计算，静强度计算常包括危险截面处的拉压、剪切、弯曲和扭剪应力计算，静刚度计算主要是指相对应载荷或应力下的变形计算。静强度计算和静刚度计算与机械零件的材料及热处理、受力状态和结构尺寸密切相关。对于较重要的机械零件，还应进行疲劳强度校核，以保证在变应力状态下工作的机械零件的疲劳强度。值得说明的是，合理的计算有助于选择最佳方案，但同时也要综合考虑机械零件在加工、装拆过程中需要足够的强度、刚度及满足工艺性要求。

① 降低机械零件所承受的载荷

a. 改善零件的受力情况，降低零件的最大应力。在设计螺栓连接时，降低螺栓的刚度或增大被连接件的刚度，可以减少螺栓所受的拉力及应力幅值，有效提高螺纹连接的疲劳强度。在设计承受弯矩的心轴或转轴时，应合理布置使支承点尽量靠近载荷作用点；尽可能将集中力改变为分散力或均布载荷；尽量避免悬臂支承，不可避免时尽量减小悬臂的伸出长度，这些措施可以减少轴所受弯矩，降低弯曲应力提高强度，减少挠度提高刚度。

b. 使机械零件承受的载荷被分担或转移。将一个机械零件承受的载荷分配给几个机械零件来承受，以减少每个零件所受载荷。在螺栓组连接的结构设计中，应使各螺栓对称分布以便各螺栓均匀分担所受载荷；在普通用螺栓连接中，采用减载元件承受横向载荷，可以提高螺栓连接的强度。在图 1-8（a）所示的组合弹簧结构中，将两个或多个直径不同的弹簧套在一起作为一个整体，可以承担较大的载荷。在图 1-8（b）所示的卸荷轮结构中，径向力和弯矩由轴承和箱体承受，轴只承受带轮传来的转矩，提高了轴的强度和刚度。

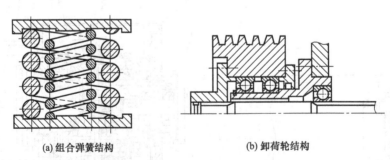

(a) 组合弹簧结构　　　　　　　　　　(b) 卸荷轮结构

图 1-8　使机械零件承受的载荷被分担或转移的例子

c. 使机械零件所承受的载荷均匀分布。载荷均匀分布，有利于提高机械零件的强度。有时，这可以通过改变零件的形状来实现，例如对渐开线齿轮轮齿表面修形，可以改善载荷沿齿宽方向分布不均匀的现象；采用均载螺母可以使改善螺纹所受载荷的分布情况。而在图 1-9 所示的行星齿轮减速器均载轴系结构中，采用了均载装置，使两个行星轮之间的载荷均匀分配。对于由于加工误差引起的不均载结构，提高加工精度是较好的解决办法。

(a) 球面滚子轴承支撑　　(b) 弹性元件均载　　(c) 弹性轴支撑　　(d) 浮动套油膜支撑

图 1-9　行星齿轮减速器均载轴系结构

　　d. 采取措施使外载荷抵消或转化。采取措施使外载荷全部或部分地互相抵消。例如在传动轴系中采用人字齿轮，则齿轮两侧齿所受的轴向力可相互抵消，减少了轴承所承受的轴向载荷。实际中常采用反向预应力或变形结构，通过抵消部分外载荷来提高结构的承载能力。

　　② 改变截面的形状和尺寸

　　a. 采用合理的断面形状。在零件材料确定、载荷不变的情况下，合理的结构设计，如增大截面积，增大抗弯、抗扭截面系数可以提高机械零件的强度和刚度。在截面积及单位长度的重量相同时，不同的构件截面形状的抗弯截面系数和惯性矩差别很大，其中工字梁截面的抗弯截面系数和惯性矩最大。因此，可以通过正确选择截面形状与尺寸来提高机械零件的强度和刚度。

　　b. 采用加强筋或隔板。采用加强筋或隔板可提高零件、尤其是机架零件的刚度。设计加强筋时应注意：考虑到机架常用铸造加工，应结合材料特性使加强筋在受压状态下工作；加强筋的高度不应过低，否则会削弱截面的弯曲强度和刚度。

　　③ 降低应力集中，提高机械零件的疲劳强度　在机械零件截面的形状和尺寸有变化处，会产生应力集中现象。应力集中是降低机械零件疲劳强度的主要原因之一。因此，在截面形状和尺寸有变化处，例如阶梯轴或台阶面的交接处，应尽量采用较大的圆角或倒角；在有较大过盈配合处，应采用圆锥面或斜面，或采用图 1-10 中所示的措施；同时，对于承受变应力的机械零件，应保证加工质量，避免表面过于粗糙或有划痕。

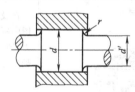

(a) 使非配合部分的轴径小于配合的轴径($d/d' \geqslant 1.05$，$r \geqslant 0.1 \sim 0.2$)

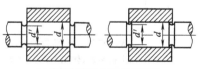 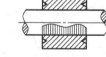

(b) 在被包容件上加工卸载槽　　　　　(c) 在包容件上加工卸载槽

图 1-10　几种降低过盈配合处应力集中的措施

　　④ 利用附加结构措施改变材料内应力状态　通过附加结构措施使机械零件产生弹性强化或塑性强化可以提高零件的强度。

　　在进行机械零件的功能使用性能设计时，应具体情况具体分析。表 1-5 罗列了相关的注意事项，以供参考。

　　（2）提高耐磨性的结构设计

　　零件过度磨损后，尺寸将发生变化，会影响机械零件的使用功能。设计时必须注意避免

表 1-5 零件功能使用性能设计时的注意事项

序号	设计时应注意的问题图例	分 析
1	避免受力点与支承点太远 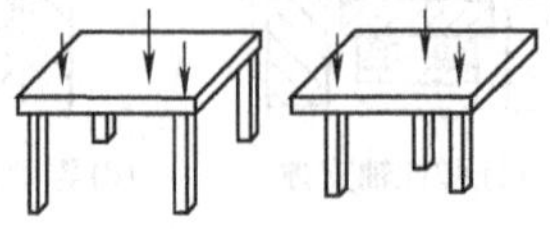 误　　　正	支承点应尽量靠近受力点。图中设备三点受力,若采用四腿工作台,台面变形较大;若采用三腿工作台,将支承点设计在受力点处,则台面刚度好、无变形
2	避免悬臂结构或减少悬臂长度 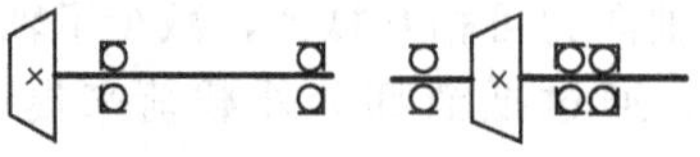 原方案　　改进方案	悬臂布置锥齿轮,轴的弯曲变形大、刚度差,应尽量避免。不可避免时应尽量减小悬臂伸出长度
3	利用工作载荷改善结构受力 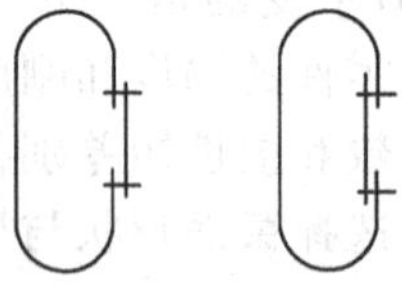 改进前　　改进后	利用容器中介质的压力压紧,减小连接件受力
4	承受横向载荷的连接应采用抗剪零件 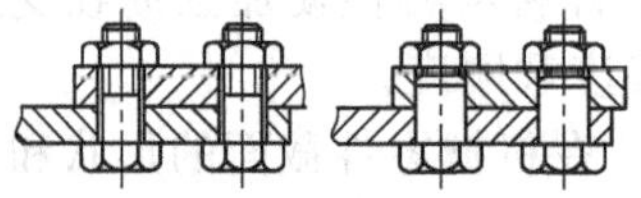 不合理　　合理	采用普通用螺栓连接承受横向载荷,在载荷一定的情况下,所需螺栓尺寸大且工作不可靠。可改用铰制孔用螺栓或使用抗剪零件
5	避免机构中的不平衡力 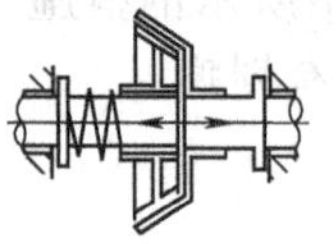 (a) 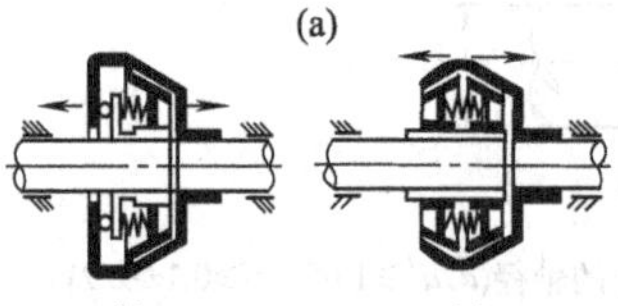 (b)　　(c)	在设计机构方案时,应尽量使各零件受力平衡。图中所示圆锥离合器方案中,图(a)不能平衡轴向推力;图(b)中轴向推力转化为离合器内力,轴不承受轴向力;图(c)中轴向推力互相平衡
6	受力均匀 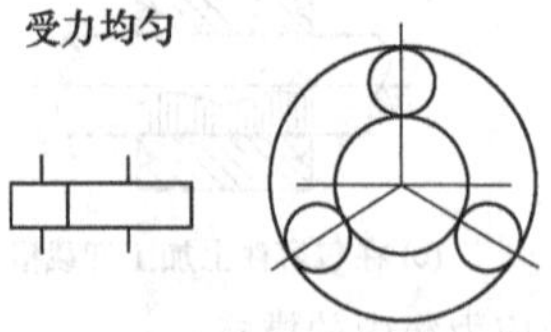	大功率传动时,将定轴轮系改变为行星轮系,采用三个行星轮,体积小,受力均匀
7	减少支承件变形对传动件受力的影响 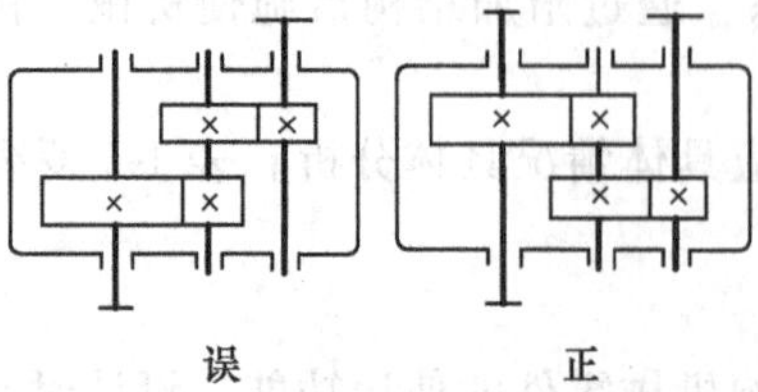 误　　　正	左图所示减速器中,若轴发生弯曲变形,则齿轮沿齿宽方向的载荷分布不均匀情况严重,会降低齿轮疲劳强度。应如右图所示将高速级齿轮远离动力输入端,利用高速级齿轮轴的扭转变形补偿弯曲变形,减轻载荷分布不均匀情况

序号	设计时应注意的问题图例	分　析
8	避免影响强度的结构相距太近 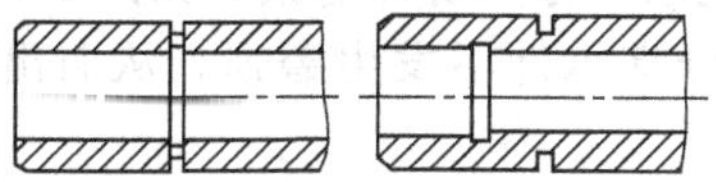 误　　　正	图中圆管外壁的螺纹退刀槽和内壁的镗孔退刀槽应设计成分散的,以降低对管道强度的影响
9	钢丝绳/带传动的滑轮/带轮或卷筒直径不能太小 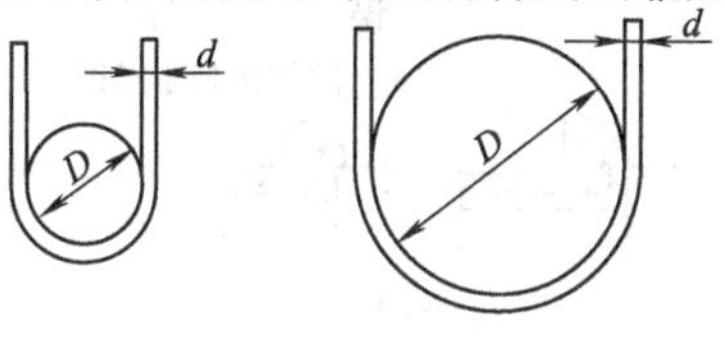 误　　　正	设计时应保证滑轮/带轮或卷筒直径不能小于标准中的最小直径,以免显著降低钢丝绳/带的寿命
10	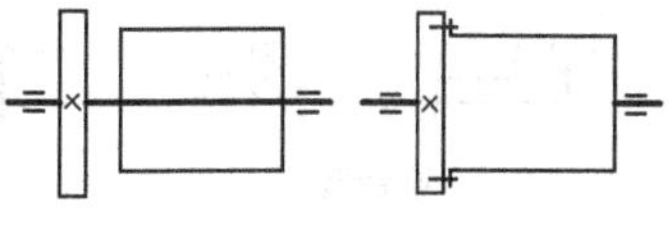 误　　　正	左图中齿轮经过轴将转矩传递给卷筒,轴为转轴;右图中卷筒与齿轮固连为一体,轴不传递转矩,为心轴,结构更为合理
11	 较差　　　较好	尽量避免采用对中性要求高的多支点结构。采用联轴器连接两根轴时,尽量选用挠性联轴器
12	承受冲击载荷的零件刚度不应过大 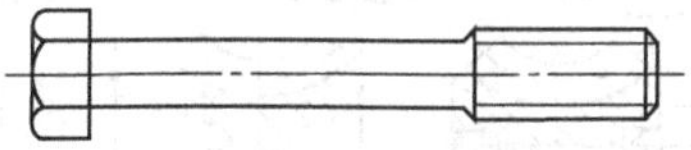	承受冲击载荷的零件刚度过大时,吸收冲击能的能力较低,应适当降低其刚度
13	加筋板以增加强度,减少变形  不合理　　　合理	加筋板后,脚架的刚度大大增加,抗弯能力增强,减小变形

由于耐磨性设计不合理而导致零件甚至整个机械不能正常工作,或达不到应有的使用寿命。避免机械零件发生过度磨损的措施主要有:合理设计机械零件的结构形状和尺寸,以减小相对运动表面之间的压力和相对运动速度;选择适当的材料和热处理;采用合适的润滑剂、添加剂及其供给方法;在污染、多尘的条件下工作时,加密封或防护装置;提高加工及装配精度,避免局部磨损等。必要时采用流体动压润滑、流体静压润滑或利用磁悬浮支承,可以减小摩擦、降低磨损、提高寿命。通过结构设计提高机械零件耐磨性的主要做法如图 1-11 所示。

① 通过结构设计改变摩擦方式　摩擦和润滑条件对接触零件间的磨损影响很大,进行结构设计时可以根据实际情况选择。相比于图 1-11（a）所示的普通滑动螺旋传动,滚动螺旋传动能减小摩擦、减缓磨损、提高传动效率;图 1-11（b）所示的静压螺旋传动在螺旋面间形成静压油膜,可避免内外螺纹牙直接接触和产生磨损。当然,滚动螺旋传动和静压螺旋传动的结构较为复杂,成本较高。

② 通过结构设计使磨损均匀　由于影响磨损的主要参数是速度和载荷,进行结构设计时应考虑使摩擦表面间的接触压力和各接触点的相对速度尽可能相同,以使摩擦副间的磨损均匀,减缓磨损的发生。例如止推滑动轴承多采用空心轴颈或环形轴颈,使轴颈与轴瓦接触

面各点的相对滑动速度接近相同，磨损均匀。

当相互接触的滑动表面尺寸不同从而有一部分表面不接触时，可能会出现有的部分磨损，而有的部分不磨损，两者之间形成台阶的现象，称为阶梯磨损。如图 1-11（c）中（ⅰ）所示，当移动件的行程比支承件短时，有一部分支承件不发生磨损，从而出现阶梯磨损现象。因此应合理设计行程终端的位置。

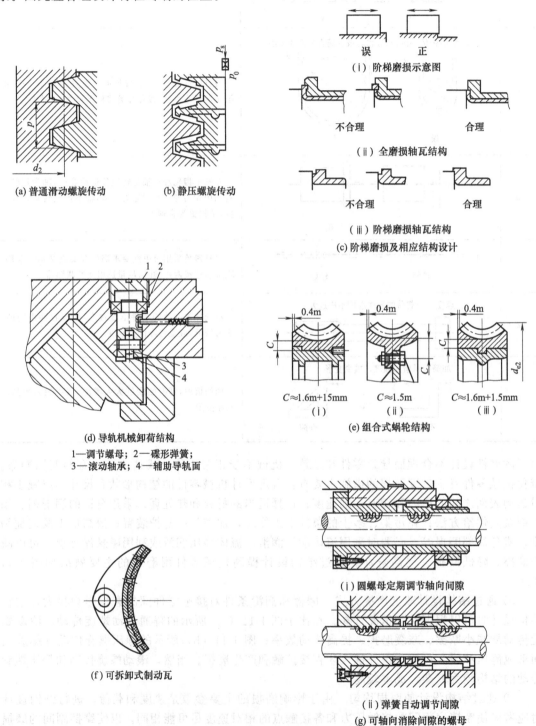

图 1-11　通过结构设计提高机械零件耐磨性

在设计止推滑动轴承时，由于轴肩与滑动轴承止推端面间的尺寸难于达到完全一致，一般应采用磨损量较大的一侧全面磨损（如铜轴瓦），另一侧的钢轴肩磨损量很小，阶梯磨损效果不显著，如图 1-11（c）中（ⅱ）所示。如果两侧摩擦面都有明显的磨损，则使较易修复的一面（如轴瓦）出现阶梯磨损更为合理，如图 1-11（c）中（ⅲ）所示。

③ 通过结构设计减小摩擦表面的压强　进行结构设计时，应尽量减小摩擦表面的压强和相对速度，以降低磨损率。减小载荷和增大摩擦面面积都可以减小摩擦表面的压强。图 1-11（d）所示的卸荷结构可以减轻导轨载荷：调节螺母 1，通过碟形弹簧 2 经小轴推向支承在辅助导轨面 4 上的滚动轴承 3，使滚动轴承 3 承担部分载荷，从而减小了滑动表面的摩擦，减轻了导轨的磨损。而起主要作用的 V 形滑动导轨仍然接触，起导向作用。

④ 采用分体结构　减摩性或耐磨性好的材料通常价格较高。由于摩擦磨损发生在机械零件的接触表面，进行结构设计时可以考虑采用分体结构，即在摩擦表面采用减摩性、耐磨性好的材料，而零件基体选用成本低但强度较高的材料。采用分体结构设计可以降低零件成本，优化材料配置，避免因局部磨损而导致整个零件报废，如图 1-11（e）所示的组合式蜗轮结构就是采用分体结构设计。

设计两个相互摩擦的机械零件时，应优先保证大而复杂的零件工作表面有较高的耐磨性，如主轴或发动机曲轴等；较小的零件磨损（如轴瓦、制动瓦片、摩擦片等），则应易于更换和维修，图 1-11（f）所示即为一种可拆卸式的制动瓦片结构。

选择滑动轴承的轴瓦材料时，如果用白合金做轴承衬，轴瓦基体可选用与白合金结合力较强的青铜；若轴瓦基体选用铸铁，应在轴瓦表面制凹槽、燕尾槽等，以增加轴瓦基体与轴承衬之间结合的牢固性。

⑤ 采用自动补偿磨损机构　对于易磨损件，可以采用自动补偿磨损机构，调节或补偿因磨损而产生的尺寸变化。如图 1-11（g）所示，可以用圆螺母定期调节轴向间隙，或用弹簧胀紧而自动消除间隙的螺母结构。

（3）提高精度的结构设计

机构精度包含机构准确度、精密度和精确度三方面。机构的准确度，是指由机构系统误差引起的实际机构与理想机构运动规律的符合程度，可以通过调整、选配、加入补偿校正装置或引入修正量等方法得到提高。机构精密度是指机构多次重复运动结果的符合程度，即机构每次运动对其平均运动的散布程度，它标志着机构运动的可靠度，反映了随机误差的影响。机构精确度简称机构精度，是机构准确度和机构精密度的综合，反映了系统误差的随机误差的综合影响。

设计时首先要按照使用要求合理地确定对机械的总体精度要求，再分析各零部件误差对总体精度的不同影响，从而选择合理的机械方案和结构。机械整体结构方案和零件细部结构都对精度有一定的影响，因此，要提高机械的精度，在设计时必须对影响精度的各种因素进行全面分析，应用现代误差综合理论以及经济性原则，按总体要求合理地确定和配置各零件的精度，以保证每个零件具有一定的加工，包括零件的尺寸及形状的精度要求、允许误差等。通过合理配置相关零件的精度，可以提高其装配成品的精度。

要说明的是，零件有一定的刚度和较高的耐磨性，可以保证在正常工作时能满足精度要求，因此，在进行结构设计时，应考虑在工作载荷、重力、惯性力、加工装配等过程中产生的各种力以及发热、振动等因素的影响；应避免加工误差与磨损量互相叠加；应尽量做到：若机械使用一段时间后精度降低，应能经过调整、修理或更换部分零件提高甚至恢复原有精度。

提高精度的根本在于减少误差源或误差值。避免采用原理近似的机构代替精确机构；尽量采用简单、零件少的机构；减少载荷、残余应力、发热等因素引起的零件变形；合理分配精度等都可以提高机构精度。另外，实际设计时常采用误差补偿的方法来减小或消除误差，例如使机构中的零件的磨损量互相补偿；利用零件的线胀系数不同补偿温度误差或热应力；利用附加运动补偿误差，当精密传递系统的定位精度不能满足要求时，可在系统中另加一套校正装置，将主传动的运动作微量的增减，以提高主传动的运动精度；工艺补偿，指在结构中设计出一些补偿机构，在加工或装配时，通过修配、配作、分组选配、调整等方法来提高精度；利用误差均化原理进行测量（螺纹千分尺就是利用多螺纹的误差均化原理进行测量的）。

（4）考虑发热、噪声、腐蚀等问题的结构设计

有些机械或部件发热量较大，有些与腐蚀性介质直接接触，有些会产生较大的噪声。为保证机械能正常工作，设计中必须采取相应的措施。

第一类措施是减轻损害的根源。如减小发热、振动，减少腐蚀介质的排出量或降低腐蚀介质的浓度等。

第二类措施是隔离。如把发热的热源与机械工作部分隔开，把腐蚀介质与有关机械部件隔开，把噪声的振动源与发声部分隔开，把产生噪声的设备与人员隔开等。

第三类措施是提高抗损坏能力。如加强散热措施，采用耐热、耐腐蚀性强的材料等。

第四类措施是更换易损件。考虑到某些在强烈受损部位工作的零部件会首先损坏，设计时应使它们易于更换，以便定期更换这些易损件，保证机器正常工作。

第2章 铸件结构设计工艺性

铸件在机械中所占的比重较大，机械设备中许多零件都采用铸件，铸造毛坯需要经过必要的热处理及机械加工，有些铸件则可以直接作为零件使用。与其他加工方法相比较，铸造容易获得形状比较复杂、特别是具有复杂内腔的毛坯，如箱体、支架、机床的床身等，可制造不同尺寸、质量及各种形状的工件，适合于不同金属材料及各种批量生产，且铸件毛坯成本低廉；但铸件质量不易控制，容易产生缺陷。因此，在设计时，除了考虑机械零件的强度和刚度外，还需要考虑铸造材料的铸造性能以及不同铸造方法对铸造结构的不同要求以保证铸件质量，同时还应简化铸造工艺过程，提高生产率。

2.1 常用铸造金属材料和铸造方法

铸造是生产形状复杂的毛坯最主要的方法。适于铸造的金属主要有铸铁、铸钢和铸造有色合金，其中铸铁应用最为广泛。按所用铸型不同，铸造方法可分为砂型铸造和特种铸造。

2.1.1 常用的铸造金属材料

铸铁具有优良的铸造工艺性，成本低廉，应用最为广泛。机械设备中常用的铸铁有灰铸铁、球墨铸铁和可锻铸铁等。其中，灰铸铁的抗拉强度低，塑性、韧性差，但抗压强度高；具有优良的减振性、良好的耐磨性和很小的缺口敏感性；铸造性能和切削加工性能优良，可以用于铸造形状较为复杂、结构不对称的铸件，如发动机的气缸体、各种机床床身、底座、平板、平台等。球墨铸铁的综合力学性能较高，强度和韧性远远超过灰铸铁，可与钢媲美；耐磨性优于碳钢；冲击韧性较好，疲劳强度较高，并且可以通过热处理工艺进一步改善其性能；具有接近灰铸铁的优良铸造性能和可加工性，铸件的尺寸和重量几乎不受限制，因此在管道、汽车、机车、机床、动力机械、工程机械、冶金机械、机械工具等方面应用范围广泛，常用来铸造壁厚均匀，受力复杂，强度、韧性和耐磨性高的零件，如曲轴、连杆、凸轮轴、各种齿轮、机床主轴、阀门等。可锻铸铁的综合力学性能略次于球墨铸铁，冲击韧性比灰铸铁大，常用于铸造壁厚均匀（厚度为5～16mm）的铸件。

铸钢的综合力学性能高，抗压强度与抗拉强度几乎相等；塑性和韧性好；但流动性差，吸振性差，裂纹敏感性较大。铸钢适宜制造承受重载荷、强摩擦和冲击载荷的形状复杂的结构件，尤其是在大断面铸件和薄壁铸件生产中非常适用。铸钢的焊接性能好，便于采用铸-焊联合结构制造巨大铸件，因此，铸钢在重型机械制造中非常重要。

铸造铜合金有黄铜、锡青铜和无锡青铜等。铸造黄铜的综合力学性能、耐磨性、耐蚀性、铸造性能、可焊性、切削性能等均较好，常用于一般用途的轴瓦、衬套、齿轮等耐磨件和阀门等耐蚀件。锡青铜的耐磨性和耐蚀性优于黄铜，但塑性差，易产生显微缩松，适于铸造形状复杂、壁厚、致密性要求不高、外形及尺寸要求精确的耐磨、耐蚀件，如轴承、轴套、齿轮、蜗轮等。无锡青铜具有较高的强度、耐磨性和良好的耐蚀性，价格低廉，常用作锡青铜的代用品，其中铝青铜主要用于制造承受重载的耐磨、耐蚀件，如齿轮、蜗轮、轴套及船舶上零件等；铅青铜常用于浇铸双金属轴承的钢套内表面。

铸造铝合金分为铝硅合金、铝铜合金、铝镁合金及铝锌合金四类。铝硅合金又称硅铝明，熔点低，密度小，具有优良的耐蚀性、耐热性和焊接性能，其中简单硅铝明适于制造形状复杂但强度要求不高的铸件，如飞机、仪表外壳等，复杂硅铝明适用于制造低、中强度的形状复杂的薄壁件或气密性要求较高的铸件，如内燃机气缸体、化油器、风机叶片、发动机活塞等。铝铜合金具有较好的流动性和强度，耐热性较好，但密度大，铸造性能较差，耐蚀性差，主要用于制造要求高强度或高温条件下工作的零件，如活塞、气缸头等。铝镁合金强度高，相对密度小，耐蚀性好，但铸造性能和耐热性差，多用于制造在腐蚀性介质中工作的承受一定冲击载荷的形状较为简单的零件，如舰船配件、氨用泵体等。铝锌合金强度较高，价格便宜，铸造性能、焊接性能和切削性能都很好，但密度大，耐蚀性差，常用于制造受力较小、形状复杂的医疗器械、仪表零件和日用品等。

2.1.2　常用的铸造方法

铸造方法有砂型铸造和特种铸造两大类，其中用砂型铸造获得的铸件的占铸件总产量的90%以上。

（1）砂型铸造

砂型铸造是以型砂制作铸型，液态合金在重力下填充铸型生产铸件的方法。砂型铸造适应性强，适合于各种形状、大小、批量及各种合金铸件的生产，其中大型、特大型铸件或结构（尤其是内腔）很复杂的铸件只能采用砂型铸造成形。但砂型铸造存在铸件尺寸精度低、表面粗糙、生产率低、劳动条件差、成品率低等缺点，需进行有效地综合控制。砂型铸造主要有手工造型和机器造型。对于某一个铸件采用什么造型方法好，要根据铸件的质量要求、形状结构复杂程度来确定。

手工造型是传统的造型方法，操作灵活，工艺设备简单，应用范围广，大小铸件均可适应，可制出外廓及内腔形状复杂的铸件。但手工造型生产率低，对工人技术水平要求较高，而且铸件的尺寸精度及表面质量较差。常用的手工造型方法有整模造型、挖砂造型、分模造型、活块造型、刮板造型和地坑造型等。

① 整模造型　整模造型用整体模样进行造型，其型腔全部处于一个砂型中。整模造型只有一个型腔和分型面，操作简便，不会发生错型，型腔形状和尺寸精度较好，适用于形状简单、最大截面是平面且在模样一端的铸件，如盘、盖类铸件。

② 挖砂造型　当零件外形轮廓的最大截面不在顶端，又必须采用整体模样造型时，可采用挖砂造型，将下砂型分型面挖到模样最大截面处，以便顺利起模。挖砂造型的分型面是不平分型面，挖砂操作技术要求较高，生产率较低，适用于单件生产形状复杂的铸件。

③ 分模造型　当铸件外形较复杂或有台阶、环状凸缘、凸台等时，为方便取出模样，将模样从最大截面处分为两个半模，并分别放置在上、下箱内的造型方法，称为分模造型。分模造型广泛应用于回转铸件和最大截面不在端部的其他铸件，如套筒、管子、阀体等。分模造型时应注意，上、下砂型必须对准并紧固，以免产生错箱，影响铸件质量。

④ 活块造型　当铸件外形上局部有妨碍起模的凸台、筋、耳等结构时，制造模样时，可将这些部分做成活动的模块，即活块。活块用销钉或燕尾榫与主体模样相连。造型时，先起出主体模样，再从侧面拖出活块。活块造型操作麻烦，对工人操作技术水平要求较高，生产率低，不适于大批量生产，主要用于带有无法起模的凸台等结构的铸件。

⑤ 刮板造型和地坑造型　对于尺寸较大的回转体或等截面铸件还可以采用成本低的刮板造型。刮板造型模样简单，节省制模材料和制模工时，但造型操作复杂，铸件尺寸精度低，生产率低，仅用于大、中型旋转体铸件的单件生产。如砂箱不需严格的配套和机械加工，较大的铸件还可采用地坑来取代下箱，以减少砂箱的费用，并缩短生产准备时间。

机器造型的实质是用机器完成紧砂和起模等主要工序，消除了操作者技术水平差异的影响，砂型的紧实程度更符合铸件成形的要求，型腔轮廓清晰准确，铸件质量稳定，加工余量小，可大大提高劳动生产率，改善劳动条件，是成批大量生产铸件的主要方法。根据工作原理不同，机器造型有压实式造型、振击压实式造型、微振压实式造型、高压式造型、空气冲击式造型、射压式造型和抛砂式造型等。其中振击压实式造型因振动强、噪声大，已逐渐被其他紧实方式所取代；空气冲击式造型具有造型机结构简单、维修方便、噪声小的特点；射压紧实方式是现代铸造生产中用来制作型芯的主要方法；抛砂式紧实仅适用于中、小批量生产大件的造型过程。

（2）特种铸造

特种铸造是指砂型铸造以外的铸造方法。

① 金属型铸造　金属型铸造是用金属铸型获得铸件的工艺方法。金属铸型一般用铸铁或铸钢制成，可反复使用（可达上几千次），故又称永久型铸造。金属型铸造可"一型多铸"，便于实现机械化和自动化生产。与砂型铸造相比，可大大提高生产率；铸件的精度和表面质量提高；铸件的力学性能好；劳动条件得到显著改善。但金属型的制造成本高、生产周期长，工艺要求严格，易出现浇不足、冷隔、裂纹等铸造缺陷。金属型铸造主要用于有色金属或小型铸铁件的大批量生产，如铝活塞、气缸盖、油泵壳体、铜瓦、衬套等铝、镁、铜合金铸件，一般不用于大型、薄壁和较复杂铸件的生产。

② 熔模铸造　熔模铸造是采用易熔材料制作模样来生产铸件的工艺方法。生产过程中模样采用蜡质材料，熔化后排出铸型，故又称"失蜡铸造"。熔模铸造铸型精密、型腔表面光洁，铸件的精度高，表面质量好；铸型在预热后浇注，可生产出形状复杂的薄壁小件（最小壁厚 0.7mm）；能生产高熔点的金属铸件；生产批量不受限制。但熔模铸造的原材料价格高、工艺过程复杂、生产周期长、铸件成本高。熔模铸造适于高熔点合金精密铸件的成批、大量生产，主要用于形状复杂、难以切削加工的小零件。目前熔模铸造已在汽车、拖拉机、机床、刀具、汽轮机、仪表、航空、兵器等制造业得到了广泛的应用，成为少、无屑加工中最重要的工艺方法之一。

③ 压力铸造　压力铸造简称压铸，是指在高压下（5~150MPa）将液态或半液态合金快速地压入金属铸型中，并在压力下凝固，以获得铸件的工艺方法。压力铸造的铸件精度及表面质量高；可压铸形状复杂的薄壁件，或直接铸出小孔、螺纹、齿轮和各种图案、文字等；铸件的强度和硬度较高；压铸的生产率高，易实现生产自动化和半自动化；是实现少、无屑加工非常有效的途径。但铸型结构复杂、加工精度和表面粗糙度要求很严，设备投资大，制造压型周期长，不适合生产高熔点合金铸件，不能用热处理方法提高铸件性能。压力铸造适合生产大批量的有色合金的薄壁、小件，如气缸体、箱体、化油器、喇叭外壳等铝、镁、锌合金铸件生产。必须指出，随着加氧压铸、真空压铸和黑色金属压铸等新工艺的出现，压铸的适用范围更加广泛。

④ 低压铸造　低压铸造是介于重力铸造（砂型、金属型铸造）和压力铸造之间的一种铸造方法，是使液态合金在较低压力（20~70kPa）下，自下而上地充填型腔，并在压力下结晶，以形成铸件的工艺过程。低压铸造可适应各种铸型；充型平稳，冲刷力小，气孔、夹渣等缺陷减少；铸件组织致密；金属的利用率高，达 90%~98%；易于形成轮廓清晰、表面光洁的铸件；设备简单、投资少。低压铸造目前主要用来生产质量要求高的铝、镁合金铸件，如气缸体、缸盖、曲轴箱、高速内燃机活塞及纺织机零件等。

⑤ 离心铸造　离心铸造是将液态合金浇入高速旋转（250~1500r/min）的铸型中，使金属液在离心力作用下填充铸型并结晶，以获得铸件的工艺方法。生产圆筒形或环形铸件时，省工、省料，降低成本；铸件极少有缩孔、缩松、气孔、夹渣等缺陷，力学性能较好；金属利用率高；便于制造双金属铸件，如在钢套上镶铸薄层钢材时，工艺简便，使用可靠。但离心铸造铸件内孔尺寸不精确，非金属夹杂物较多，增加了内孔的加工余量；需要专用设备的投资。离心铸造广泛应用于大口径铸铁管、气缸套、铜套、双金属轴承等回转体铸件的生产，铸件的最大重量可达十多吨，也可用来铸造成形铸件。

⑥ 陶瓷型铸造　陶瓷型铸造是以陶瓷作为铸型材料的一种精密铸造方法。陶瓷型铸件尺寸精度和表面粗糙度与熔模铸造相近；可浇注高熔点合金；铸件的大小几乎不受限制；在单件、小批生产条件下，需要的投资少、生产周期短，在一般铸造车间较易实现。但陶瓷型铸造不适于批量大、重量轻或形状复杂铸件，且在生产过程难以实现机械化和自动化。

2.2　铸件结构设计工艺性的要求

砂型铸造的工艺过程如图 2-1 所示。为获得高质量的铸件、减少制造铸型的工作量、降低铸造成本，在进行铸造结构设计时，应考虑铸造工艺对铸件结构的要求，铸件结构形状必须适应工艺过程的要求，同时还应利于简化铸造工艺过程、提高铸造性能、工作时受力合理以及便于后续切削加工。铸件的结构工艺性是否良好，对铸件的质量、生产率及其成本有很大的影响。

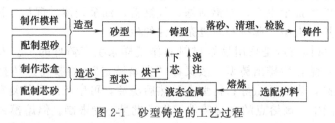

图 2-1　砂型铸造的工艺过程

2.2.1　简化铸造工艺

铸件结构在满足使用性能的前提下，应尽量简化铸造工艺环节，以便降低成本，提高质量。铸件结构应尽可能使制模、造型、造芯、合箱和清理过程简化，并为实现机械化生产创造条件。

① 铸件应该由简单的几何形状组成，如尽量采用圆柱体、圆套、圆锥体、立方体和球体，避免使用曲面、内凹形状，使制造模样和造型简化。便于制造模样和造型简化的结构设计图例如表 2-1 所示。

表 2-1　便于制造模样和造型简化的结构设计图例

序号	图　例		说　明
	改　进　前	改　进　后	
1			A、B 为弧面时，制模、制芯困难，应改为平面
2			尽量减少凹凸部分
3			在结构允许的条件下，采用对称结构，可减少制造母模和型芯的工作量
4			

序号	图　例		说　明
	改　进　前	改　进　后	
5	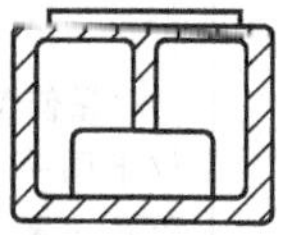	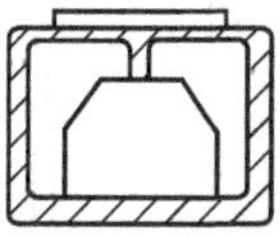	内腔的狭长筋，需要狭窄沟缝的型芯，不易刷上涂料，应尽可能避免
6	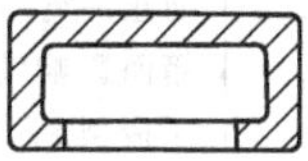	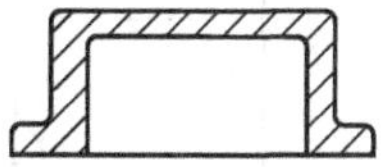	尽可能将内腔做成开式的，可不需型芯
7	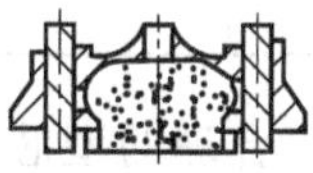 需用型芯	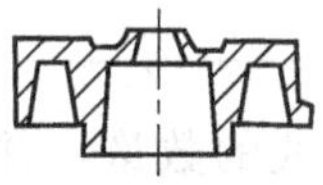 不需用型芯	

② 铸件整体结构应能选出合适的分型面，铸件外形应使分型方便，分型面数量应少，分型面力求简单，应尽可能为平面。合适的分型面的结构设计图例如表 2-2 所示。

表 2-2　合适的分型面的结构设计图例

序号	图　例		说　明
	改　进　前	改　进　后	
1	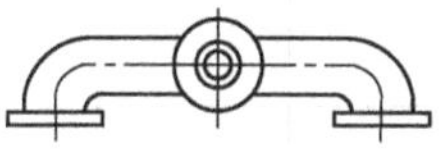	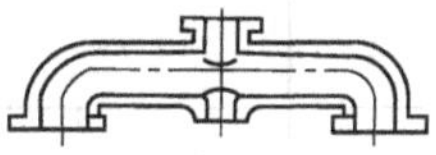	铸件外形应使分型方便。图中三通管在满足使用要求的前提下，各管口截面在一个平面上便于分型
2	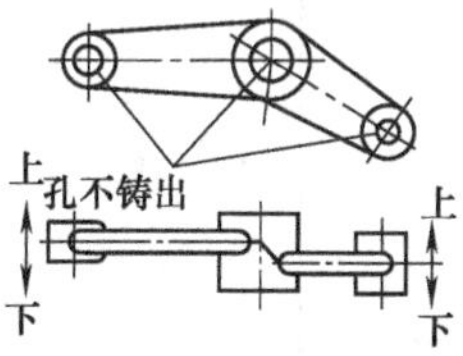 上孔不铸出　上　下	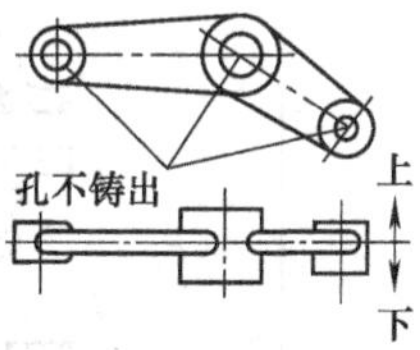 孔不铸出　上　下	
3	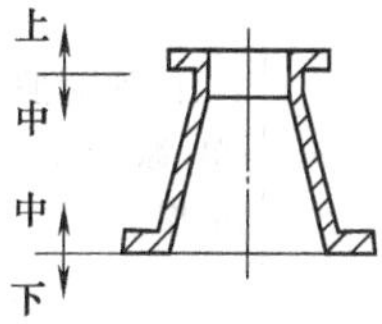 上 中 中 下	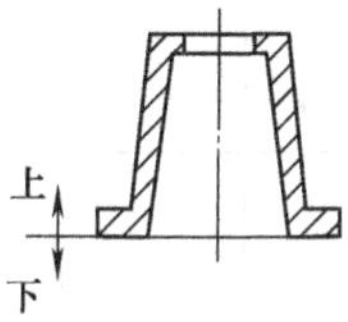 上 下	分型面应尽可能少，尽量采用工艺简便的两箱造型。改进前，铸型由多个砂型组成，容易产生错箱缺陷；改进后，三箱造型变为两箱造型，且型芯便于安放，铸件质量易于保证
4	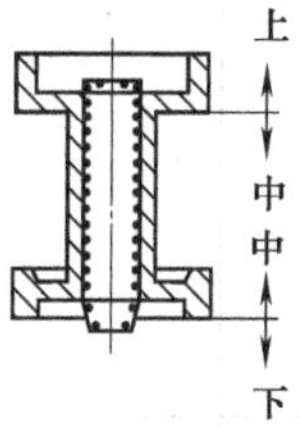 上 中 中 下	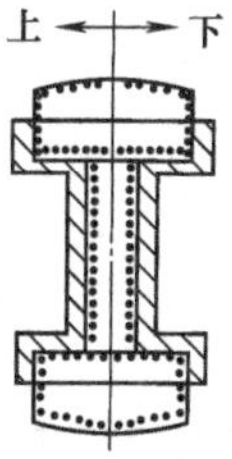 上　下	
5	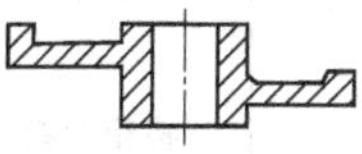	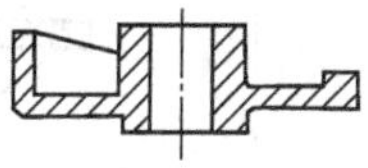	分型面力求简单，尽可能设计在同一平面内
6	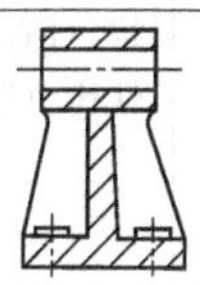	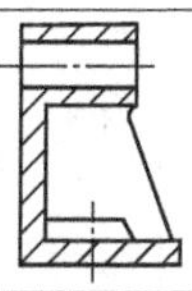	

序号	图例		说　明
	改　进　前	改　进　后	
7	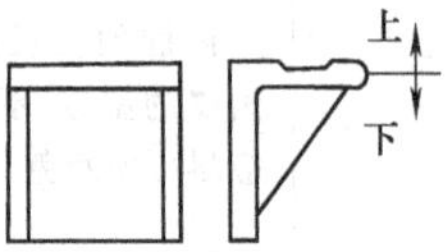	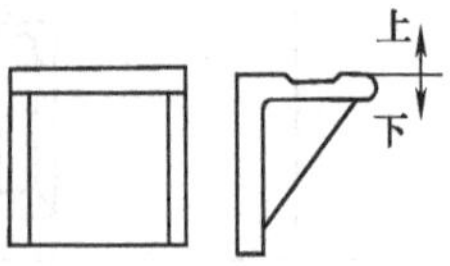	尽量使型腔全部或大部分位于同一个砂箱,尽量使型腔及主要型芯位于下箱,以防止因铸型配合误差出现错箱而影响铸件精度,同时,便于造型、下芯及合箱
8	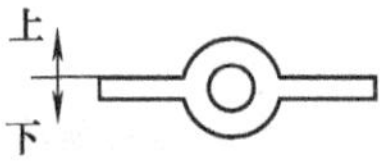		

③ 造型中尽量减少型芯和活块的数量,并便于安放和稳定。合理的型芯和活块的结构设计图例如表 2-3 所示。

表 2-3　合理的型芯和活块的结构设计图例

序号	图例		说　明
	改　进　前	改　进　后	
1	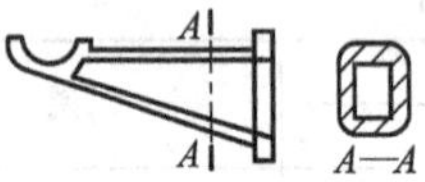 不合理	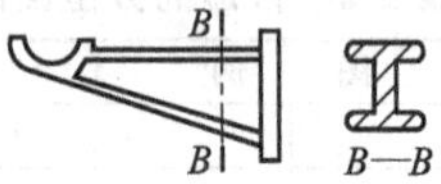 合理	悬臂支架改为工字形后,铸型省去了型芯
2	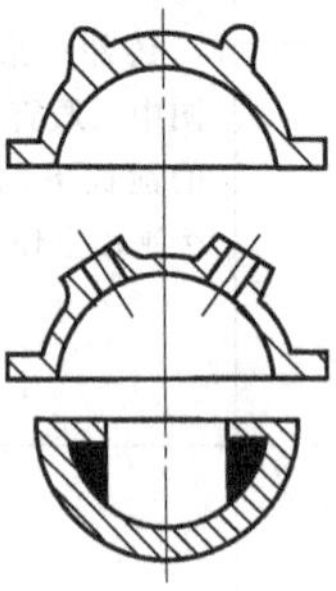	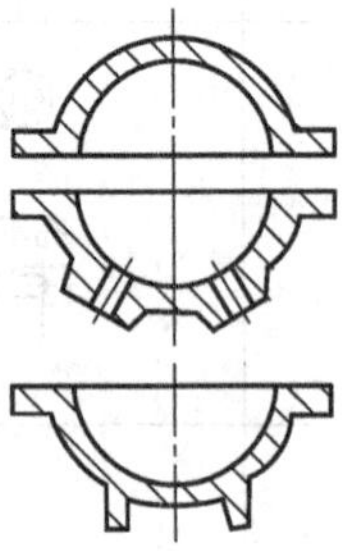	铸件内腔形状应尽量简单,减少型芯,并简化芯盒结构
3	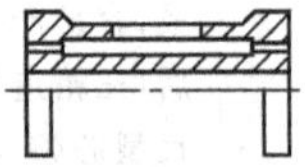	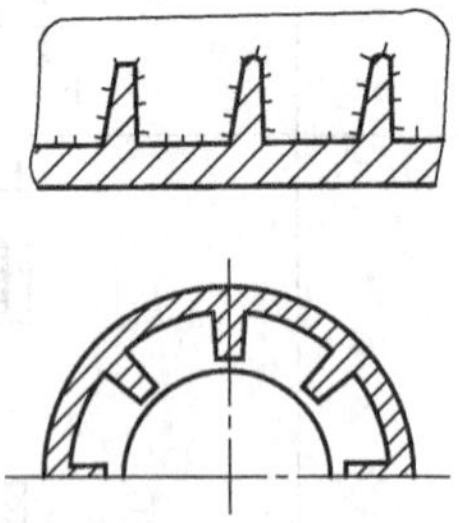	
4	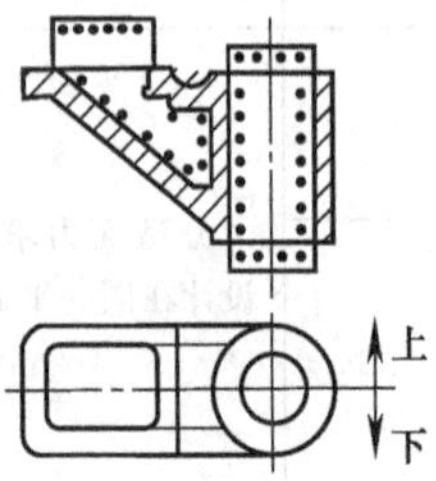	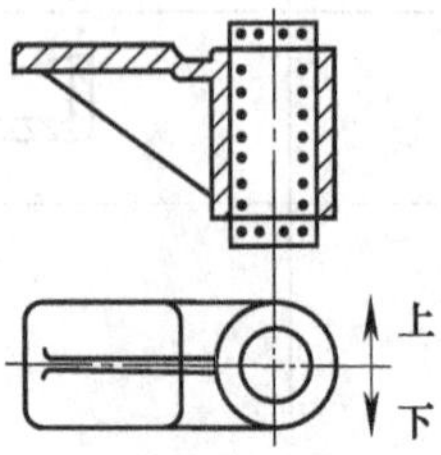	将箱型结构改为筋骨形结构,可省去型芯,但强度和刚性比箱型结构差

续表

序号	图　例		说　明
	改　进　前	改　进　后	
5	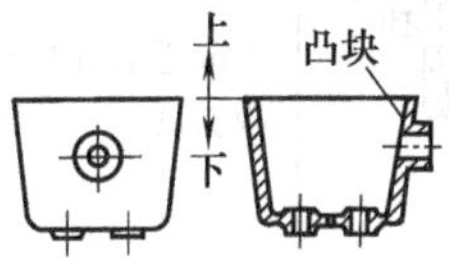	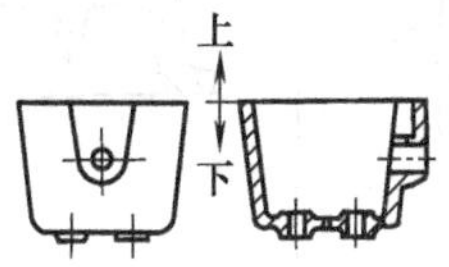	去掉凸台后减少活块造模,较适于机器造型
6	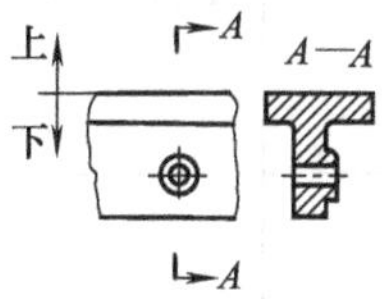	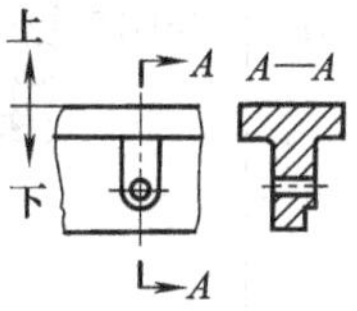 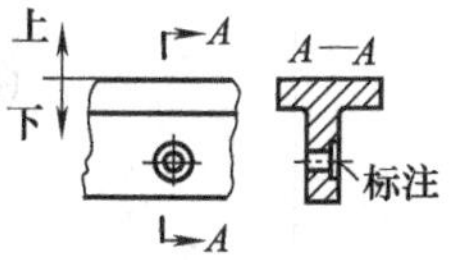	为避免采用活块,可将凸台引申至分型面,如加工方便,也可不设凸台,采取锪平措施
7	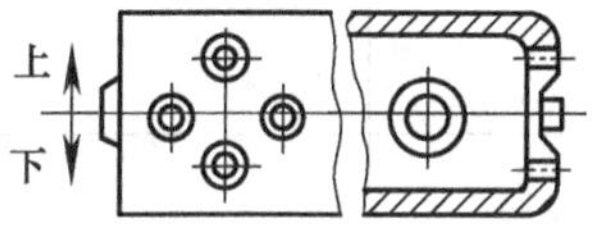	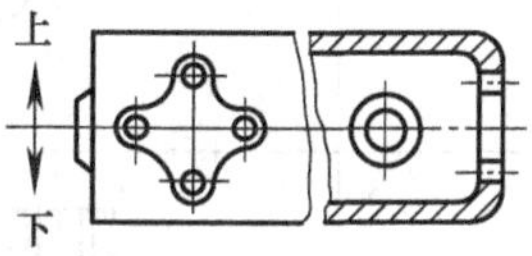	铸件外壁的局部凸台应连成一片
8	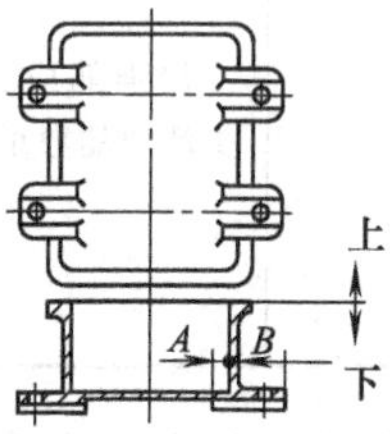	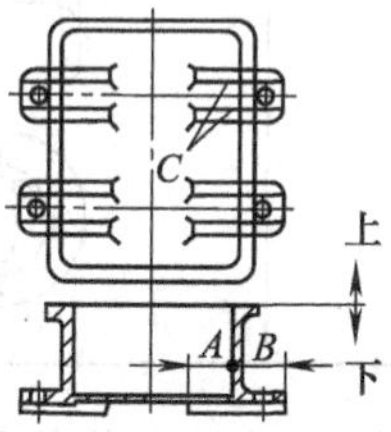	$A>B$,将 C 部作成斜面时,活块容易取出

④ 垂直分型面上的不加工表面最好有结构斜度,以便于起模,并确保型腔质量。铸件上的支承板、加强筋等结构的表面,都是非加工表面,也应设计出结构斜度。利于起模的结构设计图例如表 2-4 所示。

表 2-4　利于起模的结构设计图例

序号	图　例		说　明
	改　进　前	改　进　后	
1	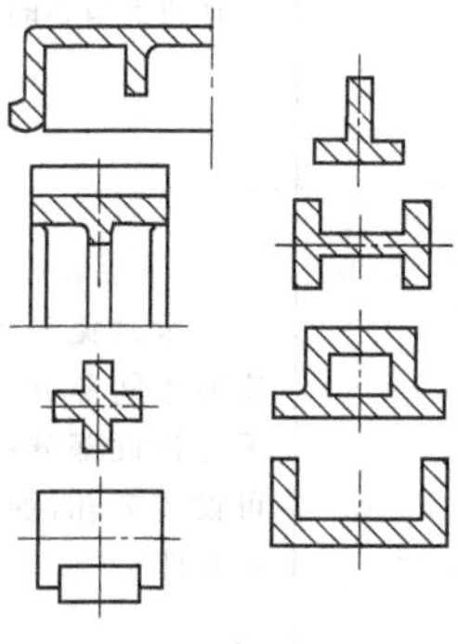 不合理	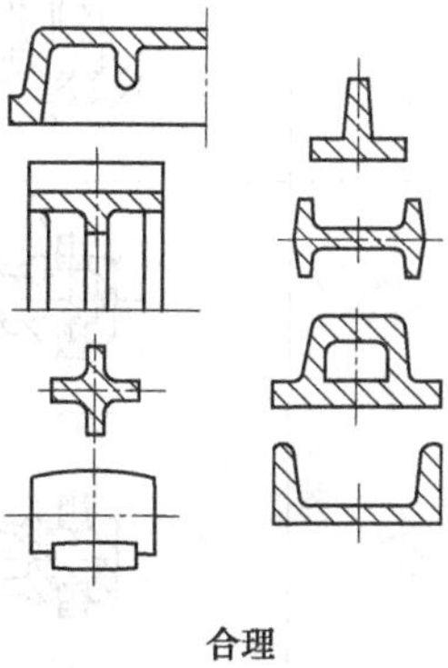 合理	为起模方便,应设拔模斜度

序号	图 例		说 明
	改 进 前	改 进 后	
2	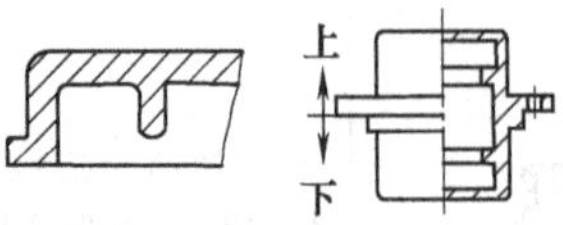 不合理	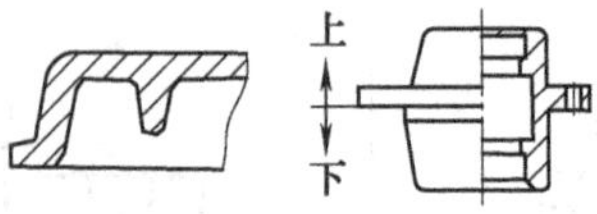 合理	改进后在内外型增加了结构斜度
3	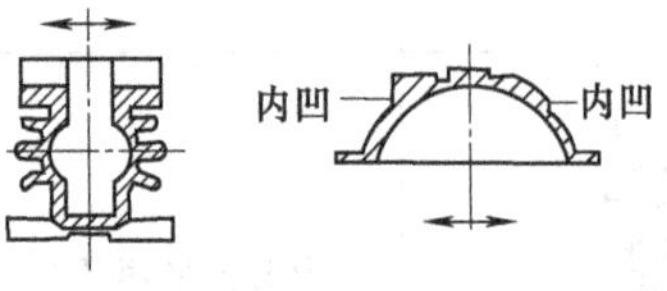 不合理	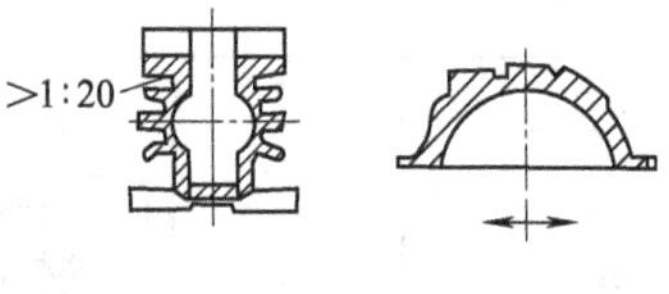 合理	改进后消除了内凹结构，便于直接起模
4	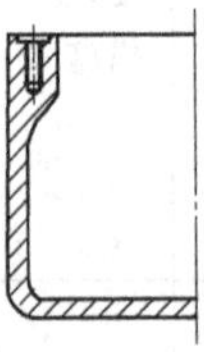 不合理	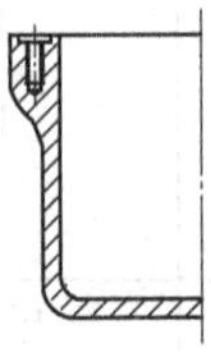 合理	改进后消除了内切结构，便于直接起模
5	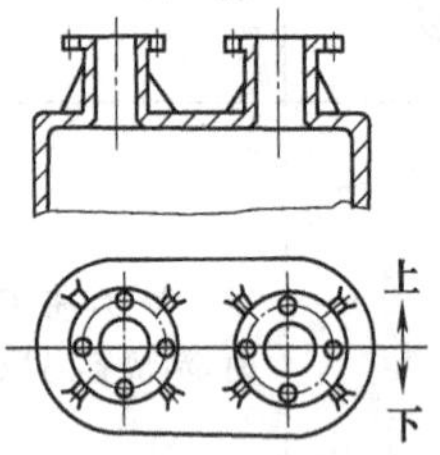	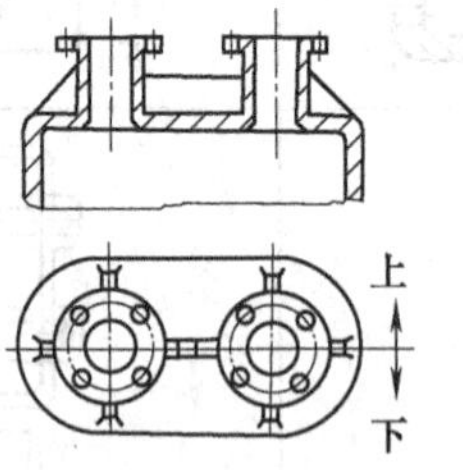	加强筋应合理布局，并减少活块的数量

⑤ 铸件结构应尽量不用和少用型芯，若使用型芯，应有足够的芯头，有利于型芯的固定、排气和清理。利于型芯稳定和排气通畅的结构设计图例如表 2-5 所示。

表 2-5 利于型芯稳定和排气通畅的结构设计图例

序号	图 例		说 明
	改 进 前	改 进 后	
1	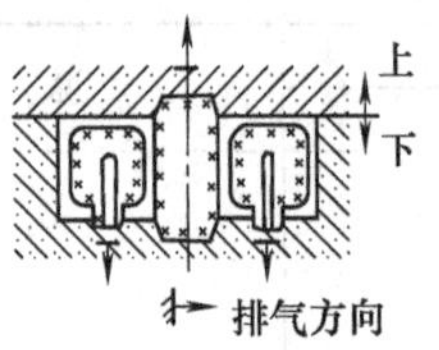 排气方向	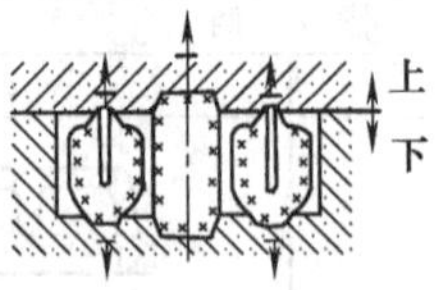	有利于型芯的固定和排气
2	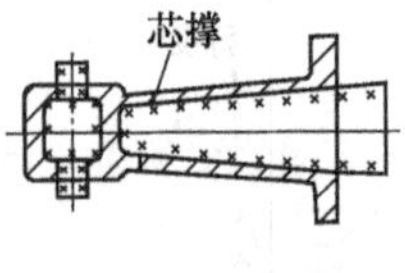 芯撑	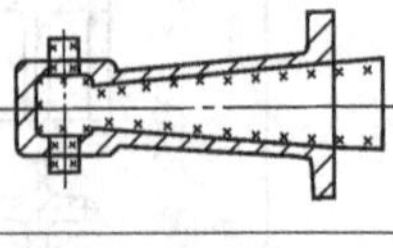 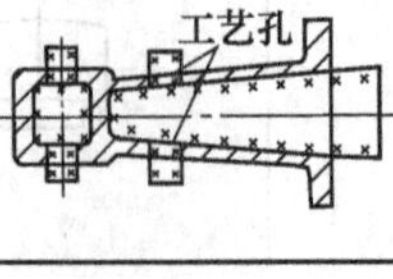 工艺孔	尽量避免采用悬臂芯，可连通中间部分；若使用要求不允许此部分结构改变，则可设工艺孔，加强型芯的固定和排气

序号	图　例		说　明
	改　进　前	改　进　后	
3	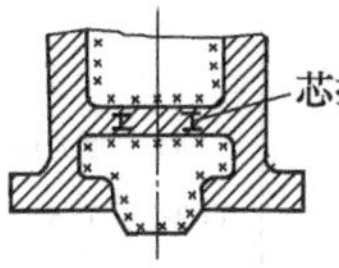	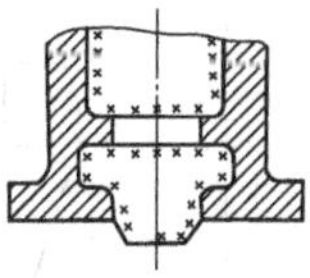	改进后，减少型芯，不用芯撑
4	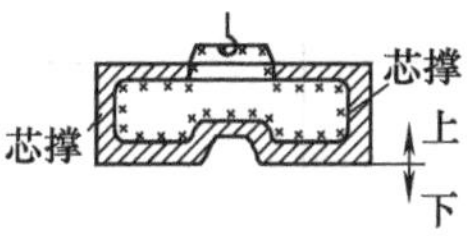	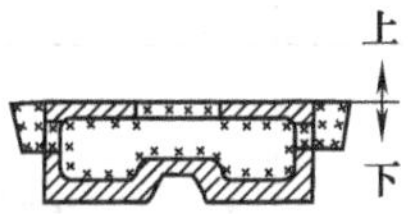	改进后，避免采用吊芯，不用芯撑
5	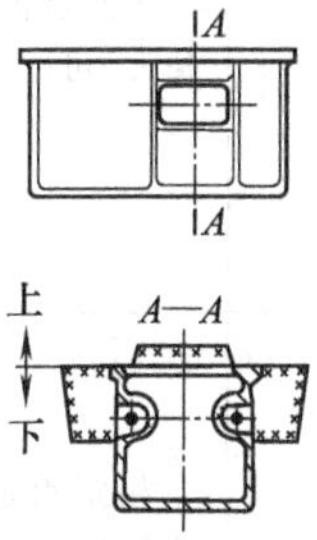	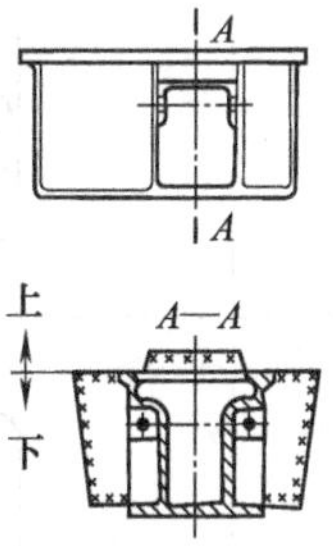	改进前，下芯十分不便，需先放入中间芯，放芯撑固定后，再从侧面放入两边型芯，芯头处需用干砂填实；改进后，两边型芯可先放入，不妨碍中间型芯的安放

⑥ 铸件结构应便于清砂，可设计适当数量和大小的工艺孔，既便于固定和排气，又便于落砂清理，工艺孔在加工后可用螺钉堵住。便于清砂的结构设计图例如表 2-6 所示。

表 2-6　便于清砂的结构设计图例

序号	图　例		说　明
	改　进　前	改　进　后	
1	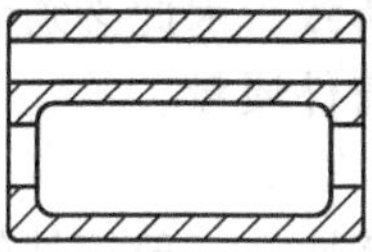	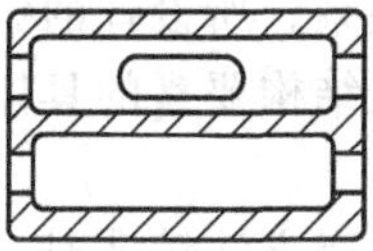	狭长内腔不便制芯和清铲，应尽可能避免
2		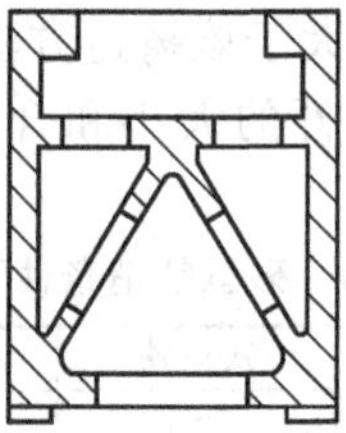	在保证刚性的前提下，可加大清铲窗孔，以便于清砂及破出芯骨

⑦ 铸件结构应能增加砂型强度。增加砂型强度的结构设计图例如表 2-7 所示。

表 2-7　增加砂型强度的结构设计图例

序号	图　例		说　明
	改　进　前	改　进　后	
1	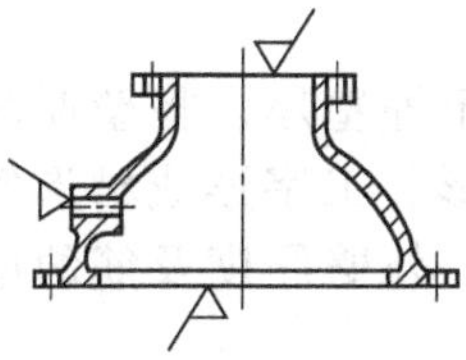	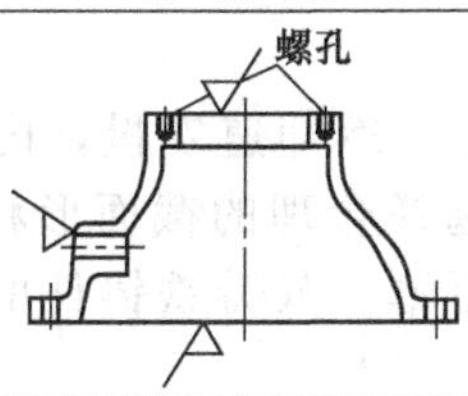	改进后，将小头法兰改成内法兰，大头法兰改成外法兰，为保证其强度，法兰厚度应稍增大

续表

序号	图　例		说　明
	改　进　前	改　进　后	
2	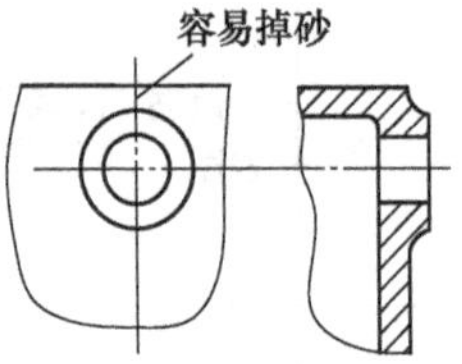 容易掉砂	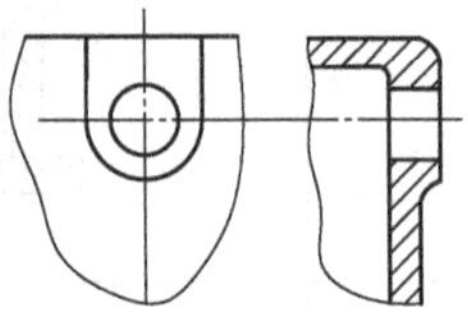	离平面很近或相切的圆凸台砂型不牢
3	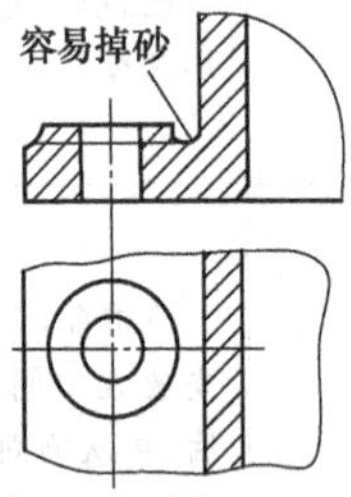 容易掉砂	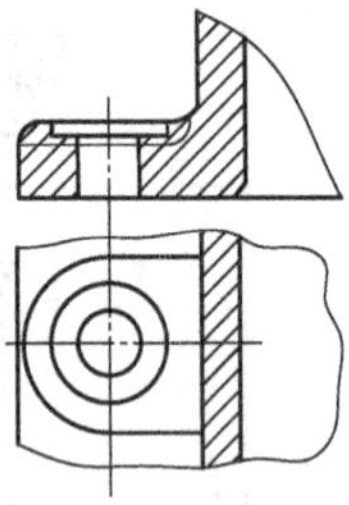	圆凸台侧壁的沟缝处容易掉砂,可改为机械加工平面
4	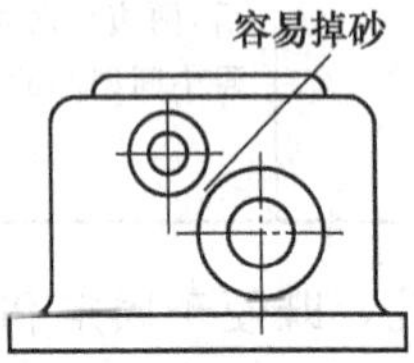 容易掉砂	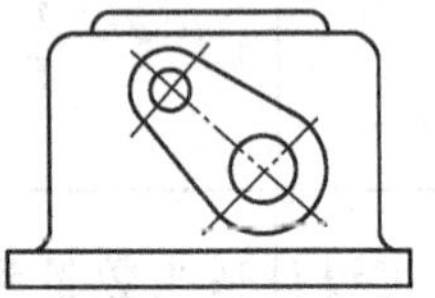	相距很近的凸台,可将其连接起来

2.2.2　提高铸造性能

铸件的缩孔、缩松、变形、裂纹、浇不足、冷隔等缺陷,有时是由于未充分考虑合金的铸造性能和铸件的结构之间的关系,所设计的铸件结构不合理所致。因此必须考虑如何进行合理的结构设计和如何选择铸造结构要素的具体尺寸,以提高铸件质量。

(1)合理设计铸件的壁厚

每种铸造合金在选用某种铸造方法铸造时,都有其适宜的壁厚。一般铸件的壁厚值由设计者选定,但铸件的壁厚值必须大于该铸造方法允许的最小壁厚。相同的铸造方法下,铸件允许的最小壁厚值主要取决于铸件的大小和合金的种类。砂型铸造铸件最小允许壁厚如表2-8所示。

表 2-8　砂型铸造条件下铸件最小允许壁厚　　　　　　　　　　　　　mm

铸件尺寸	铸钢	灰铸铁	球墨铸铁	可锻铸铁	铝合金	铜合金
<200×200	6~8	5~6	6	4~5	3	3~5
200×200~500×500	10~12	6~10	12	5~8	4	6~8
>500×500	18~25	15~20	—	—	5~7	—

应注意的是,铸件壁厚值不宜过大,厚大结构芯部易产生缩孔、缩松等缺陷,铸件的承载能力反而有可能下降。不产生此类缺陷的最大壁厚称为临界壁厚,一般临界壁厚取最小壁厚的3倍。

同时,内壁处散热条件差、冷却速度慢,内壁厚要小于外壁厚。将壁厚减薄后,为保证铸件的强度和刚度,应选择合理的截面形状,如丁字形、工字形或槽形等,或者增设加强筋。加强筋的厚度应更薄。灰铸铁铸件的内壁厚度、外壁厚度及筋的厚度可参见表2-9。

表 2-9　灰铸铁的壁厚参考值

铸件质量 /kg	铸件最大尺寸 /mm	外壁厚度 /mm	内壁厚度 /mm	筋的厚度 /mm	零件举例
<5	300	7	6	5	盖、拨叉、轴套、端盖
6～10	500	8	7	5	挡板、支架、箱体、门、盖
11～60	750	10	8	6	箱体、电机支架、溜板箱、托架
61～100	1250	12	10	8	箱体、油缸体、溜板箱
101～500	1700	14	12	8	油盘、带轮、镗模架
501～800	2500	16	14	10	箱体、床身、盖、滑座
801～1200	3000	18	16	12	小立柱、床身、箱体、油盘

　　壁厚差别过大的铸件，必将产生缩孔或缩松，同时，将使铸件各部分冷却不均匀，形成内应力，甚至引起裂纹。因此，在进行铸件结构设计时，应尽量按照铸件的凝固顺序设计合理且均匀的壁厚。合理且均匀的壁厚的结构设计图例如表 2-10 所示。

表 2-10　合理且均匀的壁厚的结构设计图例

序号	图例	说明
1	不合理　　合理	改进后用工字形结构代替实体结构
2	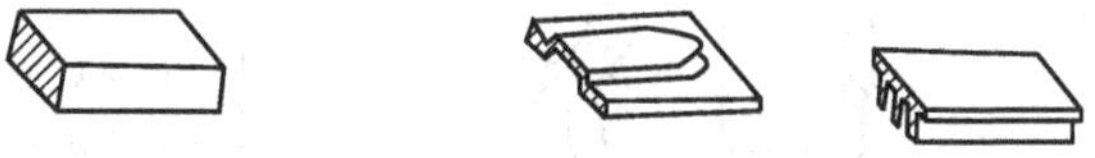 不合理　　合理	改进后采用薄壁带加强筋结构代替实体结构
3	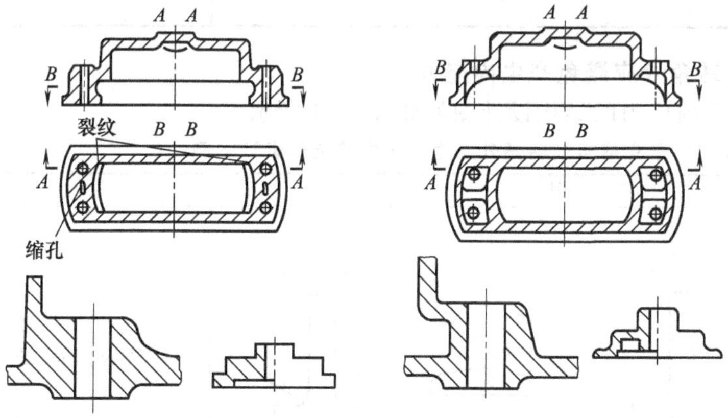 不合理　　合理	改进后壁厚均匀,避免了薄壁与厚壁的连接裂纹和厚壁的缩孔
4	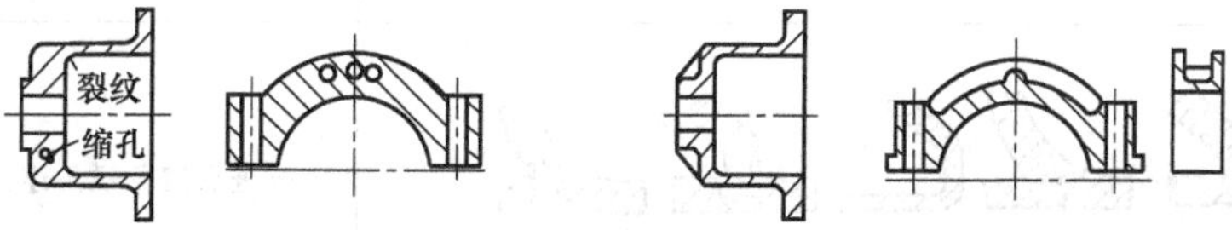 不合理　　合理	改进后由加强筋代替厚壁,壁厚均匀

续表

序号	图　例	说　明
5	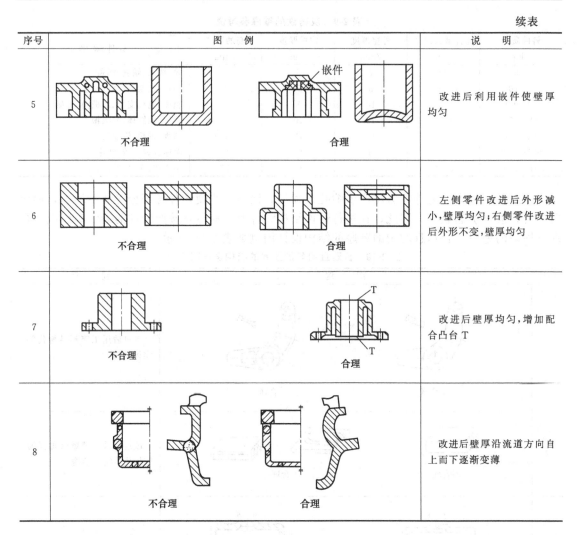	改进后利用嵌件使壁厚均匀
6		左侧零件改进后外形减小,壁厚均匀;右侧零件改进后外形不变,壁厚均匀
7		改进后壁厚均匀,增加配合凸台 T
8		改进后壁厚沿流道方向自上而下逐渐变薄

（2）铸件壁的连接或转角处应避免产生内应力

避免连接或转角处产生内应力的结构设计图例如表 2-11 所示。

表 2-11　避免连接或转角处产生内应力的结构设计图例

序号	图　例	说　明
1	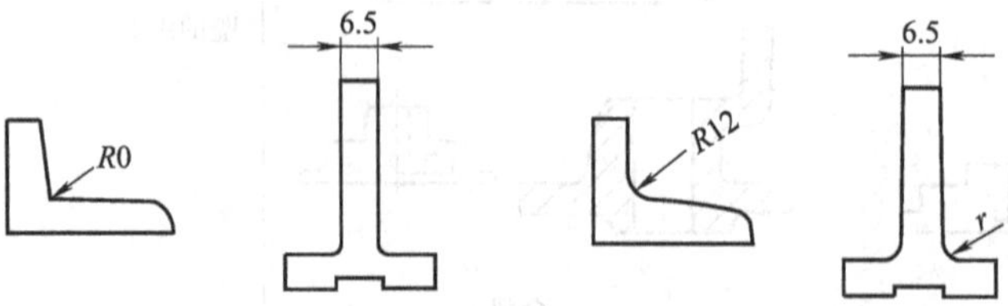	改进后增加 L 形、T 形连接处结构圆角,避免出现裂纹
2	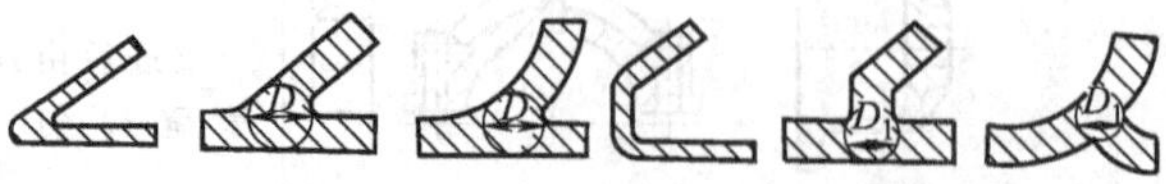	改进后避免锐角连接

续表

序号	图 例	说 明
3	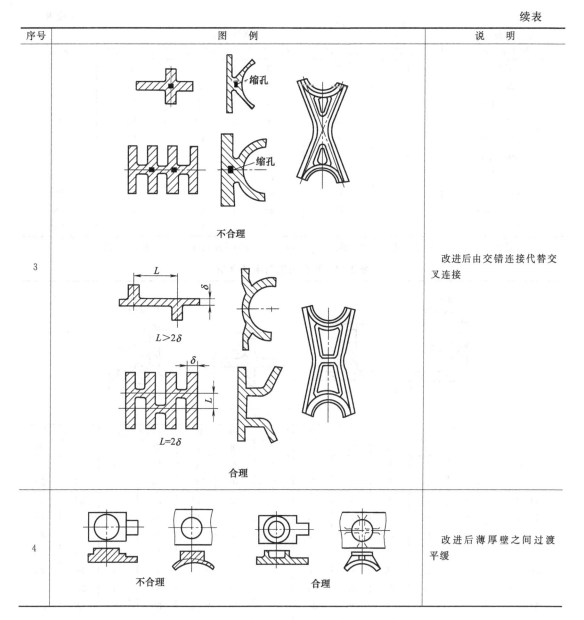 不合理 合理	改进后由交错连接代替交叉连接
4	不合理 合理	改进后薄厚壁之间过渡平缓

① 筋与筋和筋与壁的连接处、铸件壁间的转角应设计成圆角结构，以避免因直角结构造成夹渣、应力集中和裂纹等。铸造外圆角半径值和铸造内圆角半径值分别参见表 2-12 和表 2-13。

表 2-12 铸造外圆角半径 *R* 值

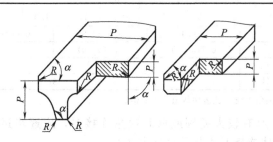

续表

表面的最小边	外圆角 α					
尺寸 P/mm	≤50°	51°～75°	76°～105°	106°～135°	136°～165°	＞165°
≤25	2	2	2	4	6	8
＞25～60	2	4	4	6	10	16
＞60～160	4	4	6	8	16	25
＞160～250	4	6	8	12	20	30
＞250～400	6	8	10	16	25	40
＞400～600	6	8	12	20	30	50
＞600～1000	8	12	16	25	40	60
＞1000～1600	10	16	20	30	50	80
＞1600～2500	12	20	25	40	60	100
＞2500	16	25	30	50	80	120

注：如果铸件不同部位按上表可选出不同的圆角半径 R 时，应尽量减少或只取适当的数值，以求统一。

表 2-13　铸造内圆角半径 R 值

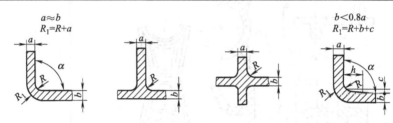

$\dfrac{a+b}{2}$	内圆角 α											
	≤50°		51°～75°		76°～105°		106°～135°		136°～165°		＞165°	
	钢	铁	钢	铁	钢	铁	钢	铁	钢	铁	钢	铁
≤8	4	4	4	4	4	4	8	6	16	10	20	16
9～12	4	4	4	4	6	6	10	8	16	12	25	20
13～16	4	4	6	4	8	6	12	10	20	16	30	25
17～20	6	4	8	6	10	8	16	12	25	20	40	30
21～27	6	6	10	8	12	10	20	16	30	25	50	40
28～35	8	6	12	10	16	12	25	20	40	30	60	50
36～45	10	8	16	12	20	16	30	25	50	40	80	60
46～60	12	10	20	16	25	20	35	30	60	50	100	80
61～80	16	12	25	20	30	25	40	35	80	60	120	100
81～110	20	16	25	20	35	30	50	40	100	80	160	120
111～150	20	16	30	25	40	35	60	50	100	80	160	120
151～200	25	20	40	30	50	40	80	60	120	100	200	160
201～250	30	25	50	40	60	50	100	80	160	120	250	200
251～300	40	30	60	50	80	60	120	100	200	160	300	250
＞300	50	40	80	60	100	80	160	120	250	200	400	300

c 和 h 值	b/a		＜0.4		0.5～0.65		0.66～0.8		＞0.8	
	c≈		0.7(a−b)		0.8(a−b)		a−b		—	
	h≈	钢	8c							
		铁	9c							

注：对于高锰钢铸件，内圆角半径 R 比表中数值大 1.5 倍。

② 铸件各部分的壁厚有较大差别或壁间锐角连接时，应逐步过渡，以减少应力集中，避免产生裂纹。壁的具体连接形式与尺寸见表 2-14。

表 2-14　壁的连接形式与尺寸

形　式	图　例	连　接　尺　寸
两壁斜向相连($\alpha < 75°$)	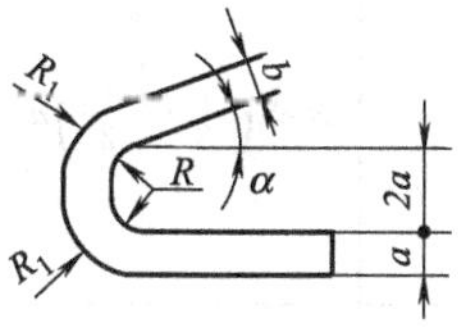	$b=a$ $R=\left(\frac{1}{3} \sim \frac{1}{2}\right)a$ $R_1=R+a$
	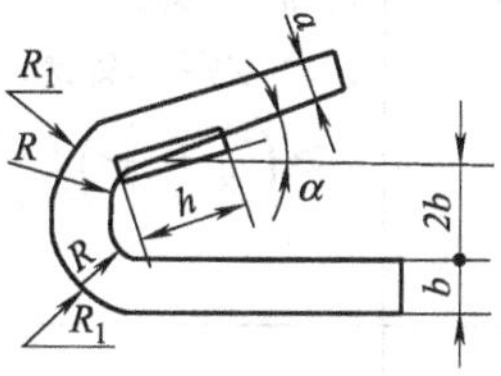	$b > 1.25a$，铸铁 $h=4c$ $c=b-a$，铸钢 $h=5c$ $R=\left(\frac{1}{3} \sim \frac{1}{2}\right)\left(\frac{a+b}{2}\right)$ $R_1=R+b$
	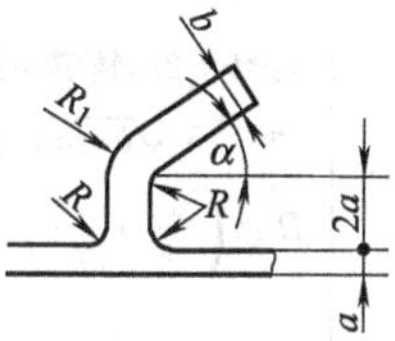	$b \approx 1.25a$ $R=\left(\frac{1}{3} \sim \frac{1}{2}\right)\left(\frac{a+b}{2}\right)$ $R_1=R+b$
	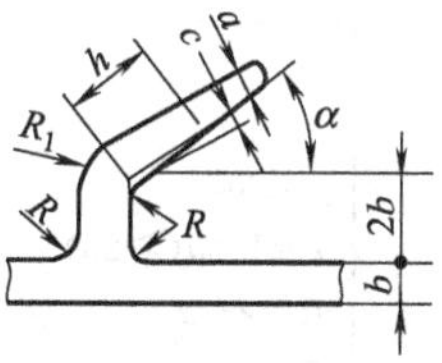	$b \approx 1.25a$，铸铁 $h=8c$ $c=\frac{b-a}{2}$，铸钢 $h=10c$ $R=\left(\frac{1}{3} \sim \frac{1}{2}\right)\left(\frac{a+b}{2}\right)$ $R_1=R+\frac{a+b}{2}$
两壁垂直相连	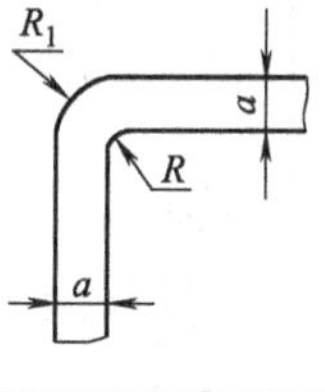	$R \geqslant \left(\frac{1}{3} \sim \frac{1}{2}\right)a$ $R_1 \geqslant R+a$
	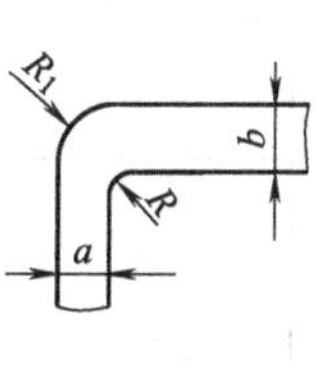	$R \geqslant \left(\frac{1}{3} \sim \frac{1}{2}\right)\left(\frac{a+b}{2}\right)$ $R_1 \geqslant R+\frac{a+b}{2}$
	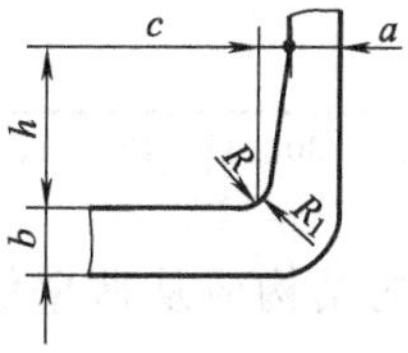	$b \geqslant a+c$，铸铁 $h \geqslant 4c$ $c \approx 3\sqrt{b-a}$，铸钢 $h \geqslant 5c$ $R \geqslant \left(\frac{1}{3} \sim \frac{1}{2}\right)\left(\frac{a+b}{2}\right)$ $R_1 \geqslant R+\frac{a+b}{2}$

续表

形 式	图 例	连 接 尺 寸
两壁垂直相交	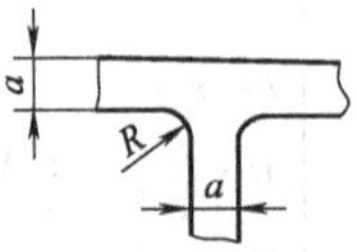	$R \geqslant \left(\dfrac{1}{3} \sim \dfrac{1}{2}\right) a$
	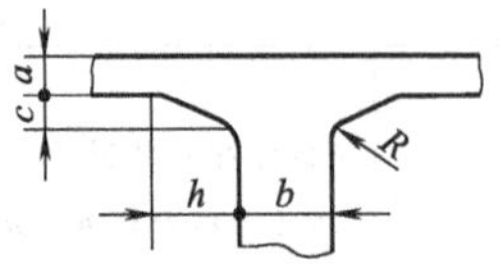 壁厚 $b > a$ 时	$b \geqslant a + c$，铸铁 $h \geqslant 4c$ $c \approx 3\sqrt{b-a}$，铸钢 $h \geqslant 5c$ $R \geqslant \left(\dfrac{1}{3} \sim \dfrac{1}{2}\right)\left(\dfrac{a+b}{2}\right)$
	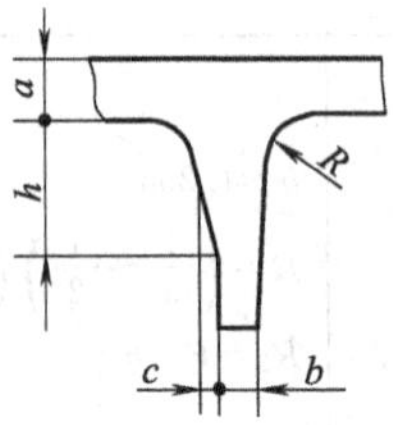 壁厚 $b < a$ 时	$a \geqslant b + 2c$，铸铁 $h \geqslant 8c$ $c \approx 1.5\sqrt{b-a}$，铸钢 $h \geqslant 10c$ $R \geqslant \left(\dfrac{1}{3} \sim \dfrac{1}{2}\right)\left(\dfrac{a+b}{2}\right)$
其他连接	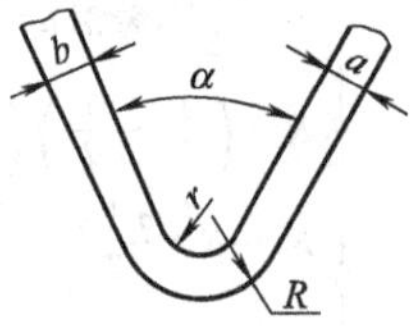 b 与 a 相差不多	$\alpha < 90°$ $r = 1.5a \, (\geqslant 25)$ $R = r + a$ $R = 1.5r + a$
	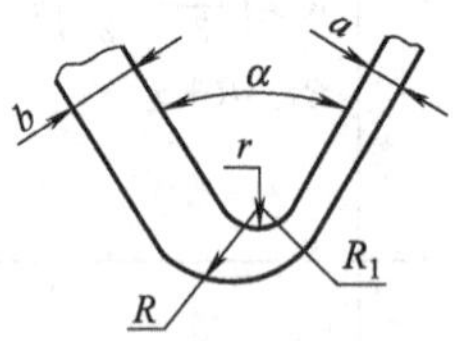 b 比 a 大得多	$\alpha < 90°$ $r = \dfrac{a+b}{2} \, (\geqslant 25)$ $R = r + a$ $R_1 = r + b$
	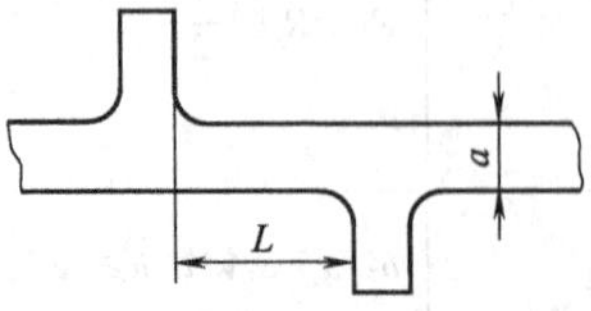	$L > 3a$

注：1. 圆角标准数列为：2、4、6、8、10、12、16、20、25、30、35、40、50、60、80、100（mm）。
2. 当壁厚大于 50mm 时，R 取数列中小值。

③ 铸件的厚壁与薄壁相连接时，连接部位的结构应从薄壁缓慢过渡到厚壁。过渡的形式与尺寸见表 2-15。

表 2-15　壁的过渡形式与尺寸

图　例	过渡尺寸												
$b \leqslant 2a$	铸铁	$R \geqslant \left(\frac{1}{3} \sim \frac{1}{2}\right)\left(\frac{a+b}{2}\right)$											
	铸钢 可铸锻铁	$\frac{a+b}{2}$	<12	12~16	16~20	20~27	27~35	35~45	45~60	60~80	80~110	110~150	
	非铁合金	R	6	8	10	12	15	20	25	30	35	40	
$b > 2a$	铸铁	$L \geqslant 4(b-a)$											
	铸钢	$L \geqslant 5(b-a)$											
$b \leqslant 1.5a$		$R \geqslant \frac{2a+b}{2}$											
$b > 1.5a$		$L = 4(a+b)$											

（3）设计筋时，避免多条筋互相交叉

为了在保证铸件的强度与刚度的同时避免截面过厚，铸件常在薄弱部分安置采用加强筋。加强筋的种类、尺寸、布置和形状参见表 2-16。

表 2-16　加强筋的种类、尺寸、布置和形状

带有筋的截面的铸件尺寸比例

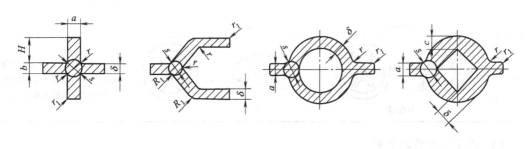

（δ 的倍数）

断面	H	a	b	c	R_1	r	r_1	s
十字形	3	0.6	0.6	—		0.3	0.25	1.25
叉形	—	—	—		1.5	0.5	0.25	1.25
环形附筋	—	0.8	—			0.5	0.25	1.25
同上，但有方孔	—	1.0	—	0.5		0.25	0.25	1.25

筋的布置		筋的形状	
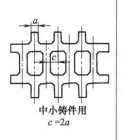 中小铸件用 $c=2a$	 大铸件用 $d=4a$	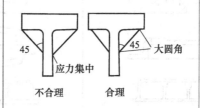	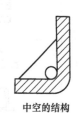 中空的结构

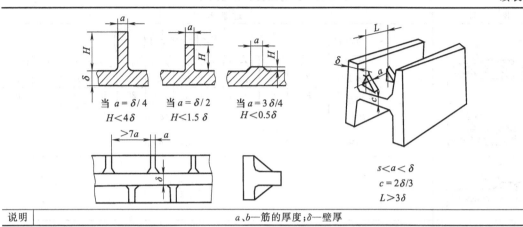

| 说明 | a、b—筋的厚度;δ—壁厚 |

设计筋时,要尽量分散和减少热节点,避免多条筋互相交叉,以使铸件收缩自如,减小内应力,避免产生裂纹。筋的结构设计图例见表 2-17。

表 2-17 筋的结构设计图例

序号	图 例		说 明
1	不合理	合理	改进后采用蜂窝状加强筋,避免直长筋,以减小刚度;改进后斜弯辐条有收缩余量
2	不合理	合理	改进后采用交错加强筋,以减小刚度;改进后切断加强筋,以减小刚度

（4）避免过大的水平面

进行铸件的结构设计时,应尽量避免有过大的水平面,应便于金属中的夹杂物和气体上浮排出。如果不能避免,在浇注时应注意,尽量使铸件的大平面或薄壁结构朝下或侧立,尽量使铸件的重要工作面或主要加工面朝下或侧立,以保证铸件质量。避免过大水平面的结构设计图例见表 2-18。

表 2-18 避免过大水平面的结构设计图例

序号	图 例		说 明
	改 进 前	改 进 后	
1	不合理	合理	改进后取消大的水平铸造平面,设计为可借重力的斜面

续表

序号	图　例		说　明
	改　进　前	改　进　后	
2	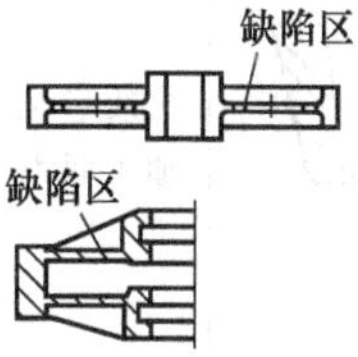 缺陷区　缺陷区	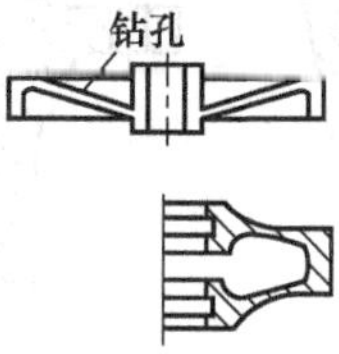 钻孔	尽量减少较大的水平平面,尽可能采用斜平面,便于金属中夹杂物和气体上浮排除,并减少内应力 铸孔的轴线应与起模方向一致
3	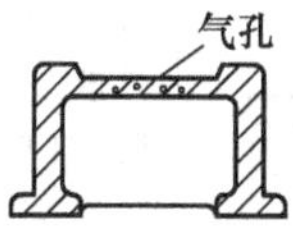 气孔	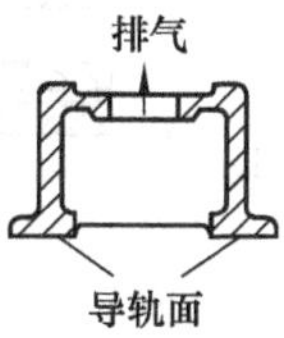 排气　导轨面	避免薄壁和大面积封闭,使气体能充分排出;浇注时,重要面(如导轨面)应在下部,以便金属补给

2.2.3　受力合理

灰铸铁的抗压强度是抗拉强度的 3～4 倍,因此在进行铸件的结构设计时,应考虑使铸件结构在使用状态下尽量承受压应力,同时,应保证铸件结构支撑可靠。铸件受力合理的结构设计图例见表 2-19。

表 2-19　铸件受力合理的结构设计图例

序号	图　例		说　明
1	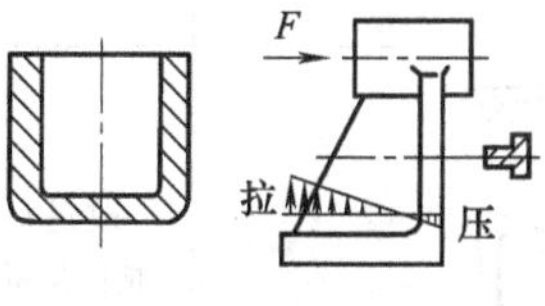 F　拉　压 不合理	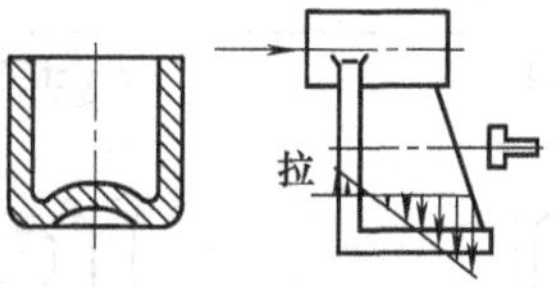 拉 合理	改为内凸结构,减少拉应力;改进后加强筋受压应力
2	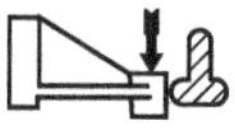 不合理	 合理	改进后加强筋受压应力
3	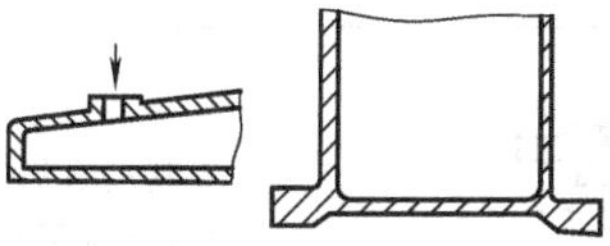 不合理	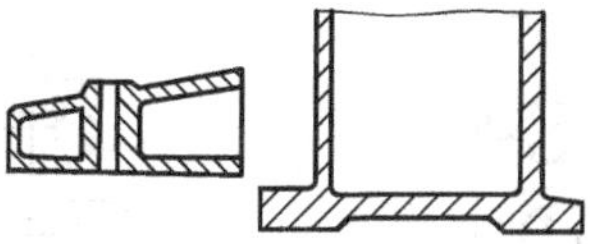 合理	改进后支承可靠;改进后箱壁支承可靠

2.2.4　便于切削加工

砂型铸造获得的铸造毛坯往往需要切削加工,因此在进行铸件的结构设计时,应留有加工余量,并从减少切削加工量和切削难度、合理规定铸件尺寸公差等级等方面考虑,以使铸件结构便于切削加工。结构设计图例如表 2-20 所示。

表 2-20　减少切削加工量、留有加工余量和减少加工难度的结构设计图例

序号	图　例	说　明
1	 不合理　　　　　　　合理	改进后铸出凸台,减少加工面积
2	 不合理　　　　　　　合理	左侧零件改进后为环形接触,加工面减少;右侧零件改进后下表面形成台阶,加工面减少
3	 不合理　　　　　　　合理	改进后为空心结构,加工面减少
4	$a<\delta$ 不合理　　　$a>\delta$ 　　　合理	左侧零件改进后设置了加强筋,减少变形,保证加工余量;右侧零件改进后增大加工余量(δ—加工误差)
5	 不合理　　　　　　　合理	改进后加工表面高于非加工表面,降低加工难度
6	 不合理　　　　　　　合理	改进后取消了加工表面中的凸台,降低加工难度
7	 不合理　　　　　　　合理	改进后加工表面宽度一致,提高了每次走刀的加工效率
8	 不合理　　　　　　　合理	左侧零件改进后加工难度降低;右侧零件改进后加工表面位于同一平面,加工难度降低,并减少了走刀次数

① 加工余量的大小与铸造方法、铸件的生产批量、合金的种类、铸件的大小、加工面与基准面的距离及加工面在浇注时的位置等有关，可按国家标准确定。一般来说，大量生产、采用机器造型应比手工造型余量大；铸钢件应比非铁合金铸件余量大；大尺寸铸件或加工面与基准面的距离较大的铸件余量应较大；浇注时朝上的表面应比底面和侧面的加工余量大。表 2-21 列出了灰铸铁件的机械加工余量。

表 2-21　灰铸铁件的机械加工余量

铸件最大尺寸 /mm	浇注时位置	加工面与基准面的距离 /mm					
		<50	50~120	120~260	260~500	500~800	800~1250
<120	顶面	3.5~4.5	4.0~4.5				
	底、侧面	2.5~3.5	3.0~3.5				
120~260	顶面	4.0~5.0	4.5~5.0	5.0~5.5			
	底、侧面	3.0~4.0	3.5~4.0	4.0~4.5			
260~500	顶面	4.5~6.0	5.0~6.0	6.0~7.0	6.5~7.0		
	底、侧面	3.5~4.5	4.0~4.5	4.5~5.5	5.0~6.0		
500~800	顶面	5.0~7.0	6.0~7.0	6.5~7.0	7.0~8.0	7.5~9.0	
	底、侧面	4.0~5.0	4.5~5.0	4.5~5.5	5.0~6.0	6.5~7.0	
800~1250	顶面	6.0~7.0	6.5~7.5	7.0~8.0	7.5~8.0	8.0~9.0	8.5~10
	底、侧面	4.0~5.5	5.0~5.5	5.0~6.0	5.5~6.0	5.5~7.0	6.5~7.5

注：加工余量数值中下限用于大批大量生产，上限用于单件小批生产。

② 铸件的孔、槽是否铸出，应考虑必要性和工艺上的可能性。一般来说，较大的孔、槽应当铸出，较小的孔、槽则不必铸出，由机加工完成；零件图上不要求加工的孔、槽，无论大小均应铸出。灰铸铁件的最小铸孔推荐如下：单件生产 30~50mm，成批生产 15~20mm，大量生产 12~15mm。

如图 2-2 所示，在需要钻孔的位置，将孔的端面设计成与钻头轴线垂直，可保证钻孔精度。

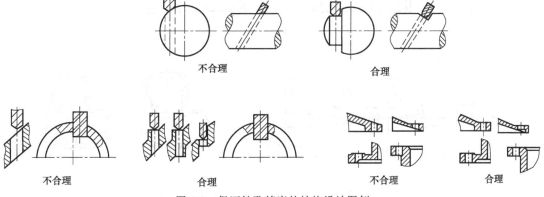

不合理　　　　合理　　　　不合理　　　　合理　　　　不合理　　　　合理

图 2-2　保证钻孔精度的结构设计图例

③ 应合理规定铸件尺寸公差等级。铸件尺寸公差等级分为 CT1~CT16，共 16 级，如表 2-22 所示。不同生产规模和生产方式的铸件所能达到的铸件尺寸公差等级是不同的。在规定铸件尺寸公差时，必须从实际出发，综合考虑各种因素，达到既保证铸件质量，又不过多增加生产成本的目的。

2.2.5　采用组合铸件

在满足强度和刚度的情况下，可将较大铸件设计成组合铸件结构，化大为小、化繁为简，分别铸造、加工，再用焊接、螺栓连接等方法装配起来，以利于铸件的铸造、加工和运输。如图 2-3 (a) 所示，改进后的结构较之改进前的结构大为简化；图 2-3 (b) 所示结构

表 2-22　铸件尺寸公差数值（GB/T 6414—1999）

铸件基本尺寸 /mm		公差等级 CT															
大于	至	1	2	3	4	5	6	7	8	9	10	11	12	13	14	15	16
—	10	0.09	0.13	0.18	0.26	0.36	0.52	0.74	1.0	1.5	2.0	2.8	4.2	—	—	—	—
10	16	0.10	0.14	0.20	0.28	0.38	0.54	0.78	1.1	1.6	2.2	3.0	4.4	—	—	—	—
16	25	0.11	0.15	0.22	0.30	0.42	0.58	0.82	1.2	1.7	2.4	3.2	4.6	6	8	10	12
25	40	0.12	0.17	0.24	0.34	0.46	0.64	0.90	1.3	1.8	2.6	3.6	5.0	7	9	11	14
40	63	0.13	0.18	0.26	0.36	0.50	0.70	1.0	1.4	2.0	2.8	4.0	5.6	8	10	12	16
63	100	0.14	0.20	0.28	0.4	0.5	0.7	1.1	1.6	2.2	3.2	4.4	6	9	11	14	18
100	160	0.15	0.22	0.30	0.44	0.62	0.88	1.2	1.8	2.5	3.6	5.0	7	10	12	16	20
160	250	—	0.24	0.34	0.50	0.70	1.0	1.4	2.0	2.8	4.0	5.6	8	11	14	18	22
250	400	—	—	0.40	0.56	0.78	1.1	1.6	2.2	3.2	4.4	6.2	9	12	16	20	25
400	630				0.64	0.90	1.2	1.8	2.6	3.6	5	7	10	14	18	22	28
630	1000				0.72	1.0	1.4	2.0	2.8	4.0	6	8	11	16	20	25	32
1000	1600	—	—	—	0.80	1.1	1.6	2.2	3.2	4.6	7	9	13	18	23	29	37
1600	2500	—	—	—	—	—	—	2.6	3.8	5.4	8	10	15	21	26	33	42
2500	4000							—	4.4	6.2	9	12	17	24	30	38	49
4000	6300									7.0	10	14	20	28	35	44	56
6300	10000									—	11	16	23	32	40	50	64

中，将特长铸件分段铸造，在加工内孔后，再焊接为整体；图 2-3（c）中将铸件改为组合结构后，型芯结构简单、固定稳固，易于保证铸件的壁厚。

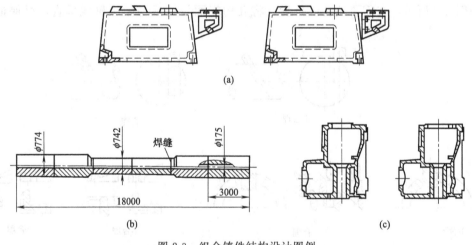

图 2-3　组合铸件结构设计图例

2.3　特种铸造对铸件结构设计工艺性的要求

各种特种铸造方法获得的铸件都有各自的结构特点，因此对结构设计工艺性的要求也不同。

2.3.1　压力铸件的结构工艺性

采用压力铸造获得压铸件时，压铸件的结构应壁厚均匀、便于型芯取出及简化铸型结构等，铸件壁厚应不大于 6mm。压力铸件结构设计图例见表 2-23。

表 2-23　压力铸件结构设计图例

序号	注意事项	图例		说　明
		改　进　前	改　进　后	
1	消除内凹	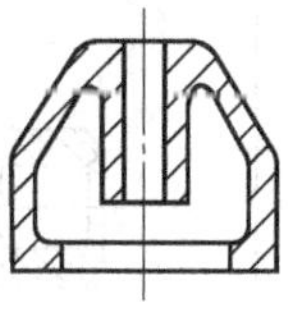	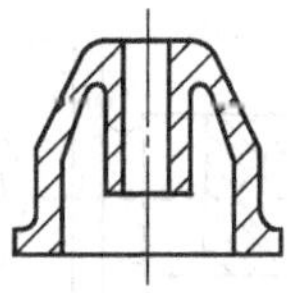	内凹铸件型芯不易取出
2	壁厚均匀	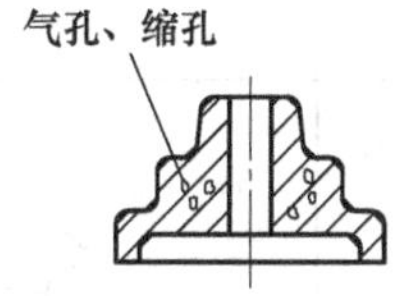 气孔、缩孔	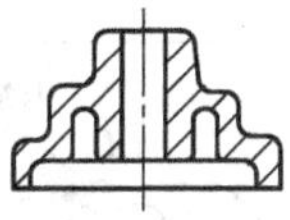	壁厚不均,易产生气孔、缩孔
3	采用加强筋减小壁厚	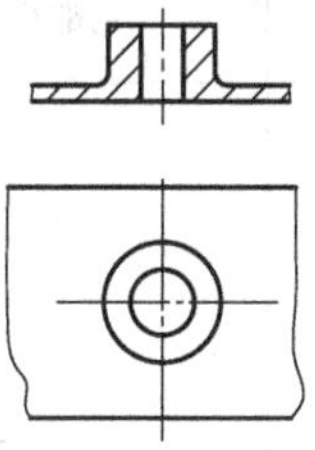	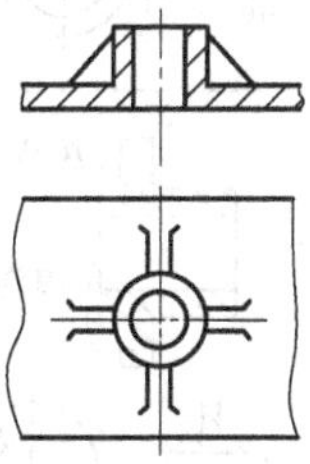	壁厚处易产生疏松和气孔
4	消除尖角过渡圆滑	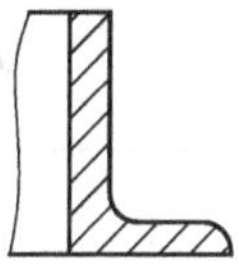		充填良好,不产生裂纹
5	简化铸型结构	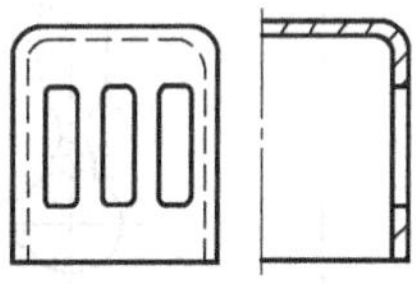	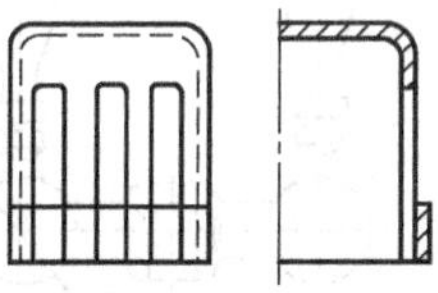	尽量避免横向抽芯,否则使铸型结构复杂;改进后抽芯方向与开型取件方向一致,简化铸型结构

2.3.2　熔模铸件的结构工艺性

熔模铸件的结构应壁厚均匀,减少热节,保证铸件顺序凝固。另外,熔模铸件常以整铸代替分制。熔模铸件结构设计图例见表 2-24。

表 2-24　熔模铸件结构设计图例

注意事项	零件名称	改　进　前	改　进　后
壁厚均匀减小热节	压板	锻件、切削加工件 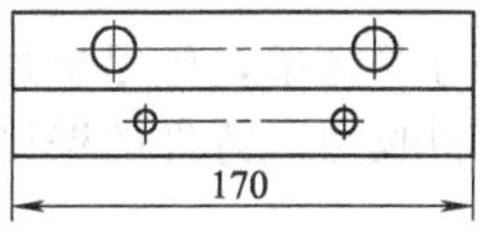 170	熔模铸钢件 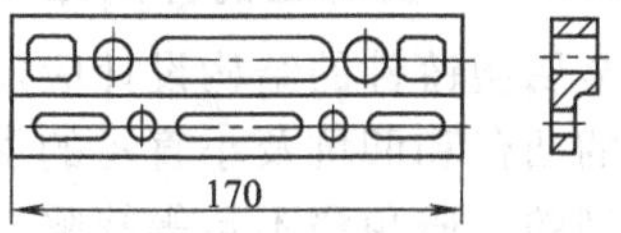 170
	扇形齿轮	锻件、切削加工件 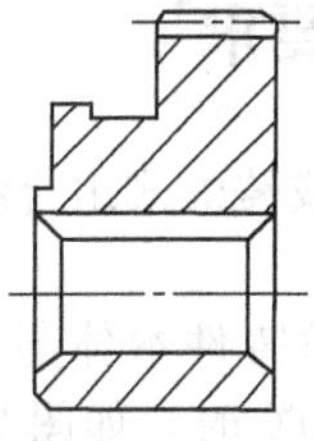	熔模铸钢件 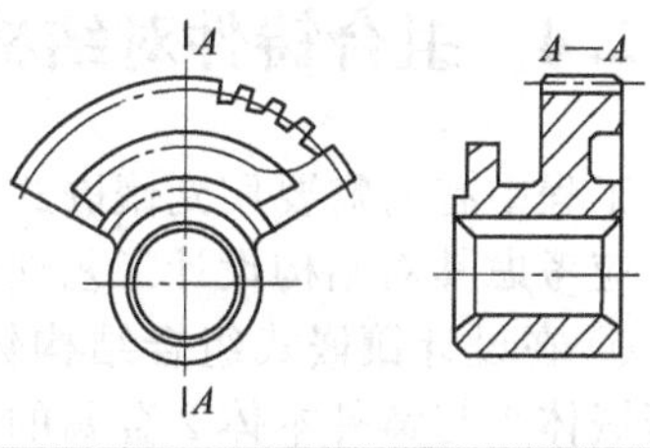 A—A

续表

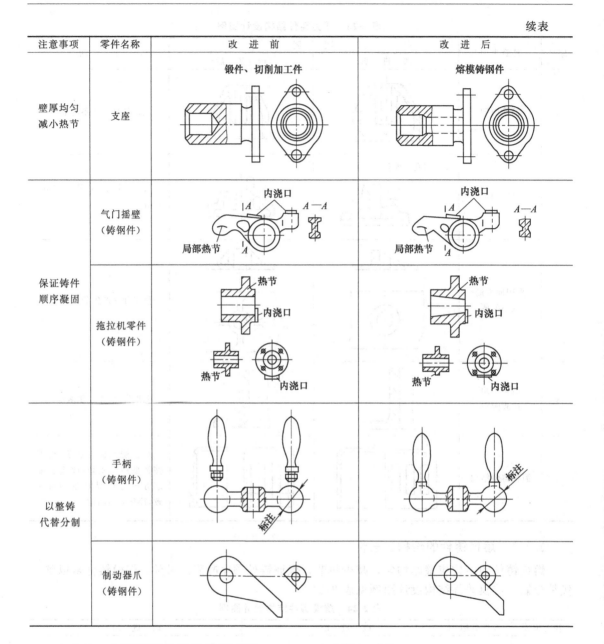

注意事项	零件名称	改 进 前	改 进 后
壁厚均匀减小热节	支座	锻件、切削加工件	熔模铸钢件
保证铸件顺序凝固	气门摇壁（铸钢件）		
	拖拉机零件（铸钢件）		
以整铸代替分制	手柄（铸钢件）		
	制动器爪（铸钢件）		

2.3.3 金属型铸件的结构工艺性

金属型铸件的结构设计应使外形和内腔力求简单，应尽量加大结构斜度，避免或减小铸件上的凸台和凹坑及小直径的深孔，以便顺利脱型。铸件的壁厚不能过薄，以保证金属液能充满型腔，避免浇不足等缺陷。

2.4 组合铸件对结构工艺性的要求

工程中有时需要用到镶嵌式组合结构铸件或铸焊式组合结构铸件。在设计此类组合铸件时，应考虑其对结构设计工艺性的要求。

① 在设计镶嵌式组合结构铸件时，应考虑铸件本体与镶嵌壁厚的比例。在图 2-4 中，当镶嵌体 1 与铸件本体 2 金属的熔点差大于 300℃时，如图 2-4（a）中镶嵌体用作整个工作

表面，则镶嵌体与铸件本体壁厚比值推荐选用 1：4；若如图 2-4（b）和图 2-4（c）所示，镶嵌体用作部分工作表面，则壁厚比推荐为 1：3；当熔点差小于 300℃时，以上比例分别为 1：2.5 和 1：2。

②　在设计镶嵌式组合结构铸件时，应防止铸件本体产生过大的内应力或裂纹。镶嵌体不应有应力集中尖角，应远离高温处避免冷热交变引起的裂纹，如图 2-5 所示。

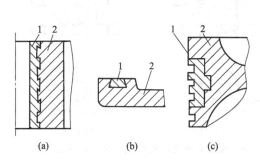 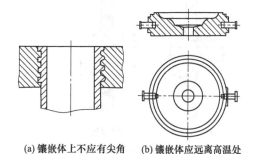

图 2-4　考虑铸件本体与镶嵌壁厚的比例的
镶嵌式组合结构设计图例
1—镶嵌体；2—铸件本体

图 2-5　防止铸件本体产生过大的内应力或
裂纹的镶嵌式组合结构设计图例

③　对于管件的镶嵌式组合结构铸件，如图 2-6 所示，将图 2-6（a）和图 2-6（b）的结构改为图 2-6（c）的结构后，可以在镶铸后切去两端。

④　在设计镶嵌式组合结构铸件时，应合理安排位置，以免引起装配困难。在图 2-7（a）所示结构中，镶铸管 A 妨碍型芯 4、5、6、7、8 的安放；如果选用图 2-7（b）结构，将 A 放在侧壁，或如图 2-7（c）将 A 放在下半个铸型，或如图 2-7（d）在铸件中设计有隔板，则镶嵌体不会影响铸型的装配。

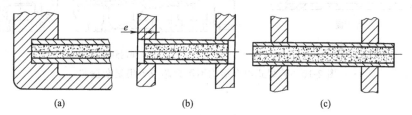

图 2-6　管件镶嵌式组合结构设计图例

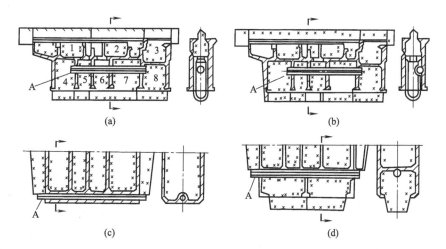

图 2-7　避免引起装配困难的镶嵌式组合结构设计图例

⑤ 在设计铸焊式组合结构铸件时，应考虑分割面的位置。如图 2-8（a）所示，焊缝在断面变化处，若受到较大切应力易引起疲劳破坏。

⑥ 在铸焊式组合结构中，断面有变化及形状复杂部分一般采用铸件。在图 2-9（b）所示的结构中，既减少了焊接工作量，焊缝又不易产生在应力集中的位置。

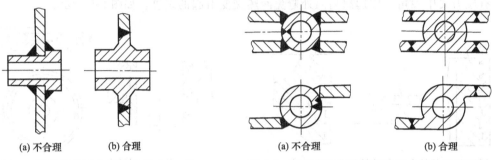

图 2-8　考虑分割面位置的铸焊式　　　　　图 2-9　断面有变化的铸焊式组合结构设计图例
　　　　　组合结构设计图例

⑦ 铸焊式组合结构铸件可以不用型芯或不用复杂型芯。如图 2-10（a）所示的结构中，铸焊结构代替了难清理又费工时的有芯结构，便于清理；图 2-10（b）所示的气缸壳体，用铸焊结构排除了复杂型芯。

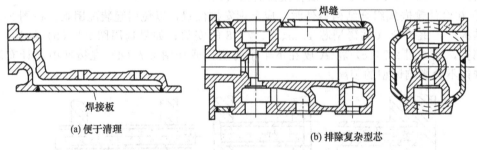

图 2-10　铸焊式组合结构不用型芯或不用复杂型芯

第3章 锻压件结构设计工艺性

3.1 锻造办法与金属的可锻性

机器中的重要零件多采用锻造毛坯,锻造时的塑性变形使金属获得较细的晶粒,可以消除内部的小裂纹及气孔等缺陷,从而改善金属的力学性能。锻件的形状不能太复杂,不同的锻造方法结构工艺性不同。

3.1.1 各种锻造方法及其特点

锻造方法一般分为自由锻、模型锻造(模锻)和特种锻造三类。

自由锻造所用设备和工具通用性强,操作简单,锻件质量可以很大,但工人劳动强度大、生产率低,锻件形状简单、精度低、表面状态差,消耗金属较多,主要适用于单件、小批量生产。

模锻生产率高,锻件精度高,可以锻出形状复杂的零件,与自由锻相比,尺寸精度较高,表面状态较好,金属消耗较少,但模锻成本高,锻件质量受设备限制,主要应用于大批量生产。

特种锻造包括精密锻造、粉末锻造、多向模锻、精锻、镦锻、挤压等成形工艺,可以锻出许多类型、形状复杂、少切削甚至无切削的大、小零件,是降低材料消耗、提高劳动生产率的重要途径,主要应用于大批量生产中。

3.1.2 金属材料的可锻性

金属材料的可锻性指金属材料在受锻压后,可改变形状而又不产生破裂的性能。随着含碳量的增加,碳钢的可锻性下降;低合金钢的可锻性近似于中碳钢;合金钢中随着某些降低金属塑性的合金元素的增加可锻性下降;高合金钢锻造困难;各种有色金属合金的可锻性都较好,类似于低碳钢。常用金属材料热锻时的成形特性见表 3-1。

表 3-1 常用金属材料热锻时的成形特性

序号	材料类别	热锻工艺特性	对锻件形状的影响
1	含碳量不大于 0.65% 的碳素钢及低合金结构钢	塑性高,变形抗力比较低,锻造温度范围宽	锻件形状可复杂,可锻出较高的筋、较薄的腹板和较小的圆角半径
2	含碳量大于 0.65% 的碳素钢、中合金高强度钢、工具模具钢、轴承钢及铁素体或马氏体不锈钢	有良好塑性,但变形抗力大,锻造温度范围较窄	锻件形状尽量简化,最好不带薄的腹板、高的筋,锻件的余量、圆角半径、公差等应加大
3	高合金钢和高温合金、莱氏体钢等	塑性低,变形抗力很大,锻造温度范围窄,锻件对晶粒度或碳化物大小等指标要求高	用一般锻造工艺时,锻件形状要简单、截面尺寸变化要小;最好采用挤压、多向模锻等提高塑性的工艺方法,锻压速度要合适
4	铝合金	大多数具有高塑性,变形抗力低,仅为碳钢的 1/2 左右	锻件形状可复杂,可锻出较高的筋、较薄的腹板和较小的圆角半径
5	铜与铜合金	绝大部分塑性高,变形抗力较低,但锻造温度范围窄,工序要求少,除青铜和高锌黄铜外,其余均应在速度较高的设备上锻造	可获得复杂形状的锻件

3.2　锻造方法对锻件结构设计工艺性的要求

设计锻造的零件时，应先根据零件生产批量、形状和尺寸，以及现有的生产条件，选择技术可行、经济合理的锻造方法，再按照工艺性要求进行零件的结构设计。在设计可锻性较差的金属锻件时，应力求形状简单，截面均匀。

3.2.1　自由锻件的结构设计工艺性

自由锻采用锭料或轧材作为原材料，是特大型锻件的唯一的生产方法。自由锻常用设备有锻锤和水压机，不同规格的锻压设备的锻造能力范围不同，锻造前应按照原材料尺寸选择合适的锻压设备及其规格。在进行自由锻件的结构设计时，为便于锻造，应注意避免锥形和楔形锻件；当圆柱形表面与其他曲面交接时，应力求简化；避免采用加强筋、工字形截面等复杂形状；避免形状复杂的凸台及叉形件内凸台；对于形状复杂或有骤变横截面的零件，应设计为组合结构。自由锻件结构设计图例如图3-1所示。

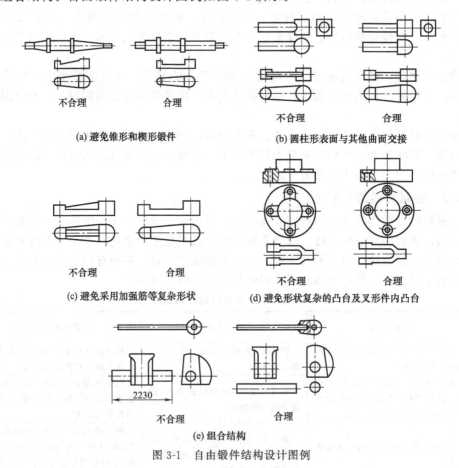

(a) 避免锥形和楔形锻件　　　　　(b) 圆柱形表面与其他曲面交接

(c) 避免采用加强筋等复杂形状　　(d) 避免形状复杂的凸台及叉形件内凸台

(e) 组合结构

图 3-1　自由锻件结构设计图例

3.2.2　模锻件的结构设计工艺性

模锻可分为胎模锻和固定模锻。胎模锻在普通自由锻锤上进行，下模放在砧座上，将坯料放在下模中，合模后用锤头打击上模，使金属充满模膛。如表3-2所示，胎模锻可锻造圆轴类、圆盘类、圆环类和杆叉类等锻件。固定模锻在专用锻模上进行，上模固定在锤头上，下模固定在砧座上，锤头带动上模打击金属，使金属受压充满模膛。常用模锻设备有模锻锤、热模锻压力机、平锻机、螺旋压力机等。

表 3-2　胎模锻件类别

锻件类别		简图		锻件类别		简图
圆轴类	台阶轴	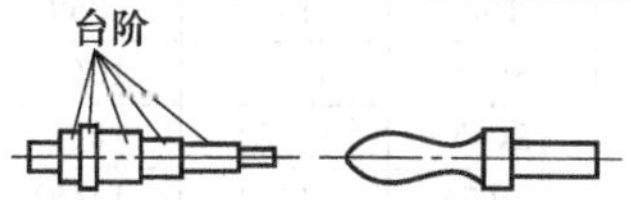 台阶		圆盘类	法兰	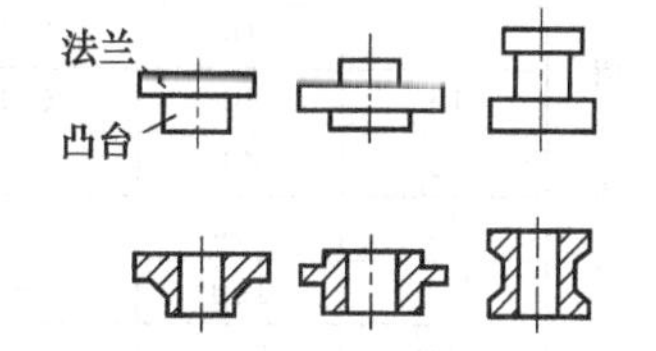 法兰 凸台
	法兰轴	法兰轴	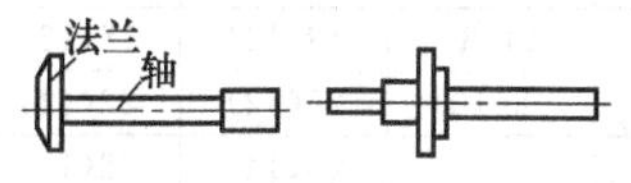			
圆盘类	齿轮	 轮毂 轮辐 轮缘		杆叉类	直杆	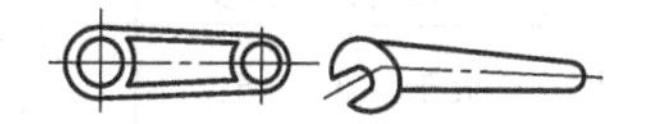
	杯筒				弯杆	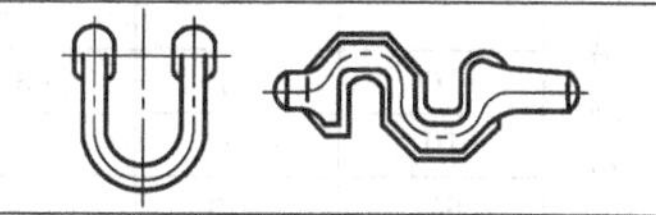
圆环类	环				枝杆	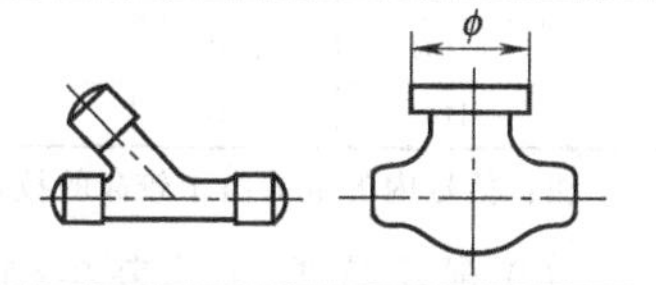 φ
	套				叉杆	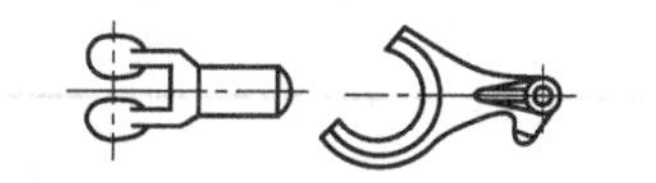

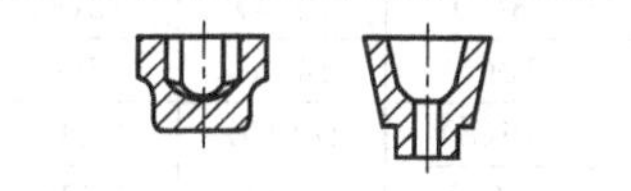

（1）模锻件的结构要素

为适应锻造工艺性、获得合格质量的模锻件，模锻件的凹槽圆角半径、最小底厚、最小壁厚、最小冲孔直径、最小腹板厚度等结构要素应符合要求。

① 收缩截面、多台阶截面、齿轮轮辐、曲轴的凹槽圆角半径（见表 3-3）

表 3-3　内、外凹槽圆角半径　　　　　　　　　　　　　　　　　　mm

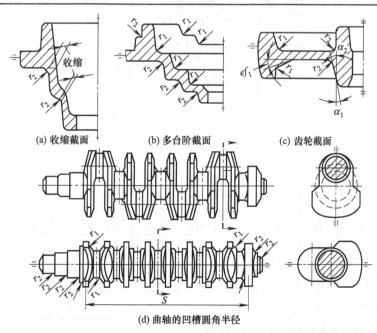

(a) 收缩截面　　　　(b) 多台阶截面　　　　(c) 齿轮截面

(d) 曲轴的凹槽圆角半径

续表

内凹槽圆角 r_2	所在的凸肩高度		锻件的最大直径或高度							
	大于	至	大于 至25	25 40	40 63	63 100	100 160	160 250	250 400	400 630
		16	3(1.5)	4(2)	5(2)	6(3)	8(4)	10(5)	12(6)	14(8)
	16	40	4(2)	5(2)	6(3)	8(4)	10(5)	12(6)	14(8)	16(10)
	40	63	—	6(3)	8(4)	10(5)	14(8)	14(8)	16(10)	20(12)
	63	100	—	—	12(6)	14(8)	18(10)	18(12)	20(14)	25(16)
	100	160	—	—	—	18(10)	20(12)	22(14)	25(16)	32(18)
	160	250	—	—	—	—	25(14)	28(16)	32(18)	40(20)

外凹槽圆角 r_1	所在的凸肩高度		铸件的最大直径或高度							
	大于	至	大于 至25	25 40	40 63	63 100	100 160	160 250	250 400	400 630
		16	4(2)	5(2)	6(3)	8(3)	10(4)	12(5)	14(6)	16(8)
	16	40	6(3)	8(3)	10(4)	12(5)	14(6)	16(8)	18(10)	20(12)
	40	63	—	12(5)	14(6)	16(8)	18(10)	20(12)	22(14)	25(16)
	63	100	—	—	18(10)	20(12)	22(14)	25(16)	28(18)	32(20)
	100	160	—	—	—	25(16)	28(18)	32(20)	36(22)	40(25)
	160	250	—	—	—	—	36(22)	40(25)	50(28)	63(32)

注：括号内的数值由于较高的技术费用而尽可能不用。

② 最小底厚 （见表3-4）

表3-4 最小底厚   mm

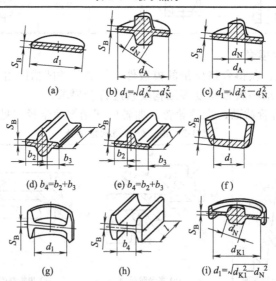

(a)

(b) $d_1=\sqrt{d_A^2-d_N^2}$

(c) $d_1=\sqrt{d_A^2-d_N^2}$

(d) $b_4=b_2+b_3$

(e) $b_4=b_2+b_3$

(f)

(g)

(h)

(i) $d_1=\sqrt{d_{K1}^2-d_N^2}$

旋转对称			非旋转对称的 S_B									
直径 d_1		底厚 S_B	宽度 b_4		长度 l							
大于	至		大于	至	大于 至25	25 40	40 63	63 100	100 160	160 250	250 400	400 630
	20	2(1.5)		16	2(1.5)	2.5(1.5)	2.5(1.5)	3(2)	3(2)	—	—	—
20	50	4(2)	16	40	—	4(2)	4(2)	4(2)	5(2.5)	5(3)	7(4)	7(5)
50	80	5(3)	40	63	—	—	5(3)	5(3)	6(4)	7(5)	8(5)	10(7)
80	125	7(5)	63	100	—	—	—	7(5)	8(5)	10(7)	10(7)	13(9)
125	200	11(7)	100	160	—	—	—	—	11(7)	11(7)	13(9)	16(11)
200	315	16(11)	160	250	—	—	—	—	—	16(11)	18(13)	22(16)
315	500	22(16)	250	400	—	—	—	—	—	—	22(16)	25(18)
500	800	32(22)	400	630	—	—	—	—	—	—	—	32(22)

注：括号内的数值由于较高的技术费用而尽可能不用。

③ 最小壁厚、筋宽及筋端圆角半径（见表 3-5）

表 3-5　最小壁厚、筋宽及筋端圆角半径　　　　　　　mm

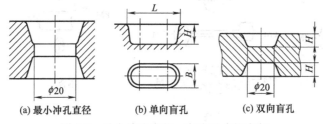

壁高或筋高 (h_W 或 h_R)		壁厚 S_W	筋宽 S_R	筋端圆角半径 r_{RK}
大于	至			
	16	4(2)	4(2)	2(1)
16	40	8(4)	8(4)	4(2)
40	63	12(8)	12(8)	6(4)
63	100	20(12)	20(12)	10(6)
100	160	32(20)		

注：括号内的数值由于较高的技术费用而尽可能不用。

④ 最小冲孔直径、盲孔和连皮厚度　　如图 3-2（a）所示，锻件的最小冲孔直径为 20mm。图 3-2（b）所示的单向盲孔中，盲孔深度 H 的取值为：当 $L=B$ 时，$H/B \leqslant 0.7$；当 $L>B$ 时，$H/B \leqslant 1.0$。图 3-2（c）所示的双向盲孔中，盲孔深度 H 分别按单向盲孔确定。连皮的厚度不小于腹板的最小厚度。

图 3-2　最小冲孔直径、盲孔尺寸的确定

⑤ 最小腹板厚度　　最小腹板厚度按锻件在分模面的投影面积，见表 3-6。

表 3-6　最小腹板的厚度　　　　　　　mm

有限制腹板　　　　　　　　　　　　　　　无限制腹板

铸件在分模面上的投影面积 /cm²	无限制腹板 t_1	有限制腹板 t_2	铸件在分模面上的投影面积 /cm²	无限制腹板 t_1	有限制腹板 t_2
≤25	3	4	>800~1000	12	14
>25~50	4	5	>1000~1250	14	16
>50~100	5	6	>1250~1600	16	18
>100~200	6	8	>1600~2000	18	20
>200~400	8	10	>2000~2500	20	22
>400~800	10	12			

（2）模锻件的结构设计

在进行模锻件的结构设计时，需要从选择分模面、工艺方法、多向分模面以及外形设计等方面考虑。以下各图中，FM 为分模线。

① 分模面的选择　　选择分模面时，应遵循以下原则。

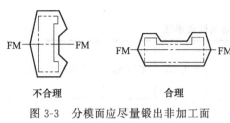

图 3-3　分模面应尽量锻出非加工面
且保证锻件易于脱模

a. 分模面应能在不改变零件形状的情况下，尽量锻出非加工面，且保证锻件易于脱模，如图 3-3 所示。

b. 分模面应尽量采用平直分模面，避免曲面、多面等复杂分模面，使水平方向或垂直方向为易于制模的简单模型；分模面应通过锻件最大截面，尽可能以锻粗成形，以便有利于金属充满模腔，如图 3-4 所示。

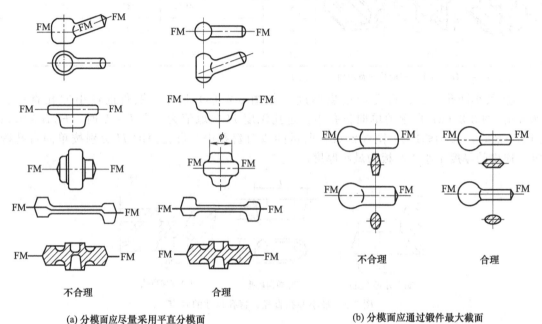

(a) 分模面应尽量采用平直分模面

(b) 分模面应通过锻件最大截面

图 3-4　分模面的选择图例之一

c. 分模面为曲面时，应注意侧向力的平衡，减小锻造时模具的错移。沿圆弧面分模，可防止锻件产生裂纹或折叠。沿弯曲主轴外形分模，可减少制坯工序。圆盘类锻件，应采用径向分模，使锻模和切边模制造简化，且可锻出轴向内孔，如图 3-5 所示。

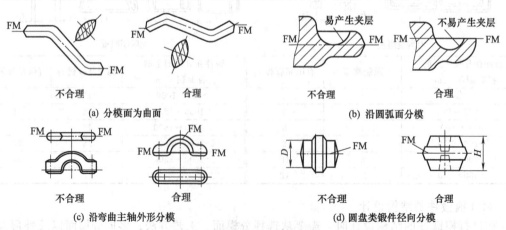

(a) 分模面为曲面

(b) 沿圆弧面分模

(c) 沿弯曲主轴外形分模

(d) 圆盘类锻件径向分模

图 3-5　分模面的选择图例之二

d. 对于有流线方向要求的锻件，应沿锻件最大外形轮廓分模，有利于获得理想流线

（见图 3-6）。

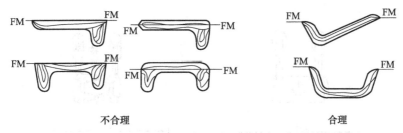

图 3-6　对有流线方向要求的锻件沿最大外形轮廓分模

e. 分模面的选择应易于发现错模；利于干净切除飞边（见图 3-7）。

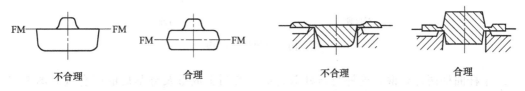

(a) 分模面应易于发现错模　　　　　　　(b) 分模面应利于切除飞边

图 3-7　分模面的选择图例之三

f. 为便于切边定位，锻件切边定位高度应足够；对于无定位方向的圆形锻件，应避免不对称形状与冲头接触，以免压坏锻件（见图 3-8）。

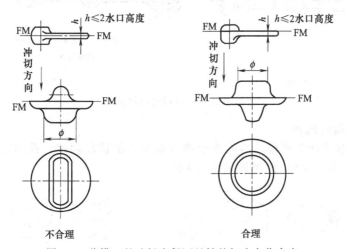

图 3-8　分模面的选择应保证足够的切边定位高度

② 工艺方法的选择

a. 高筋锻件可先模锻后弯曲成形，以便简化工艺、节省材料（见图 3-9）。

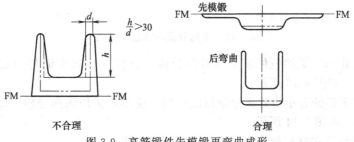

图 3-9　高筋锻件先模锻再弯曲成形

b. 形状复杂的锻件、特长叉杆锻件，应采用锻焊组合结构，降低成形难度和金属损耗（见图 3-10）。

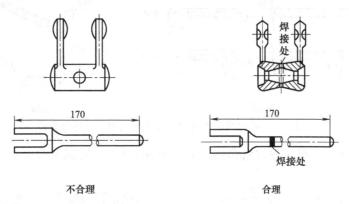

不合理　　　　　　　　　　　　　合理

图 3-10　锻焊组合结构

c. 单杆曲柄两件合锻，连杆与连杆盖合锻，有利于成形及分割后的配合（见图 3-11）。在合锻件分割处需要留出加工余量。

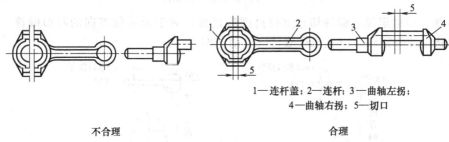

1—连杆盖；2—连杆；3—曲轴左拐；
4—曲轴右拐；5—切口

不合理　　　　　　　　　　　　　合理

图 3-11　两件合锻结构

③ 多向分模面的选择

a. 模锻件形状应便于脱模，内外表面都应有足够的拔模斜度，孔不宜太深，分模面应尽量安排在中间，图 3-12 中涂黑处须加工去除。

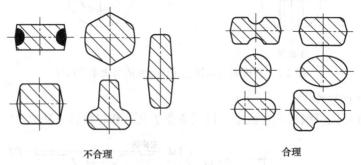

不合理　　　　　　　　　　　　　合理

图 3-12　多向分模面的选择图例

b. 方形、六角形一类的锻件应采用对角分模，分模面应取在锻件的最大水平尺寸上，以利于锻件出模，如图 3-13 所示。

c. 锻件的水平部分有小凸起部分难以成形时，应尽量采用纵向分模，以挤压方式成形，有利于金属充填，如图 3-14 所示。

d. 多向分模面的选择应便于去除飞边或毛刺（见图 3-15）。

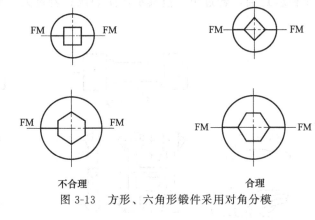

图 3-13　方形、六角形锻件采用对角分模

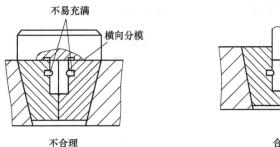

图 3-14　锻件水平部分有小凸起时的纵向分模

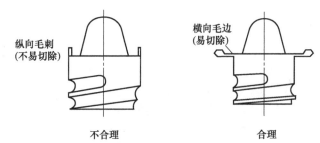

图 3-15　多向分模面的选择应便于去除飞边或毛刺

④ 外形的设计

a. 外形近似的锻件应尽量设计成对称结构，如图 3-16 所示。

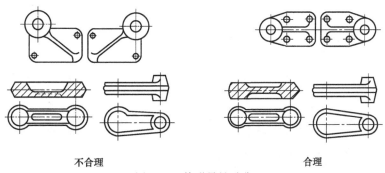

图 3-16　外形尽量对称

　b. 对于具有细而高的筋、大而薄的法兰等成形困难的锻件，应改变外形或增加余量，降低模锻工艺难度，如图 3-17 所示。

　　c. 锻件上的圆角半径应适当，若过小，模具易产生裂纹；若过大，加工余量则大（见图 3-18）。

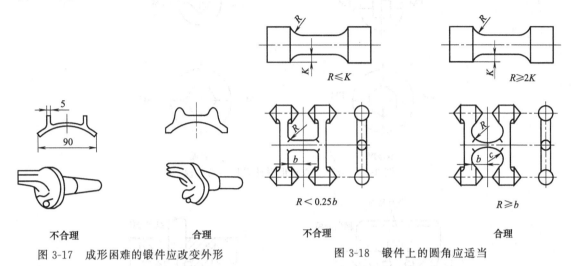

不合理	合理	不合理	合理

图 3-17　成形困难的锻件应改变外形　　　　　　图 3-18　锻件上的圆角应适当

第4章 冲压件结构设计工艺性

冲压件质量轻，外形适用性较好，生产率高，但冲模制造复杂，成本较高，因此适用于大批量生产。冲压件的结构工艺性与冲压工作条件密切相关。

4.1 冲压工序和冲压件对材料的要求

4.1.1 冲压工序

冲压的基本工序分为分离工序和成形工序两大类。分离工序又称为冲裁，可分为剪切、落料、冲孔、切口、切边、剖边和整修等工序，各工序的特点和图例如表 4-1 所示；成形工序又分为弯曲、卷圆、拉深、薄壁拉伸、翻孔、翻边、起伏、胀形、缩口或缩径、扩口、旋压、卷边、校平整形和冷挤压等工序，各工序的特点和图例如表 4-2 所示。

表 4-1　分离工序的分类和特点

工序名称	图　　示	特　　点	
剪切	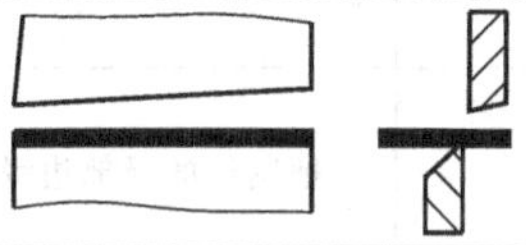	将板料剪成条料或块料,切断线不封闭 用于加工形状	
落料	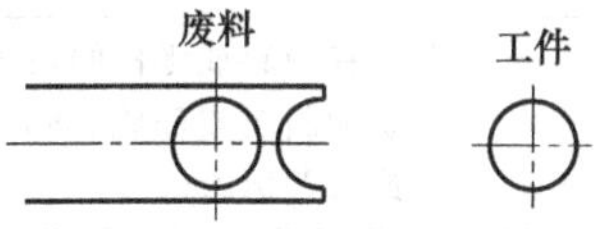 废料　　工件	用冲模沿封闭轮廓曲线冲切	冲下来的部分是工件
冲孔	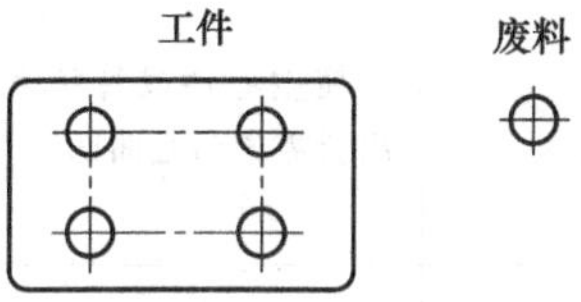 工件　　废料		冲下来的部分为废料
切口	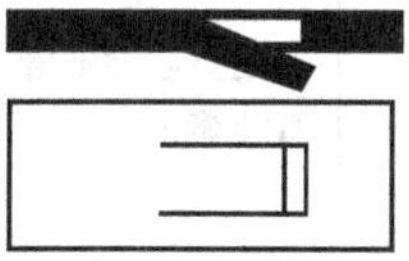	用冲模将板料沿不封闭线冲出缺口,成部分分离,但未完全分开,切口部分发生弯曲	
切边	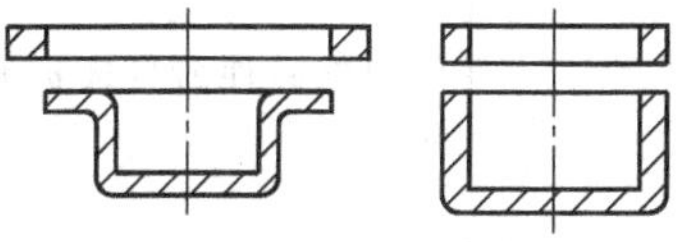	将成形零件的边缘修切整齐或切成一定形状	
剖切	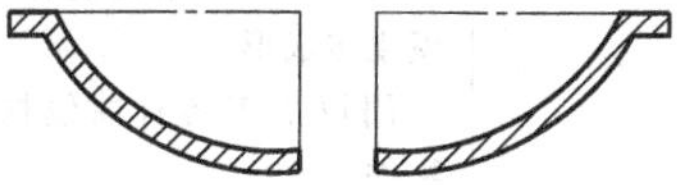	将冲压成形的半成品切开成为两个或数个零件	
整修	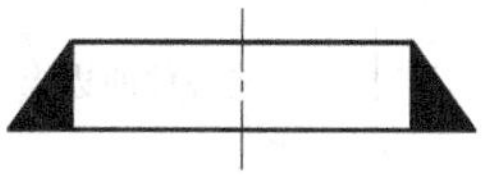	将冲裁成的零件的端面修正垂直和光洁	

表 4-2　成形工序的分类和特点

工序名称	图　示	特　点
弯曲	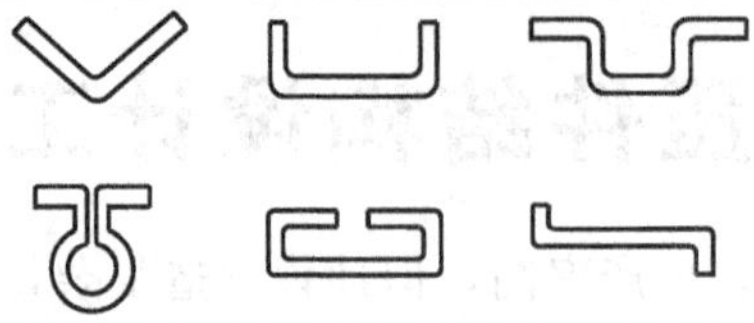	将板料沿直线弯成各种形状
卷圆	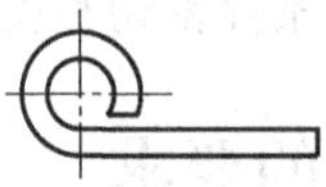	把板料端头卷成接近封闭的圆头
拉深	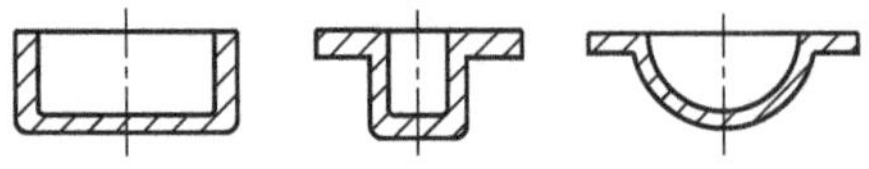	把板料毛坯冲制成各种空心的零件,壁厚基本不变
薄壁拉伸	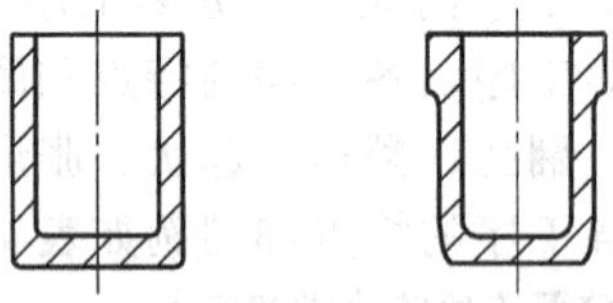	把拉深或反挤所得的空心半成品进一步加工成为侧壁厚度小于底部厚度的零件
翻孔		在预先冲孔的板料上冲制竖直的边缘
翻边 (外缘翻边)	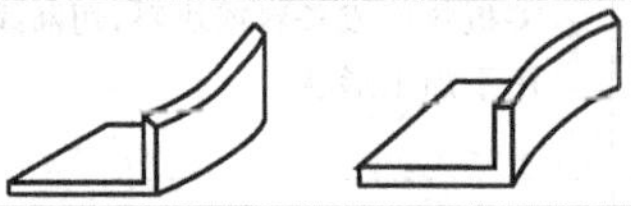	把制件的局部边缘冲压成竖立边缘
起伏	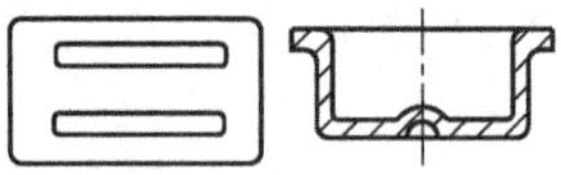	在板料或零件的表面上制成各种形状的凸起或凹陷(多用以压制加强筋或有关标志)
胀形	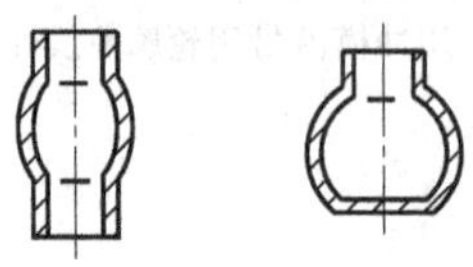	使空心件或管状毛坯向外扩张,胀出所需的凸起曲面
缩口或缩径	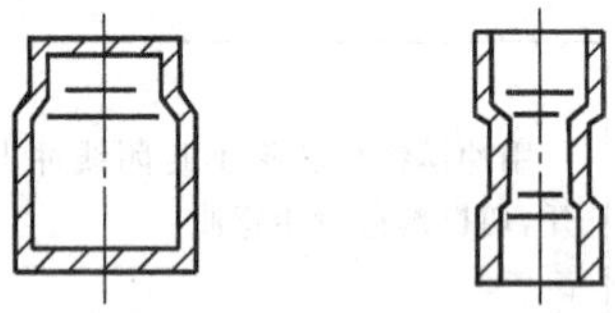	使空心件或管状毛坯的端头或中间直径缩小
扩口	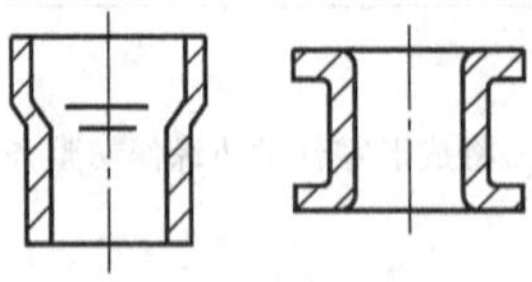	把空心件的口部扩大,常用于管形件
旋压	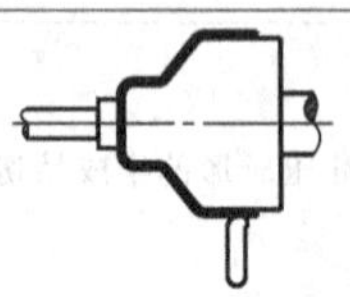	利用赶棒和滚轮使旋转的坯料沿靠模逐步成形 用以加工各种曲线构成的旋转体零件
卷边	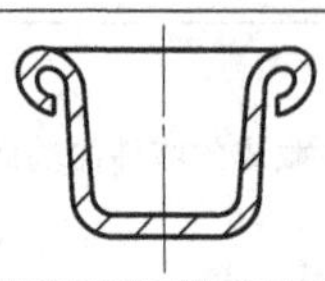	把空心件的边缘卷成一定形状

续表

工序名称	图　示	特　点
校平整形	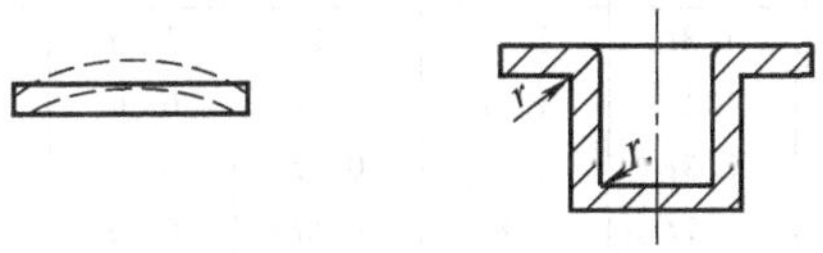	校正制件的平面度;整形是为了提高已成形零件的尺寸精度或为了获得小的圆角半径而采用的成形方法
冷挤压	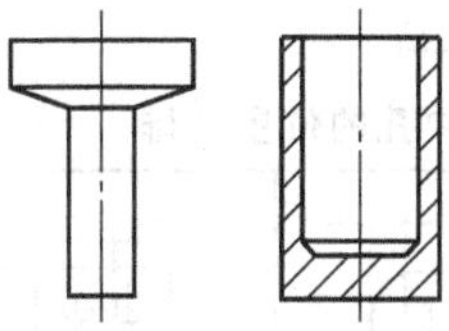	利用挤压模具使毛坯沿模孔或模具的间隙挤出成形,得到一定形状、尺寸的制件

4.1.2　冲压件对材料的要求

为适应冲压工作条件,冲压件材料应具有足够的强度和良好的塑性,例如拉深和复杂的弯曲件要求材料的成形性好。同时,应考虑经济性,尽量选用薄料代替厚料,选用黑色金属代替有色金属,并充分利用边角余料,降低成本。值得说明的是,弯曲时要考虑材料的纤维取向。常用冲压件对材料力学性能的要求和举例见表 4-3。

表 4-3　常用冲压件对材料力学性能的要求和举例 (板料厚度为 t)

冲压件类别	材料力学性能			常用材料举例
	抗拉强度 /MPa	伸长率 /%	硬度 HRB	
平板冲裁件	<637	1～5	84～96	Q195,电工硅钢
冲裁件 弯曲件(圆角半径 $R>2t$,90°垂直于轧制方向弯曲)	<490	4～14	76～85	Q195,Q275,40,45,65Mn
浅拉伸件 成形件 弯曲件(圆角半径 $R>0.5t$,90°垂直于轧制方向弯曲)	<412	13～27	64～74	Q215,Q235,15,20
深拉伸件 弯曲件(圆角半径 $R>0.5t$,任意方向 180°弯曲)	<363	24～36	52～64	08F,08,10F,10
复杂拉延件 弯曲件(圆角半径 $R<0.5t$,任意方向 180°弯曲)	<324	33～45	38～52	08Al,08F

4.2　冲压件的基本参数

4.2.1　冲裁件的基本参数

通过分离工序获得的零件称为冲裁件。冲裁时,为保证冲裁件的质量,冲裁的最小尺寸、冲孔的位置安排以及最小可冲孔眼的尺寸、合理搭边值等都应满足一定的要求。具体参数要求分别见表 4-4～表 4-7。

表 4-4　冲裁的最小尺寸

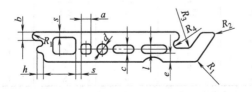 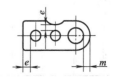

续表

材　　料	b	h	a	s、d	c、m	e、l	R_1,R_3 $\alpha \geqslant 90°$	R_2,R_4 $\alpha < 90°$
钢 $\sigma_b > 882\text{MPa}$	1.9t	1.6t	1.3t	1.4t	1.2t	1.1t	0.8t	1.1t
钢 $\sigma_b = 490\sim882\text{MPa}$	1.7t	1.4t	1.1t	1.2t	1.0t	0.9t	0.6t	0.9t
钢 $\sigma_b < 490\text{MPa}$	1.5t	1.2t	0.9t	1.0t	0.8t	0.7t	0.4t	0.7t
黄铜、铜、铝、锌	1.3t	1.0t	0.7t	0.8t	0.6t	0.5t	0.2t	0.5t

注：1. t 为材料厚度。

2. 若冲裁件结构无特殊要求，应采用大于表中所列数值。

表 4-5　冲孔的位置安排

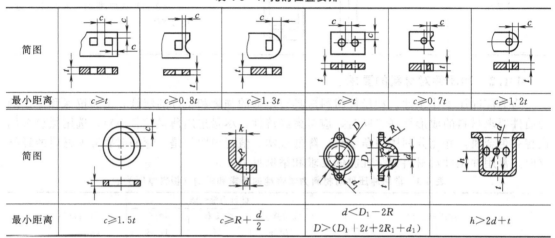

	简图					
最小距离	$c \geqslant t$	$c \geqslant 0.8t$	$c \geqslant 1.3t$	$c \geqslant t$	$c \geqslant 0.7t$	$c \geqslant 1.2t$

	简图			
最小距离	$c \geqslant 1.5t$	$c \geqslant R + \dfrac{d}{2}$	$d < D_1 - 2R$ $D > (D_1 + 2t + 2R_1 + d_1)$	$h > 2d + t$

表 4-6　最小可冲孔眼的尺寸（为板厚的倍数）

材　　料	圆孔直径	方孔边长	长方孔	长圆孔
			短边（径）长	
钢（抗拉强度 $\sigma_b > 686\text{MPa}$）	1.5	1.3	1.2	1.1
钢（抗拉强度 $\sigma_b > 490\sim686\text{MPa}$）	1.3	1.2	1.0	0.9
钢（抗拉强度 $\sigma_b \leqslant 490\text{MPa}$）	1.0	0.9	0.8	0.7
黄铜、铜	0.9	0.8	0.7	0.6
铝、锌	0.8	0.7	0.6	0.5
胶木、胶布板	0.7	0.6	0.5	0.4
纸板	0.6	0.5	0.4	0.3

注：当板厚<4mm时可以冲出垂直孔；当板厚>4~5mm时，孔的每边需有 6°~10° 的斜度。

表 4-7　冲裁时的合理搭边值　　　　　　　　　　　mm

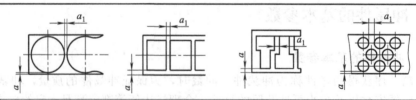

料厚	手送料						自动送料	
	圆形		非圆形		往复送料			
	a	a_1	a	a_1	a	a_1	a	a_1
≤1	1.5	1.5	2	1.5	3	2		
>1~2	2	1.5	2.5	2	3.5	2.5	3	2
>2~3	2.5	2	3	2.5	4	3.5		
>3~4	3	2.5	3.5	3	5	4	4	3
>4~5	4	3	5	4	6	5	5	4
>5~6	5	4	6	5	7	6	6	5
>6~8	6	5	7	6	8	7	7	6
>8	7	6	8	7	9	8	8	7

注：非金属材料（皮革、纸板、石棉等）的搭边值应比金属大 1.5~2 倍。

4.2.2　弯曲件的基本参数

为保证弯曲件的质量，弯曲时不仅要注意材料的纤维取向，而且要考虑弯曲件的最小圆角半径等基本参数。板件、扁钢和圆钢、型钢、角钢等弯曲件对弯曲半径的要求分别见表 4-8～表 4-11。

表 4-8　板件弯曲的最小圆角半径（为厚度的倍数）

弯成90°角时

材　　料	垂直于轧制纹路	与轧制纹路成 45°	平行轧制纹路
08,10,Q195,Q215	0.3	0.5	0.8
15,20,Q235	0.5	0.8	1.3
30,40,Q235	0.8	1.2	1.5
45,50,Q275	1.2	1.8	3.0
25CrMnSi,30CrMnSi	1.5	2.5	4.0
软黄铜和铜	0.3	0.45	0.8
半硬黄铜	0.5	0.75	1.2
铝	0.35	0.5	1.0
硬铝合金	1.5	2.5	4.0

注：弯曲角度 α 缩小时，还需乘上系数 K。当 $90°>\alpha>60°$ 时，$K=1.1\sim1.3$；当 $60°>\alpha>45°$ 时，$K=1.3\sim1.5$。

表 4-9　扁钢、圆钢弯曲的推荐尺寸　　　　　　　　　　　　　　　mm

扁钢平面弯曲　　　　　　　　　　　　　　扁钢侧面弯曲

t	2	3	4	5	6	7	8	10	12	14	16	18	20	t	2	3	4	5	6	7	8	10	12	14	16	18	20
R	3		5		8			10		15		20		b				15～40					40～70				
α	7°,15°,20°,30°,40°,45°,50°,60°,70°,75°,80°,90°													R				30					50				

圆钢弯曲

α　　7°,15°,20°,30°,40°,45°,50°,60°,70°,75°,80°,90°

圆钢弯钩环

d	6	8	10	12	14	16	18	20	25	28	30		d	D	c（小于）	R	l
r（最小）	4		6		8		10		12		15		6	8～14	6	5～8	14～26
r（一般）				=d									6	8～14	6	5～8	14～26

圆钢弯小钩

					8	10～18	6	5～10	27～36

$\alpha=45°$ 或 $75°$，$l=3d$

$D=2d$；其尺寸最好从下列尺寸系列中选择：

8,10,12,14,16,18,20,22,24,28,32,36,40(mm)

d	D	c（小于）	R	l
10	10～20	8	5～10	30～48
12	12～24	10	5～12	36～48
14	12～28	12	8～15	40～56
16	16～32	16	8～15	48～64
18	18～36	20	10～20	54～72

表 4-10　型钢最小弯曲半径

弯曲条件	型　钢					
作为弯曲的轴线	I－I	I－I	II－II	I－I	II－II	I－I
轴线位置	$l_1=0.95t$	$l_2=1.12t$	$l_1=0.8t$	—	$l_1=1.15t$	—
最小弯曲半径	$R=5(b-0.95t)$	$R=5(b_1-1.12t)$	$R=5(b_2-0.8t)$	$R=2.5H$	$R=4.5B$	$R=2.5H$

表 4-11　角钢弯曲半径推荐值　　　　mm

简　图	弯曲角 α		
	$7°\sim30°$	$40°\sim60°$	$70°\sim90°$
	$R=150$	$R=100$	$R=50$
	$R=50$	$R=30$	$R=15$

4.2.3　拉深件的基本参数

拉深时，为保证拉深件的质量，拉深件的基本参数应满足一定的要求。筒形拉深件的相对高度值直接影响其质量，无凸缘筒形拉深件的许可相对高度及修边余量分别见表 4-12 和表 4-13；有凸缘筒形拉深件第一次拉深的许可相对高度及修边余量分别见表 4-14 和表 4-15。箱形拉深件的基本参数见表 4-16。

表 4-12　无凸缘筒形件的许可相对高度 h/d

拉深次数	坯料相对厚度 $\dfrac{t}{D}\times100$				
	$0.1\sim0.3$	$0.3\sim0.6$	$0.6\sim1.0$	$1.0\sim1.5$	$1.5\sim2.0$
1	$0.45\sim0.52$	$0.5\sim0.62$	$0.57\sim0.70$	$0.65\sim0.84$	$0.77\sim0.94$
2	$0.83\sim0.96$	$0.94\sim1.13$	$1.1\sim1.36$	$1.32\sim1.6$	$1.54\sim1.88$
3	$1.3\sim1.6$	$1.5\sim1.9$	$1.8\sim2.3$	$2.2\sim2.8$	$2.7\sim3.5$
4	$2.0\sim2.4$	$2.4\sim2.9$	$2.9\sim3.6$	$3.5\sim4.3$	$4.3\sim5.6$
5	$2.7\sim3.3$	$3.3\sim4.1$	$4.1\sim5.2$	$5.1\sim6.6$	$6.6\sim8.9$

c — 修边余量

表 4-13　无凸缘拉深件的修边余量 c　　　　mm

简　图	拉深高度 h	坯料相对厚度 $\dfrac{t}{D}\times100$			
		$0.5\sim0.8$	$0.8\sim1.6$	$1.6\sim2.5$	$2.5\sim4$
	<25	1.2	1.6	2	2.5
	$25\sim50$	2	2.5	3.3	4
	$50\sim100$	3	3.8	5	6
	$100\sim150$	4	5	6.5	8
	$150\sim200$	6.3	8	10	
	$200\sim250$	6	7.5	9	11
	>250	7	8.5	10	12

表 4-14　有凸缘筒形件第一次拉深的许可相对高度 h/d_1

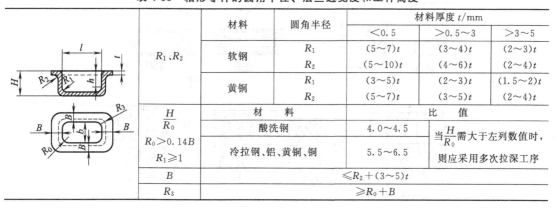

凸缘相对直径 $\dfrac{d_f}{d_1}$	坯料相对厚度 $\dfrac{t}{D}\times100$				
	>0.06~0.2	>0.2~0.5	>0.5~1	>1~1.5	>1.5
≤1.1	0.45~0.52	0.50~0.62	0.57~0.70	0.60~0.82	0.75~0.90
>1.1~1.3	0.40~0.47	0.45~0.53	0.50~0.60	0.56~0.72	0.65~0.80
>1.3~1.5	0.35~0.42	0.40~0.48	0.45~0.53	0.50~0.63	0.58~0.70
>1.5~1.8	0.29~0.35	0.34~0.39	0.37~0.44	0.42~0.53	0.48~0.58
>1.8~2	0.35~0.30	0.29~0.34	0.32~0.38	0.36~0.46	0.42~0.51
>2~2.2	0.22~0.26	0.25~0.29	0.27~0.33	0.31~0.40	0.35~0.45
>2.2~2.5	0.17~0.21	0.20~0.23	0.22~0.27	0.25~0.32	0.28~0.35
>2.5~2.8	0.13~0.16	0.15~0.18	0.17~0.21	0.19~0.24	0.22~0.27

表 4-15　有凸缘拉深件的修边余量 $c/2$　　　　　　　mm

简图	凸缘直径 d_1	凸缘的相对直径 $\dfrac{d_1}{d}$			
		~1.5	大于1.5~2	大于2~2.5	大于2.5
	<25	1.8	1.6	1.4	1.2
	25~50	2.5	2	1.8	1.6
	50~100	3.5	3	2.5	2.2
	100~150	4.3	3.5	3	2.5
	150~200	5	4.2	3.5	2.7
	200~250	5.5	4.6	3.8	2.8
d_f — 制件凸缘外径	>250	6	5	4	3

表 4-16　箱形零件的圆角半径、法兰边宽度和工件高度

	材料	圆角半径	材料厚度 t/mm		
R_1、R_2			<0.5	>0.5~3	>3~5
	软钢	R_1	$(5\sim7)t$	$(3\sim4)t$	$(2\sim3)t$
		R_2	$(5\sim10)t$	$(4\sim6)t$	$(2\sim4)t$
	黄铜	R_1	$(3\sim5)t$	$(2\sim3)t$	$(1.5\sim2)t$
		R_2	$(5\sim7)t$	$(3\sim5)t$	$(2\sim4)t$
$\dfrac{H}{R_0}$ $R_0>0.14B$ $R_1\geqslant1$	材料		比值		
	酸洗钢		4.0~4.5	当 $\dfrac{H}{R_0}$ 需大于左列数值时,则应采用多次拉深工序	
	冷拉钢、铝、黄铜、铜		5.5~6.5		
B	$\leqslant R_2+(3\sim5)t$				
R_3	$\geqslant R_0+B$				

4.2.4　加强筋的基本参数

在零件表面通过冲压工艺制备出的加强筋的形状、尺寸及适宜间距见表 4-17。

表 4-17　加强筋的形状、尺寸及适宜间距

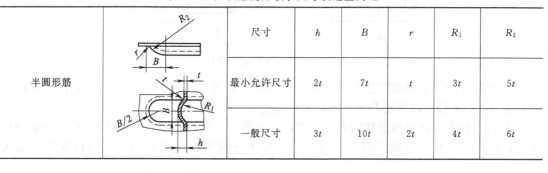

	尺寸	h	B	r	R_1	R_2
半圆形筋	最小允许尺寸	$2t$	$7t$	t	$3t$	$5t$
	一般尺寸	$3t$	$10t$	$2t$	$4t$	$6t$

续表

尺寸	h	B	r	r_1	R_2
梯形筋　最小允许尺寸	$2t$	$20t$	t	$4t$	$24t$
一般尺寸	$2t$	$20t$	$2t$	$5t$	$32t$
加强筋之间及加强筋与边缘之间的适宜距离	$l \geqslant 3B$　　$K \geqslant (3 \sim 5)t$				

4.3　冲压件的结构设计

4.3.1　冲裁件的结构设计

① 冲裁件的圆弧边与过渡边不宜相切，如图 4-1（a）所示，以避免咬边，并节约材料。

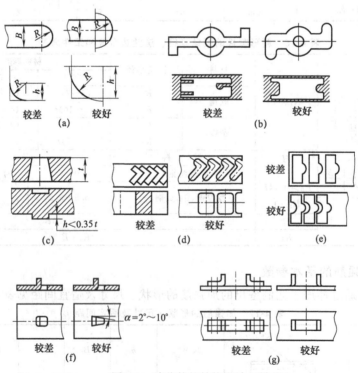

图 4-1　冲裁件的结构设计

② 冲裁件的每个局部宽度都不应大于其厚度。如图 4-1（b）所示，若冲裁件中存在过窄的部分，则不仅难以制造凸模，而且工件质量难以保证。

③ 凸台和孔的深度和形状应有一定要求。如图 4-1（c）所示，当冲压板厚 $t \geqslant 5$mm 时，冲孔直径在板厚方向应允许有一定的斜度；要求在板料上冲出凸台时，凸台高度不应大

于 0.35t。

④ 冲裁件的结构应避免尖角。如图 4-1 (d) 所示，若工件有细长的尖角，冲裁时易产生飞边或塌边。

⑤ 冲裁件的结构应利于排料并节省材料。如图 4-1 (e) 所示，当用板材冲裁的零件形状不能互相嵌入来安排卜料时，修改其结构设计，在不降低零件性能的前提下，可以节省材料。

⑥ 对于局部切口带压弯的零件，舌部应设计斜度，以避免工件退出时舌部与模具之间产生摩擦，如图 4-1 (f) 所示。

⑦ 利用切口工艺改变结构。如图 4-1 (g) 所示，有时需要用螺栓连接或焊接把一些凸块、角铁等固定在薄板制造的零件表面上，若改用切口以后将板弯曲，既可以达到同样效果，又可以使结构简化。

4.3.2　弯曲件的结构设计

① 弯曲件形状应尽量对称，应利于简化坯料形状。如图 4-2 (a) 所示，若弯曲件形状不对称，工件受力不均匀，不易获得预定尺寸；如图 4-2 (b) 所示，弯曲件外形应尽量有利于简化板料展开图的形状，以便于下料。

② 避免弯曲件在弯曲处起皱。如图 4-2 (c) 所示，弯曲时在弯曲处易于起皱，对带竖边的弯曲件，可预先切除弯曲处的部分竖边。

③ 在局部弯曲时，应预冲防裂槽或外移弯曲线，如图 4-2 (d) 所示，以避免交界处出现撕裂现象。

④ 弯曲带孔的零件时，如图 4-2 (e) 所示，可在零件的弯折圆角部分的曲线上冲出工艺孔或月牙槽，以避免孔出现变形。

⑤ 薄板弯曲件作小直径弯曲时，若对宽度准确性有要求，如图 4-2 (f) 所示，应在弯曲处切口，以避免弯曲处变宽。

4.3.3　拉深件的结构设计

① 拉深件的外形应尽量简单、对称，以减少拉深次数。如图 4-3 (a) 所示，简化结构后，可以减少加工工序，节省金属材料。

② 拉深件周围凸边的大小、尺寸和形状要合适，凸边宽度应均匀，以利于拉深时加紧，如图 4-3 (b) 所示。

③ 法兰边的直径不应过大，以免拉深困难，如图 4-3 (c) 所示。

④ 拉深件上的孔位应设置在与主要结构面（凸缘面）同一平面上，或使孔壁垂直于该平面，如图 4-3 (d) 所示，以便使冲孔与修边在同一道工序内完成。

4.3.4　其他应注意的结构设计问题

① 冲压件外形应避免大的平面。若冲压件外形有如图 4-4 (a) 所示的大平面，不仅制模困难，而且零件的刚度较差；若将其设计成拱形结构，则可提高零件的强度和刚度，减薄壁厚。根据零件的具体情况拱形形状可向内或向外。

② 压制的加强筋形状应尽量与零件的外形相近或对称。压制的筋板可提高刚度，但有方向性，在图 4-4 (b) 中较差的结构中，筋板只能提高对 Y 轴的弯曲刚度，而不能提高对 X 轴的弯曲刚度。

③ 支承不应太薄弱。如图 4-4 (c) 所示，用薄板冲压件支承管道等零件时，为保证装配的同心度等，不应该直接用薄的壁边支承，支架应翻出一些窄边。

④ 标注冲压件尺寸时，应考虑冲模的磨损和冲压过程。如图 4-4 (d) 所示，以零件的一边为基准标注尺寸时，当冲模磨损后，两个尺寸的误差都会影响孔的间距；如果直接注明

孔的间距尺寸要求，则能较好地保证两孔之间的距离。如图 4-4（e）所示，不合理的尺寸标注方法导致只有在主体冲制弯曲成形后才能冲孔，加工困难；改进后的标注方法则可以在板料弯曲时一并冲孔，减少了工序，提高了效率。

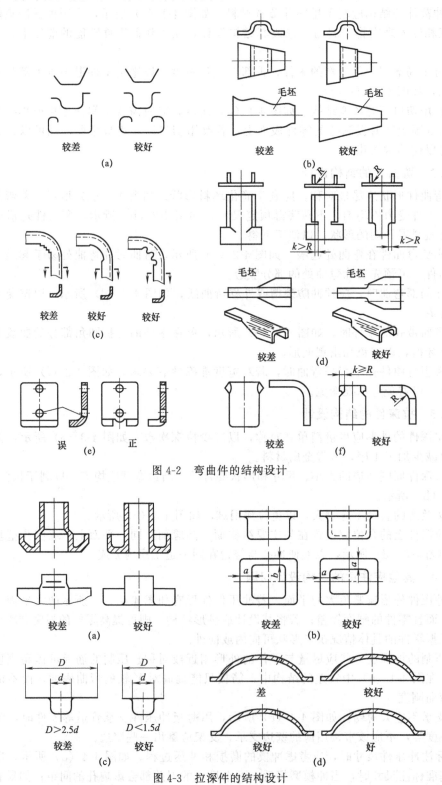

图 4-2　弯曲件的结构设计

图 4-3　拉深件的结构设计

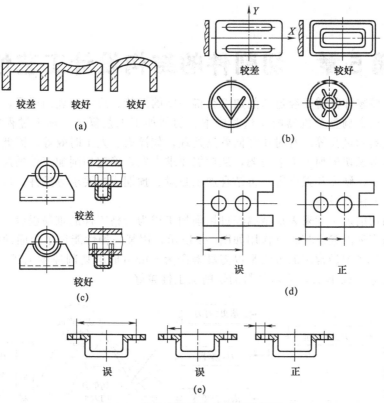

图 4-4　其他应注意的结构设计问题

第5章 切削件的结构设计工艺性

大部分机械零件都需要经过切削加工获得一定的形状、尺寸和表面质量，切削加工件的质量和成本直接影响整个机器的质量和成本。切削加工工艺复杂，加工过程中需要使用机床、刀具、夹具和量具等，有时还穿插着热处理，如淬火、人工时效等。因此，在设计机械零件时，必须考虑切削加工工艺问题，从功能要求出发，确定切削加工件的尺寸、形状、精度、表面粗糙度、硬度和强度等，再结合加工数量、预期成本要求等条件，以确定切削加工时采用的加工方法与设备。

工程中用切削加工性来表征金属经过切削加工成为合格工件的难易程度。影响金属材料切削加工性的多种因素及其相互作用如图 5-1 所示，用某一种性能很难全面地反映材料的切削加工性能。生产中最常用的方法是以刀具寿命为 60min 时的切削速度 v_{60} 作为材料切削加工性的主要指标，v_{60} 越大，表示材料的切削加工性越好。

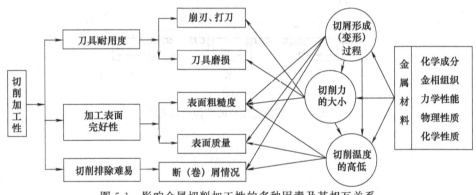

图 5-1 影响金属切削加工性的多种因素及其相互关系

5.1 零件结构应利于保证加工质量

零件结构对切削加工工艺性的影响主要反映在加工精度和表面质量、切削加工量、切削加工效率、生产准备工时和辅助工时等几个方面。

为保证加工质量，首先应在保证使用要求的前提下，合理进行结构设计，降低技术要求。如图 5-2 所示，图 (a) 和图 (b) 中改进后的结构克服了过定位；图 (c) 中将右边的定位销改为削边销；图 (d) 中的结构改进后，过渡圆弧不要求吻合；图 (e) 中结构改进后降低了尺寸精度，都有利于保证零件的加工质量。

如图 5-2 (f) 所示的两表面配合时，配合面应精确加工，为减小加工面应减小加工面的长度；如果配合面很长，为保证配合件稳定可靠，可将中间孔加大，使中间部分不必精密加工，加工方便，配合效果好。

在进行切削件的结构设计时，应注意通孔的底部不要产生局部未钻通的情况。如图 5-2 (g) 所示的通孔，底部有一部分未钻通，钻孔时产生不平衡力，易损坏钻头，应尽量避免。

为保证加工质量，应合理选择基准，并确定合适的加工工艺路线以及定位、夹紧、加工和测量方法。一般应按照以下原则选择基准：①基准重合原则：使设计基准和工艺基准重合，以消除因基准不重合而产生的加工误差；②互为基准原则：对两个位置精度要求较高的

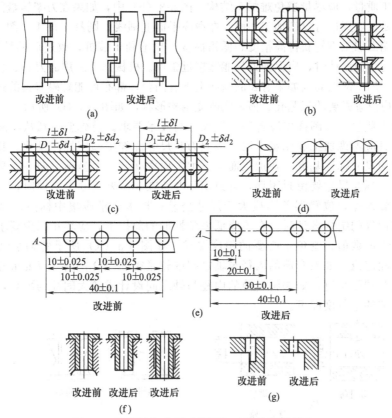

图 5-2　零件结构应利于保证加工质量的图例之一

表面，采用彼此互为基准的方法进行反复加工，使得加工表面的精度不断提高；③基准统一原则：采用同一定位基准加工尽可能多的表面，尤其是主要加工表面。例如对于箱体类零件，常用一面两孔作为统一的定位基准。另外，为获得稳定可靠的定位基准面和对应的夹紧部位，应在工件上专门增加工艺凸台、工艺孔、止口、中心孔等辅助基准，加工结束后，如有必要可以切除。

为保证加工质量，应提高工艺系统的刚度和抗振性。切削振动和冲击严重影响加工精度、表面质量和切削效率，应尽量避免。如图 5-3 (a) 所示的精密镗削孔，孔的表面应连续，以减小切削振动和冲击，提高表面质量。此外，如果工件刚度过低，在加工过程中工件有可能在夹紧力或切削力的作用下发生变形，使加工误差变大。如图 5-3 (b) 所示的结构中，合理布置加强筋，提高工件刚度。图 5-3 (c) 的结构中，增加工艺凸台，提高工艺系统刚度。在进行切削件的结构设计时，应避免加工中的冲击和振动。如果结构设计不当，会产生不连续的切削，产生振动，不但影响加工质量，而且降低刀具寿命。如图 5-3 (d) 所示的筋在车削外圆时会产生冲击，降低筋的高度可避免加工时的冲击和振动。因此，进行结构设计时，应考虑工件的刚度、刀具系统的刚度和夹紧刚度。

为保证加工质量，对于有较高位置精度要求的表面，应在一次安装中完成加工。如图 5-3 (e) 所示的零件，改进后的结构可以使两端的孔在一次安装中同时加工出来，易于保证同轴度要求；图 5-3 (f) 所示的内圆磨头套筒结构中，两端轴承孔与端面位置精度要求很高，改进后一次装夹加工，可保证加工精度，并便于研磨。同时应注意，对两个质量要求高的表面，不宜用同一刀具或砂轮同时进行加工，如图 5-3 (g) 所示的圆柱面和端面，不可同时磨削，应设计有砂轮越程槽。

为保证加工质量，应尽量避免难加工结构。图5-3（h）中，如果在刀架转盘圆柱面上进行精密刻线，需要在四周进行复杂加工；而改在滑座平面上刻线，则易于加工。图5-3（i）所示的结构中，内端面加工不易获得高精度和低粗糙度，也不利于装拆，改进后的结构则好得多。在进行切削件的结构设计时，应保证刀具能够接近工件。机械加工所用的刀具、机床都有一定的结构和尺寸，加工部位周围如果有长的壁或上下有凸台，都有可能妨碍刀具的运动，甚至无法加工，为此应设置必要的工艺孔、槽，或改变结构形状，如图5-3（j）所示。

为保证加工质量，在图样中应合理标注尺寸与技术要求。首先应注意从实际存在的表面标注尺寸，并且应考虑加工和测量方法，按照刀具尺寸和加工顺序标注尺寸。其次，不加工表面不适于作为尺寸标注基准；在加工面与不加工面之间，一个坐标方向一般只标注一个关联尺寸。再者，标注尺寸要留封闭环，且封闭环要留在非主要尺寸上。同时，应注意形状误差不应超过位置误差，位置误差不应大于尺寸公差；技术要求应集中标注，以免加工时出错。在进行切削件的结构设计时，在不降低力学性能的前提下，应尽量减少要求的精度项目和各项精度要求的数值，避免不必要的精度要求。如图5-3（k）所示的轴系结构中，用套筒对轴承和齿轮定位，如果套筒的内径与轴之间取较紧密的配合，则不仅要求套筒两端面平行，且要求孔与端面垂直；如果将套筒的内径与轴之间设计成较大间隙的配合，则只要求套筒两端面有足够的平行度即可。

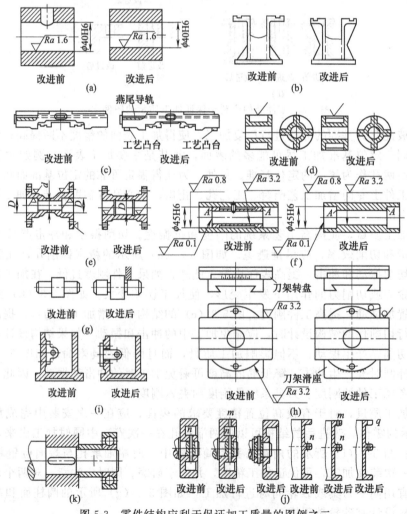

图5-3 零件结构应利于保证加工质量的图例之二

为保证加工质量，零件的结构设计及其精度要求应与加工方法和设备相适应。值得注意的是，合理分解和合并零件也是保证加工质量的有效途径。对某些机械零件，分解加工较为方便经济，加工误差小；而有些情况下，将几个相关零件合并成一个零件来加工，更易于保证加工精度，少数零件的重要表面在组装后再进行最终加工。

5.2　零件结构应利于减少切削加工量和提高加工效率

为减少切削加工量，结构设计时应注意减少切削加工表面及其面积和减少切削加工余量。如图 5-4 (a) 所示，在无缝钢管上焊套环可避免加工深孔，减少加工余量；如图 5-4 (b) 的铸件，铸出凸台，可减少加工面积；对于如图 5-4 (c) 所示的成批生产的齿轮，用齿轮棒料精密切削成形，可减少切削加工量；如图 5-4 (d) 所示，在轴向力不大的情况下，用弹性挡圈代替轴肩，可简化结构，减少毛坯直径和加工余量。在进行切削件的结构设计时，应注意减小毛坯尺寸，减小加工面的长度。图 5-4 (e) 所示的凸缘由圆钢直接车制而成，如果将最大直径设计成 100mm，则需要用 105mm 或 110mm 的圆钢加工；而将最大直径设计成 98mm，则可用 100mm 的圆钢加工，可节省大量钢材。

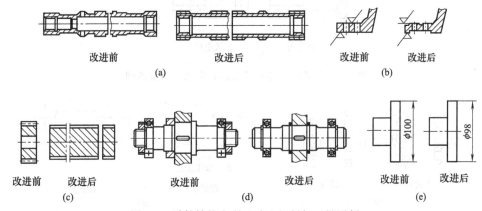

图 5-4　零件结构应利于减少切削加工量图例

为提高加工效率，零件结构应有利于提高切削用量。设计时应合理应用组合结构，如图 5-5 (a) 所示。在进行切削件的结构设计时，应注意将形状复杂的表面改成组合件以便于加工。如图 5-5 (b) 所示，在一根带轴的凸缘上有两个偏心的圆柱形小轴，加工困难；如果改为组合件，小轴用装配式结构装上去，可以改善工艺性。一般，应避免多个零件组合加工。如图 5-5 (c) 所示，要求在由两个零件组合而成的零件上钻孔、加工平面，在生产中必须配在一起加工、装配，因而不具有互换性，改进后工艺性得到改善。只有在特殊情况下选用组合零件加工才是有利的，如减速器的剖分式箱体、镶嵌式蜗轮等。设计时应用外表面加工代替内表面加工，在进行切削件的结构设计时，复杂加工表面应尽量设计在外表面而不是内表面上。轴类零件比孔的加工容易，因此当轴、孔零件相配在一起且结构比较复杂时，应尽量将这些结构设计在轴上，如图 5-5 (d) 所示。应避免或减少小孔和深孔加工，如图 5-5 (e) 所示，应用组合结构降低内孔加工难度。

为提高加工效率，应尽量减小加工难度。有些零件的形状变化并不影响使用性能，在设计时应采用最容易加工的形状，如图 5-6 (a) 所示的凸缘，采用先加工成整圆，切去两边再加工两端圆弧的方法，不进行两端圆弧的加工，并不影响使用性能。如图 5-6 (b) 所示，加工表面与不加工表面应有明显界限；如图 5-6 (c) 所示，应避免把加工平面布置在低凹处；在进行切削件的结构设计时，应注意加工面与不加工面、不同加工精度的表面明确区分。如图 5-6 (d)

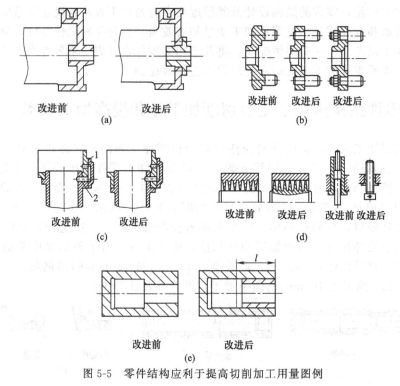

图 5-5 零件结构应利于提高切削加工用量图例

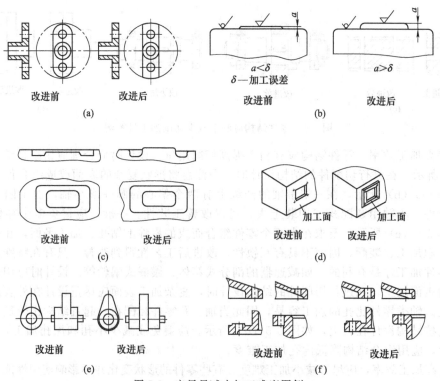

图 5-6 应尽量减小加工难度图例

所示,在一个大平面上,如果有一小部分需要加工,则该平面应突出在不加工表面之上,以减小加工工作量。两表面粗糙度不同时,两表面必须有明确的分界线,以使加工方便,且形状美观,图 5-6(e)中的凸轮工作表面要求精加工,必须与轴的表面分开。如图 5-6(f)所示,钻削孔的出入端均不宜为斜面；应尽量避免加工封闭凹窝、不通槽、细长孔和平底孔、大件端面等；花键孔宜连续、贯通，不宜过长，端部应有较大倒角。

为提高加工效率，零件结构应有利于使用高效加工方法和设备。例如兼顾多刀、多轴或多面积机床加工要求，齿轮结构能够以滚代插，内孔结构能够以拉代镗、代车等。

5.3　零件结构应利于减少生产准备和辅助工时

零件结构、形状应与标准刀具相适应，以充分利用标准刀具、量具和辅助工具，减少专用工艺装备设计制造工作量。如图 5-7（a）所示的结构中，增加工艺孔后，便可以采用标准钻头和丝锥进行加工。

零件结构要素的种类和规格应尽可能少，以减少刀具、辅助工具的种类和换刀时间，减少量具种类和测量时间，减少机床调整时间。例如同一根轴上的圆角半径应统一；多联齿轮的模数应尽可能一致；在图 5-7（b）所示的零件中，减少螺纹孔的种类。

零件的结构应保证定位可靠、夹紧简便，尽可能统一定位基准，以便减少工艺装备、减少工件安装次数和装夹拆卸时间。机械零件在加工时必须夹持在机床上，因此机械零件必须有便于夹持的部位，避免无法夹持的零件结构。一般地，圆柱面和平面更便于定位夹紧，如图 5-7（c）所示；如果结构有限制，如图 5-7（d）所示，可增加工艺凸台，如有必要，在加工后将凸台铣掉；也可如图 5-7（e）所示，增加夹紧边缘或夹紧孔。另外，夹持零件必须有足够大的支持力，以保证在切削力作用下，零件不会晃动，因此零件应有足够的刚度，以免产生夹持变形。

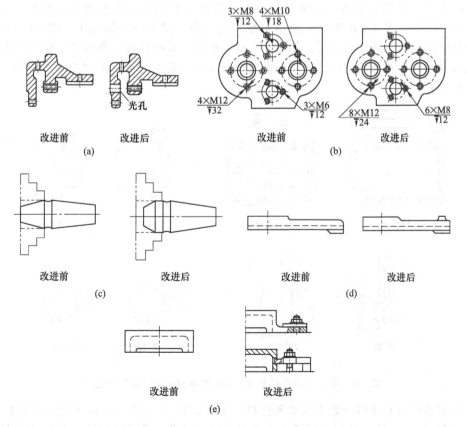

图 5-7　零件结构应利于减少生产准备和辅助工时图例之一

应尽可能避免在大件上设计内沟槽、内加工端面以及大尺寸的内锥面和内螺纹，避免倾斜的加工表面，避免在斜面上钻孔、铰孔和攻螺纹，以减少装夹次数，减少机床调整时间。如图5-8（a）所示，倾斜的加工表面和斜孔会增加装夹次数；图5-8（b）所示的结构中，改为通孔后，可减少一次安装，并提高同轴度，热处理工艺性也可得到改善；图5-8（c）中，改进后，只需调整一次机床即可加工两个锥面；图5-8（d）中，改进后的结构可多件合并加工，减少装夹次数。

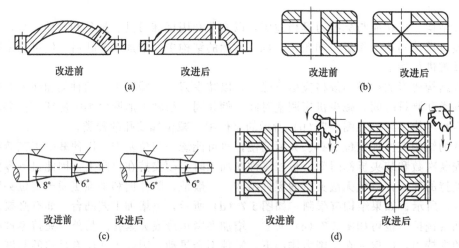

图 5-8　零件结构应利于减少生产准备和辅助工时图例之二

零件的结构应利于提高刀具刚度和寿命，减少刀具调整、刃磨和更换次数。如图5-9（a）所示，需端铣或端磨的表面，应尽量增大内圆角，或将凸台面减少；图5-9（b）所示的改进结构避免了刀具单面切削；如图5-9（c）所示，孔的位置应离侧壁足够的距离；应尽量避免成形表面，尤其是达到轴线的成形表面加工，以改善刀具工作条件，减少刀具磨损，如图5-9（d）所示。

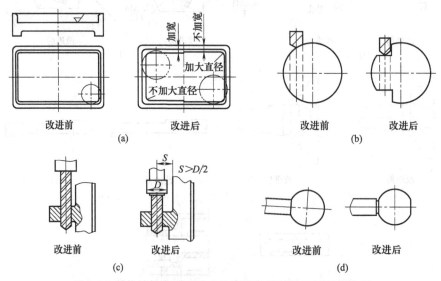

图 5-9　零件结构应利于减少生产准备和辅助工时图例之三

零件的结构应利于减少走刀次数和行程。如图5-10（a）所示，加工表面应布置在同一平面上。如图5-10（b）的矩形凹槽由立式铣刀加工而成，槽四周的过渡圆角半径应等于铣刀的半径且与槽宽相适应,如果要求的半径很小,则加工速度很慢,且刀具容易损坏。对于图 5-10(c)所示的可多刀车削件,各段长度 l 应相等或为 l 的整数倍。

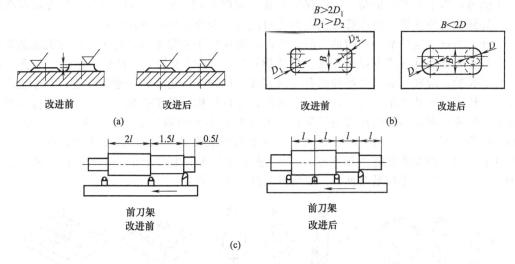

图 5-10 零件结构应利于减少生产准备和辅助工时图例之四

零件结构应便于刀具或砂轮顺利地到达、进入和退出加工表面。对于车削螺纹件,应设计螺纹退刀槽,如图 5-11(a)所示;对于磨削件,应设计有砂轮越程槽,如图 5-11(b)所示;对于刨削件,应设计有刨削让刀槽,如图 5-11(c)所示;对于插削件,应设计有插削让刀孔,如图 5-11(d)所示;图 5-11(e)中,改进前磨削不到锥面根部,改进后砂轮能顺利地磨削锥面;图 5-11(f)中,在法兰上铸出半圆槽后,铣刀可顺利地进入和退出。

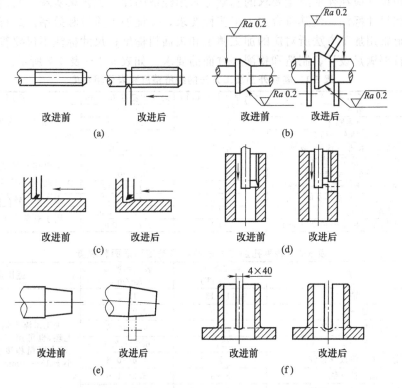

图 5-11 零件结构应利于减少生产准备和辅助工时图例之五

　　在进行切削件的结构设计时，应避免复杂形状零件倒角，避免非圆形零件的止口配合，避免不必要的补充加工。如图 5-12（a）所示的椭圆形等形状复杂的零件，难于用机械加工的方法倒角，用手工方法倒角，难以保证质量。如图 5-12（b）所示的箱形零件表面与凸缘相配，为保证定位准确，使用螺钉固定和止口配合，配合止口宜采用圆形。

　　此外，为减少生产准备和辅助工时，零件结构应便于去除毛刺；对于大件和沉重的刮研件，应设置吊装凸耳（或专设吊装孔、吊装螺孔等），以便于加工、刮研、吊运、装配和维修；对于长轴，应在一端设置吊挂螺孔或吊挂环，以便于吊运、热处理和保管；对于很大的铸件，应铸出吊运孔或吊运搭子，以便于吊运；零件结构应便于检测，在进行切削件的结构设计时，应考虑测量零件的尺寸或形位误差时必须有必要的测量基面。如图 5-12（c）所示的铸铁底座，要求 A、B 两个凸台表面平行（上面安装滚动导轨），并要求 C、D 两个凸台等高且平行（上面安放丝杠的轴承座），每个面的宽度都只有 20mm，各面平行度的测量非常困难。如果设置一个测量基面 E，则测量条件大为改善。

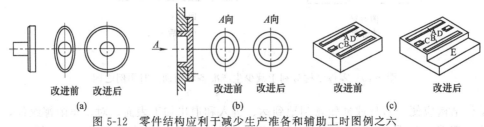

图 5-12　零件结构应利于减少生产准备和辅助工时图例之六

5.4　零件结构的精度设计及尺寸标注应符合加工能力和工艺性要求

　　零件结构设计应在保证质量要求的基础上采用经济的加工工艺来实现，因此应进行合理的精度设计和尺寸标注，使其符合加工工艺性要求，保证加工质量和效率。进行结构精度设计时，应了解常用加工方法所对应的加工精度和表面粗糙度；尺寸标注不仅要符合国家标准的规定，而且要满足设计、制造和检测等方面的要求。如表 5-1～表 5-7 所示。

表 5-1　各种外圆加工方法的经济精度和表面粗糙度

序号	加工方案	经济加工精度(IT)	表面粗糙度 Ra/μm	适用范围
1	粗车	11～13	100～25	适用于淬火钢以外的各种金属
2	粗车→半精车	8～9	6.3～3.2	
3	粗车→半精车→精车	6～7	1.6～0.8	
4	粗车→半精车→精车→滚压(或抛光)	6～7	0.2～0.025	
5	粗车→半精车→磨削	5～7	0.8～0.4	主要用于淬火钢，也用于未淬火钢，但不宜用于非铁金属
6	粗车→半精车→粗磨→精磨	5～7	0.4～0.1	
7	粗车→半精车→粗磨→精磨→超精加工	5	0.1～0.012	
8	粗车→半精车→精车→金刚石车	5～6	0.4～0.012	用于要求较高的非铁金属
9	粗车→半精车→粗磨→精磨→超精磨	5 以上	0.025～0.006	用于极高精度的外圆加工
10	粗车→半精车→精车→精磨→研磨	5 以上	0.1～0.006	

表 5-2　各种孔加工方法的经济精度和表面粗糙度

序号	加工方案	经济加工精度(IT)	表面粗糙度 Ra/μm	适用范围
1	钻	11～13	12.5	加工未淬火钢及铸铁的实心毛坯，也可用于加工非铁金属(但表面粗糙度值较大)，孔径小于 15～20mm
2	钻→铰	8～9	3.2～1.6	
3	钻→粗铰→精铰	7～8	1.6～0.8	
4	钻→扩	11	6.3～12.5	
5	钻→扩→粗铰→精铰	7	1.6～0.8	
6	钻→扩→铰	8～9	3.2～1.6	
7	钻→扩→机铰→手铰	6～7	0.4～0.1	

续表

序号	加工方案	经济加工精度(IT)	表面粗糙度 $Ra/\mu m$	适用范围
8	钻→扩→拉	7～9	1.6～0.1	大批量生产(精度视拉刀的精度而定)
9	粗镗(或扩孔)	11～13	6.3～12.5	除淬火钢以外的各种钢材,毛坯有铸出孔或锻出孔
10	粗镗(粗扩)→半精镗(精扩)	8～9	3.2～1.6	
11	粗镗(扩)→半精镗(精扩)→精镗(铰)	7～8	1.6～0.8	
12	粗镗(扩)→半精镗(精扩)→精镗→浮动镗刀块精镗	6～7	0.8～0.4	
13	粗镗(粗扩)→半精镗→磨孔	7～8	0.8～0.2	主要用于加工淬火钢,也可用于未淬火钢,但不宜用于非铁金属
14	粗镗(粗扩)→半精镗→粗磨→精磨	6～7	0.2～0.1	
15	粗镗→半精镗→精镗→金刚镗	6～7	0.4～0.05	精度要求较高的非铁金属
16	钻→扩→粗铰→精铰→珩磨 钻→扩→拉→珩磨 粗镗→半精镗→精镗→珩磨	6～7	0.2～0.025	精度要求很高的孔,一般不用于非铁金属
17	以研磨代替上述方案中的珩磨	8 以上	0.1～0.006	

表 5-3 各种平面加工方法的经济精度和表面粗糙度

序号	加工方案	经济加工精度(IT)	表面粗糙度 $Ra/\mu m$	适用范围
1	粗车→半精车	8～9	6.3～3.2	
2	粗车→半精车→精车	6～7	1.6～0.8	端面
3	粗车→半精车→磨削	7～9	0.8～0.2	
4	粗刨(或粗铣)→精刨(精铣)	7～9	6.3～1.6	一般不淬硬的平面(端铣的粗糙度值较小)
5	粗刨(或粗铣)→半精刨(或精铣)→刮研	5～6	0.8～0.1	精度要求较高的不淬硬平面
6	粗刨(或粗铣)→精刨(或精铣)→宽刃精刨	6	0.8～0.2	批量较大时宜采用宽刃精刨
7	粗刨(或粗铣)→精刨(或精铣)→磨削	6	0.8～0.2	
8	粗刨(或粗铣)→精刨(或精铣)→粗磨→精磨→(细磨)	5～6	0.4～0.025	精度要求较高的淬硬平面或不淬硬平面
9	粗铣→拉	5～6	0.8～0.2	大量生产、较小的平面(精度视拉刀的精度而定)
10	粗铣→精铣→磨削→研磨	5 以上	0.1～0.006	

表 5-4 米制螺纹的经济加工精度

加工方法		精度等级(GB/T 197—2003)	公差带(GB/T 197—2003)
车削	外螺纹	精密、中等	4h～6h
	内螺纹	中等、粗糙	5H～7H
用梳形刀车螺纹	外螺纹	精密、中等	4h～6h
	内螺纹	中等、粗糙	5H～7H
用丝锥攻内螺纹		精密、中等、粗糙	4H～7H
用圆板牙加工外螺纹		中等、粗糙	4h～8h
用带圆梳刀自动张开式板牙加工		精密、中等	4h～6h
用梳形螺纹铣刀铣削		中等、粗糙	6h～8h
用带径向或切向梳刀的自动张开式板牙头加工		中等	6h
旋风切削		中等、粗糙	6h～8h
用搓螺纹板搓螺纹		中等、粗糙	6h
用滚螺纹模滚螺纹		精密、中等	4h～6h
用单头或多头砂轮磨螺纹		精密或更高	4h 以上
研磨		精密	4h

表 5-5　齿轮的经济加工精度

加工方法		精度等级(GB/T 10095.1—2008)(GB/T 11365—1989)
多头滚刀滚齿(m＝1～20mm)		8～10
单头滚刀滚齿 (m＝1～20mm)	滚刀精度等级 AA 级	6～7
	滚刀精度等级 A 级	8
	滚刀精度等级 B 级	9
	滚刀精度等级 C 级	10
圆盘形插齿刀插齿 (m＝1～20mm)	插齿刀精度等级 AA 级	6
	插齿刀精度等级 A 级	7
	插齿刀精度等级 B 级	8
圆盘形剃齿刀剃齿 (m＝1～20mm)	剃齿刀精度等级 A 级	5
	剃齿刀精度等级 B 级	6
	剃齿刀精度等级 C 级	7
模数铣刀铣齿		9 以下
珩齿		6～7
磨齿	成形砂轮仿形法	5～6
	盘形砂轮展成法	3～6
	两个盘形砂轮展成法(马格法)	3～6
	蜗杆砂轮展成法	4～6
用铸铁研磨轮研齿		5～6
直齿锥齿轮刨齿		8
曲线齿锥齿轮刀盘铣齿		8
蜗轮模数滚刀滚蜗轮		8
热轧齿轮(m＝2～8mm)		8～9
热轧后冷校齿型(m＝2～8mm)		7～8
冷轧齿轮(m≤1.5mm)		7

表 5-6　主要加工方法的经济形位精度

形位精度类别	加工方法	精度等级
圆柱、圆柱度	压铸、钻、粗车、粗镗	9～10
	高精度钻、扩孔、精车、镗、铰、拉	7～8
	精车、精镗、精铰、拉、磨、珩	5～6
	研磨、珩磨、精磨、金刚镗、高精度车及镗	3～4
	研磨、精磨及高精度金刚镗	1～2
直线度、平面度	各种粗加工	11～12
	铣、刨、车、插	9～10
	精磨、精铣、刨、拉、车	7～8
	精磨、刮、高精度车	5～6
	研磨、高精度磨、刮	3～4
	精研、超精磨、精刮	1～2
同轴度	各种粗加工	11～12
	车、镗、钻	9～10
	粗磨、一般精度的车及镗、拉、铰	7～8
	磨、高精度车、一次安装下的内圆磨及镗	5～6
	精磨、精车、一次安装下的内圆磨、珩磨	3～4
	研磨、精磨飞珩、高精度金刚石加工	1～2
平行度	各种粗加工	11～12
	铣、镗、按导套钻铰	9～10
	铣、刨、拉、磨、镗	7～8
	磨、坐标镗、高精度铣	5～6
	研磨、刮、珩精磨	3～4
	研磨、超精研、高精度刮、高精度金刚石加工	1～2
孔端面对孔的端面 跳动和垂直度	各种粗加工	11～12
	车、粗铣、刨、镗	9～10
	磨、铣、刨、刮、镗	7～8
	磨、刮、珩、高精度刨、铣、镗	5～6
	研磨、高精度磨及刮削、精车	3～4
	研磨、精磨、高精度金刚石加工	1～2

表 5-7　典型零件的表面粗糙度

表面特性	部位	表面粗糙度值 Ra 不大于/μm			
滑动轴承的配合表面	表面	精度等级			液体摩擦
		IT7～IT9	IT11～IT12		
	轴	0.2～3.2	1.6～3.2		0.1～0.4
	孔	0.4～1.6	1.6～3.2		0.2～0.8
带密封的轴颈表面	密封方式	轴颈表面速度/(m/s)			
		≤3	≤5	>5	≤4
	橡胶	0.4～0.8	0.2～0.4	0.1～0.2	
	毛毡		0.4～0.8		
	迷宫	1.6～3.2			
	油槽	1.6～3.2			
螺纹	类别	螺纹精度			
		4	5	6	
	粗牙普通螺纹	0.4～0.8	0.8	1.6～3.2	
	细牙普通螺纹	0.2～0.4	0.8	1.6～3.2	
键连接	结合形式	键	轴槽	毂槽	
	工作表面　沿毂槽移动	0.2～0.4	1.6	0.4～0.8	
	沿轴槽移动	0.2～0.4	0.4～0.8	1.6	
	不移动	1.6	1.6	1.6～3.2	
	非工作表面	6.3	6.3	6.3	

表面特性	部位		表面粗糙度值 Ra 不大于/μm		
矩形齿花键	定心方式		内径	外径	键侧
	外径	内花键	1.6	6.3	3.2
		外花键	0.8	6.3	0.8～3.2
	内径	内花键	6.3	0.8	3.2
		外花键	3.2	0.8	0.8
	键宽	内花键	6.3	6.3	3.2
		外花键	3.2	6.3	0.8～3.2

表面特性	部位	表面粗糙度值 Ra 不大于/μm					
齿轮	部位	齿轮精度等级					
		5	6	7	8	9	10
	齿面	0.2～0.4	0.4	0.4～0.8	1.6	3.2	6.3
	外圆	0.8～1.6	1.6～3.2	1.6～3.2	1.6～3.2	3.2～6.3	3.2～6.3
	端面	0.4～0.8	0.4～0.8	0.8～3.2	0.8～3.2	3.2～6.3	3.2～6.3

表面特性	部位		表面粗糙度值 Ra 不大于/μm				
蜗轮蜗杆	部位		蜗轮蜗杆精度等级				
			5	6	7	8	9
	蜗杆	齿面	0.2	0.4	0.4	0.8	1.6
		齿顶	0.2	0.4	0.4	0.8	1.6
		齿根	3.2	3.2	3.2	3.2	3.2
	蜗轮	齿面	0.4	0.4	0.8	1.6	3.2
		齿根	3.2	3.2	3.2	3.2	3.2

表面特性	部位	表面粗糙度值 Ra 不大于/μm		
链轮	部位	精度		
		一般		高
	链齿工作表面	1.6～3.2		0.8～1.6
	齿底	3.2		1.6
	齿顶	1.6～6.3		1.6～6.3
带轮	部位	带轮直径/mm		
		≤120	≤300	>300
	带轮工作表面	0.8	1.6	3.2

第6章　热处理零件的结构设计工艺性

6.1　零件热处理方法的选择

钢的热处理是采用适当的方式对固态钢进行加热、保温和冷却，使钢的整体或表面组织改变，以获得所需性能的工艺方法。热处理是机械加工中提高机械零件的强度、硬度、韧性、耐磨性和使用寿命的重要手段，凡是重要的机械零部件都要进行热处理。

铁碳合金状态图是确定热处理工艺的重要依据。图 6-1 中是简化的铁碳合金状态图，其中 w_c 表示铁碳合金的含碳量，A_1、A_3、A_{cm} 是在极其缓慢的加热或冷却状态下测定的组织转变的临界温度曲线，而 A_{c1}、A_{c3}、A_{ccm} 表示热处理过程中加热时的实际临界温度，A_{r1}、A_{r3}、A_{rcm} 表示冷却时的实际临界温度。

根据在零件生产工艺流程中的位置和作用不同，热处理可分为预备热处理和最终热处理。预备热处理是指以准备材料使之便于加工或改善工艺性能为目的的进行的热处理；最终热处理是指在工件获得最终的形状和尺寸后进行的赋予工件所需使用性能的热处理。根据应用特点，常用的热处理方法主要有退火与正火、淬火与回火、表面淬火和化学热处理。设计时应根据零件的使用性能、技术要求、材料成分、形状和尺寸要求等因素来合理地选择热处理方法。

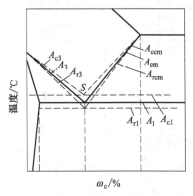

图 6-1　简化的铁碳合金状态图

6.1.1　退火

退火是将钢加热、保温，然后随炉冷却或在导热能力较差的介质中缓慢冷却的热处理工艺。退火主要用于铸件、锻件、焊件及其他毛坯的预备热处理。

（1）完全退火

将钢加热到 A_{c3} 以上 30～50℃，保温后缓慢冷却的热处理工艺。为了提高生产率，也可在缓慢冷却到 500℃ 以下时从炉内取出，使其在空气中冷却到室温。完全退火可消除工件内部的粗大晶粒和不均匀组织，降低硬度，提高塑性和韧性，同时消除内应力，为后续加工做准备。完全退火主要适用于亚共析成分的中碳钢和中碳合金钢的铸件、锻件、热轧型材和焊接件。

（2）等温退火

将工件加热到 A_{c3} 以上 30～50℃（亚共析钢）或 A_{c1} 以上 20～40℃（共析钢或过共析钢），保温适当时间后，较快地冷却到稍低于 A_{c1} 温度并等温，然后出炉空冷至室温。等温退火适用于高碳钢、中碳合金钢、经渗碳处理后的低碳合金钢和某些高合金钢的大型铸件、锻件及冲压件。

（3）球化退火

将钢加热到 A_{c1} 以上 20～30℃，保温后缓慢冷却的热处理工艺。球化退火可使工件硬度降低，塑性提高，改善可加工性以节省刀具，改善热处理工艺性能以避免淬火时产生裂纹和变形，主要适用于共析和过共析成分的碳钢和合金钢锻件、轧件。

（4）去应力退火

将工件加热到 500～650℃，进行较长时间保温，使内应力消除的热处理工艺。去应力退火主要用于消除由于塑性加工、焊接、热处理及机械加工等造成的铸件、锻件、焊件中存在的残余内应力，防止工件产生变形。

（5）再结晶退火

将工件加热到再结晶温度以上 150～250℃，即 650～750℃，保温后空冷的热处理工艺。再结晶退火主要适用于冷变形塑性加工件，用以消除冷变形（冷拔、冷轧、冷冲等）所产生的加工硬化现象，获得较好的综合力学性能。

6.1.2　正火

正火是将钢加热到 A_{c3} 以上 30～50℃（亚共析钢）或 A_{ccm} 以上 30～50℃（过共析钢），保温后在空气中冷却的热处理工艺。正火可以提高材料的强度、硬度、韧性等力学性能，且塑性基本不降低。

对于普通结构钢，正火可作为最终热处理，不仅可以提高材料机械性能，而且能减少工序、节约能源、提高生产率；对低碳钢和低碳合金钢，正火可取代完全退火，以减少占用设备时间，提高生产率，同时提高硬度，改善切削加工性；对中碳结构钢，正火可有效消除工件经热加工后产生的组织缺陷，获得细小均匀的组织，以保证最终热处理的质量；对过共析钢，正火可以为球化退火做准备；对焊接件，通过正火可以改善焊缝及热影响区的组织和性能。

6.1.3　淬火

淬火是将钢加热到 A_{c3}（亚共析钢）或 A_{c1}（共析钢和过共析钢）以上 30～50℃，保温后在淬火介质中快速冷却的热处理工艺。淬火的目的在于获得马氏体组织，使钢获得高强度、高硬度和高耐磨性。

生产中最常用的是单介质淬火法，即在一种淬火介质中连续冷却到室温，如碳钢件的水冷淬火、合金钢件的油冷淬火。单介质淬火法操作简单，便于实现机械化和自动化生产，但工件的表面和芯部温差大，易造成淬火内应力，水冷易产生变形开裂，油冷易出现硬度不足或硬度不均匀的现象，因此，单介质淬火法仅适用于形状简单、无尖锐棱角及截面无突然变化的工件。对于容易产生裂纹、变形的工件，可采用双介质淬火法。双介质淬火法可减小变形开裂的倾向，但工艺不好掌握，操作困难，适用于中等复杂形状的高碳钢小零件和尺寸较大的合金钢零件，对于碳钢，通常先水淬后油冷；对于合金钢，通常先油淬后空冷。分级淬火法可减小淬火应力，防止变形开裂，但适用性受限制，适合于尺寸较小（<ϕ10～12mm 的碳钢或 ϕ20～30mm 的合金钢）、要求变形小、尺寸精度高的工件，如刀具、模具等。

6.1.4　回火

回火是将淬火钢重新加热到 A_{c1} 以下某一温度，保温后冷却的热处理工艺。回火的主要目的是减少或消除淬火内应力，防止产生裂纹；稳定钢的组织和尺寸；同时使钢获得所需的力学性能。钢的回火有如下三种。

（1）低温回火（150～250℃）

降低淬火钢的内应力和脆性，同时保持淬火所获得的高强度、高硬度和高的耐磨性。低温回火主要用于各种高碳钢制造的切削工具、冷作模具、滚动轴承、精密量具、渗碳零件等。对某些精密量具和零件，常进行"低温时效"以保持淬火后的高硬度、消除应力、稳定尺寸，即在淬火或磨削后，在 120～150℃进行一次或几次长时间低温回火，时间持续十到十几个小时。

（2）中温回火（350～500℃）

可以使淬火钢中的内应力大大减少，使钢获得较高的弹性极限和屈服点，同时具有足够的塑性和韧性。中温回火主要用于含碳量 0.6％～0.9％的碳素弹簧钢及含碳量 0.45％～0.7％的合金弹簧钢、塑料模、热锻模及某些要求强度高的零件，如刀杆、轴套等。

（3）高温回火（500～650℃）

淬火后高温回火的热处理又称调质处理。调质处理后的零件具有较好的综合力学性能，因此广泛用于各种重要的中碳钢结构零件，特别是承受疲劳载荷的重要件，如连杆、曲轴、主轴、齿轮、重要螺钉等。调质处理还可以作为某些精密零件，如丝杠、量具、模具的预备热处理，以减少最终热处理过程中的变形。

6.1.5　表面淬火

表面淬火是通过快速加热，使钢件表面层很快达到淬火温度，在热量未传到工件芯部时就立即冷却，实现局部淬火的热处理工艺。表面淬火可获得高硬度、高耐磨性的表层，而芯部仍保持原有的良好塑性和韧性，常用于机床主轴、齿轮、发动机的曲轴等。

（1）火焰加热表面淬火法

火焰加热表面淬火法是用火焰温度高达 3100℃的氧-乙炔焰喷射在零件表面，快速加热到淬火温度后，立即喷水冷却的表面淬火方法。火焰加热表面淬火设备简单，操作方便，适用于单件或小批量生产的大型零件，也可用于零件或工具的局部淬火，但淬火温度不易控制，易造成表面过热和裂纹缺陷，淬火质量不稳定。

（2）感应加热表面淬火法

利用感应电流使零件表层快速加热到淬火温度然后水冷的表面淬火方法。依据感应加热的电流频率不同，可分为四种：高频感应加热（70～1000kHz），适用于要求淬硬层深度较浅的中、小型零件，如中小模数齿轮、小型轴类零件等；中频感应加热（0.5～10kHz），适用于要求淬硬层较深的大、中型零件，如较大模数齿轮和直径较大的轴类零件等；工频感应加热（50Hz），适用于大型零件，如直径大于 300mm 的轧棍及轴类零件等；超音频感应加热淬火（20～40kHz），适用于模数为 3～6 的齿轮及链轮、花键轴、凸轮等。

感应加热表面淬火法获得的工件表面硬度高、脆性低、疲劳极限高、表面质量好、变形小，而且生产率高，适合于大批量生产。但感应加热设备较贵，维修、调整比较困难，不适于单件生产。

（3）电接触加热表面淬火法

通以低压大电流后，接触器和工件间的接触电阻使工件表面迅速加热到一定温度，移去接触器后再靠未加热部分的热传导激冷淬火的方法。电接触加热表面淬火的设备及工艺费用低，操作方便，工件变形小，能显著提高工件的耐磨性和抗擦伤能力，主要应用于机床导轨、气缸套等，但获得的组织与硬度不均匀，不适用于形状复杂的工件。

（4）激光加热表面淬火法

以高能量激光束扫描工件表面，使工件表面快速加热到一定温度，再利用工件基体的热传导实现自冷淬火的表面淬火方法。激光加热表面淬火后的零件变形小，表面质量高，可使工件的使用寿命提高几倍甚至十几倍，特别是在拐角、沟槽、盲孔底部及深孔内壁等部位，具有其他表面淬火方法难以比拟的优势。

6.1.6　钢的化学热处理

化学热处理是将工件放在一定的化学介质中加热和保温，使介质中的活性原子渗入工件表层，以改变工件表层的化学成分和组织，从而获得所需的力学性能或理化性能的热处理工艺。

化学热处理的主要作用是强化表面,提高零件的某些力学性能,如表面硬度、耐磨性、疲劳强度和多冲抗力等;保护零件表面,提高某些零件的物理化学性能,如耐高温性能、耐腐蚀性能等。与表面淬火相比,化学热处理能够获得较均匀的淬硬层,零件的耐磨性和疲劳强度更高,但存在生产周期过长的缺点。

化学热处理的种类很多,依照渗入元素的不同,有渗碳、氮化、碳氮共渗等,其中以渗碳应用最广。

（1）渗碳

渗碳是向钢的表层渗入碳原子。渗碳方法有固体渗碳、液体渗碳和气体渗碳三种,目前生产中应用较多的是气体渗碳法,将低碳钢或低碳合金钢工件放入密闭的渗碳炉中,通入气体渗碳剂（如煤油等）,加热到900～950℃,经较长时间的保温,使工件表层含碳量增加。渗碳后,再经淬火和低温回火,表层硬度高,耐磨性优良,而芯部仍然保持良好的塑性和韧性。因此,渗碳工艺可使工件具有外硬内韧的性能。渗碳主要用于既受强烈摩擦、又承受冲击或疲劳载荷的工件,如汽车变速箱齿轮、活塞销、凸轮、自行车和缝纫机零件等。

（2）氮化

氮化是向调质后的钢表层渗入氮原子。常用的有气体氮化和离子氮化。气体氮化时,通入氨气,加热到500～600℃,活性氮原子深入工件表面,形成氮化层。离子氮化以零件为阴极,以炉壁接阳极,在真空室内通以氨气,在高压电场作用下,高能量的氮离子高速轰击零件表面,使表面温度升高到350～570℃,同时氮离子还原成氮原子渗入到金属表面,形成氮化层。氮化工艺可提高工件的表面硬度和耐磨性、疲劳强度和抗腐蚀性,工件变形小,主要用于耐磨性要求很高的精密零件,如气缸套筒、气阀、压铸模等。

（3）碳氮共渗

碳氮共渗是向钢的表层同时渗入碳和氮原子,俗称氰化。生产上常用的有中温气体碳氮共渗和低温气体碳氮共渗两种。

中温气体碳氮共渗是将低碳或中碳结构钢工件放入密闭炉中,通入渗碳气体和氨气,在860℃保温1～8h,在工件表面形成一定深度的碳氮共渗层。碳氮共渗后,再经淬火和低温回火。中温气体碳氮共渗处理时间短,零件变形小,获得的表层硬度、耐磨性和抗疲劳性比渗碳高,对齿轮和一些耐磨零件有显著成效。

低温气体碳氮共渗是将工件放入氮化炉中,加入尿素或甲胺,加热到540～570℃保温2～6h,在工件表面形成足够深度的氮化层。低温气体碳氮共渗获得的表层硬度高而不脆,能显著提高零件的耐磨性和抗疲劳、抗腐蚀性能,适用于碳钢、合金钢、铸铁等多种材料。

6.2　影响热处理零件结构设计工艺性的因素

零件的材料、几何形状和结构尺寸等都会对热处理工艺产生影响,不当的设计甚至可能造成零件在热处理后产生各种缺陷,因此设计者首先应了解影响热处理零件设计工艺性的因素。

6.2.1　零件材料的热处理性能

在选择零件材料时,应注意材料的力学性能、工艺性能和经济性,同时还应注意材料的热处理性能,以保证零件能较容易地达到预定的热处理要求。材料的热处理性能如下。

（1）淬硬性

指钢在理想条件下淬火成马氏体所能达到的最高硬度。淬硬性与钢的含碳量有关,含碳量越高,淬火后获得的硬度越高。淬火硬度也受工件截面尺寸的影响,如表6-1所示。

表 6-1　几种常用钢材在不同截面尺寸时的淬火硬度（HRC）

材料	截面尺寸/mm						
	≤3	>3~10	>10~20	>20~30	>30~50	>50~80	>80~120
15 钢渗碳淬火	58~65	58~65	58~65	58~65	58~62	50~60	
15 钢渗碳淬油	58~62	40~60					
45 钢淬水	54~59	50~58	50~55	48~52	45~50	40~50	25~35
45 钢淬油	40~45	30~35					
T8 淬水	60~65	60~65	60~65	60~65	56~62	50~55	40~45
T8 淬油	55~62	≤41					
20Cr 渗碳淬油	60~65	50~55	60~65	60~65	56~62	45~55	
35SiMn 淬油	48~53	48~53	48~53	45~50	40~45	35~40	35~40
65SiMn 淬油	58~64	58~64	50~60	48~55	45~50	40~45	

（2）淬透性

指在规定条件下，钢在淬火冷却时得到马氏体组织深度的能力。淬透性主要取决于钢的合金成分，还受冷却速度、冷却剂以及工件尺寸大小的影响。

（3）变形开裂倾向性

一般，含碳量较高的碳素钢、高碳工具钢的变形开裂倾向性大；加热或冷却速度太快、加热或冷却不均匀也会增大工件的变形开裂倾向性。

（4）回火脆性

淬火钢在某些温度区间回火或从回火温度缓慢冷却通过该温度区间时出现的脆化现象称为回火脆性。回火脆性有两类，淬火后在 250~350℃ 区间回火时产生第一类回火脆性，不可逆转，因此，应避免在此温度区间回火；某些含有 Cr、Mn、Ni 元素的合金钢淬火后在 450~650℃ 区间回火或在高温回火后缓慢通过此温度范围时产生第二类回火脆性，可逆转，只要重新加热到 600℃ 再快冷即可消除。

6.2.2　零件的几何形状、尺寸大小和表面质量

为避免产生变形、开裂等热处理缺陷，零件几何形状应力求简单、对称，有利于减少应力集中并便于在热处理过程中运输、挂吊和装夹。若零件刚度较差，有时需要采用专门的夹具以防止热处理变形。

钢材标准中所列的热处理后的力学性能，除有明确说明外，都是小尺寸试样的试验数据。工件尺寸变大，热处理性能将下降，例如截面尺寸稍大的碳钢不能淬透；截面较大的调质碳钢的芯部可能仍处于正火状态。这种因工件截面尺寸变大而使热处理性能恶化的现象称为钢的热处理尺寸效应，几种常用结构钢的尺寸效应范围可参见表 6-2。

表 6-2　几种常用结构钢的尺寸效应范围（能达到规定力学性能的最大直径）　　　　mm

钢号	水冷	油冷	钢号	水冷	油冷	钢号	水冷	油冷
30	30		50	40		12CrNi3		40
35	32		55	42		20CrMo	60	45
40	35		20Cr	45	35	35CrMo	60	60
45	37		40Cr	65	40	30CrMnSi	80	60

零件的表面质量对热处理过程有一定的影响，工件表面裂纹等缺陷和残余应力会加大热处理后工件的变形和裂纹。零件在热处理时，特别是淬火零件，要求表面粗糙度值 $Ra \leqslant 3.2\mu m$；渗氮零件一般要求 $Ra = 0.8 \sim 0.1\mu m$；渗碳零件的表面粗糙度值 $Ra \leqslant 6.3\mu m$。

6.3　热处理零件结构设计的注意事项

经过热处理尤其是淬火处理后的机械零件，可能会出现精度降低的现象，也有可能产生较大的内应力、变形甚至裂纹。为了防止热处理时零件产生裂纹或变形，应选用适合的材料，设计合理的结构，选择正确的热处理手段和操作规程，严格控制温度和时间，并合理选择冷却介质和方法，以尽量减小热处理引起的内应力和变形，并利于对热处理后的零件进行精加工。

6.3.1 防止热处理零件开裂的注意事项

（1）零件结构应避免尖角、棱角和断面突变

零件的尖角、棱角部分是淬火应力最集中的地方，往往成为产生裂纹的起点，应予以倒钝，如图 6-2（a）所示；但在平面高频淬火时，由于硬化层达不到槽底，槽底的尖角不至于引起开裂，可不倒钝。

为了避免锐边尖角熔化或过热，在槽或孔的边上应有 2～3mm 的倒角（与轴线平行的键槽边可不倒角），直径过渡应为圆角，如图 6-2（b）所示。两个平面的交角处应有较大的圆角或倒角，并有 5～8mm 不能淬硬，如图 6-2（c）所示。

为避免冷却速度不一致导致开裂，应避免断面突变。断面过渡处应有较大的圆角半径，结构允许也可以设计成过渡圆锥，如图 6-2（d）所示。

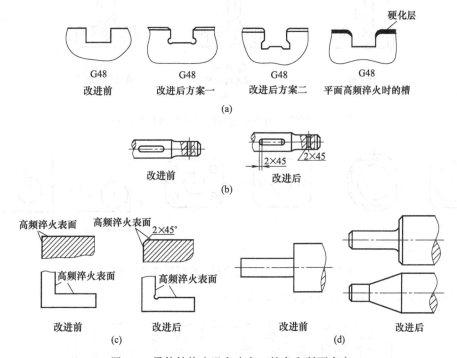

图 6-2 零件结构应避免尖角、棱角和断面突变

（2）零件结构应避免尺寸厚薄相差悬殊

在图 6-3（a）中，加开工艺孔，使零件截面较为均匀；在图 6-3（b）中，将盲孔改为通孔；在图 6-3（c）中，结构要求拨叉槽部的一侧厚度不小于 5mm；在图 6-3（d）中，将盲孔改为通孔，使厚薄均匀，或不改变形状，将热处理工艺由全部淬火改为齿部高频淬火，都有利于防止零件在热处理时的淬裂倾向。

（3）带孔的零件结构应避免孔的距离边缘太近

应避免危险尺寸或太薄的边缘。当零件结构要求必须是薄边时，应先进行热处理，再加工，去除多余部分成形，如图 6-4（a）所示。在图 6-4（b）中，改变冲模螺孔的数量和位置，可以减少淬裂倾向。结构允许时，孔距离边缘应不小于 1.5d，如图 6-4（c）所示；若

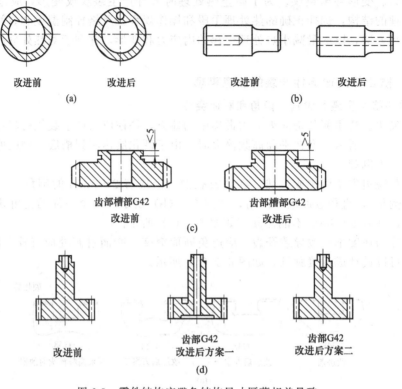

图 6-3　零件结构应避免结构尺寸厚薄相差悬殊

图 6-4　带孔的零件结构应避免孔的距离边缘太近

结构不允许，可采用降温预冷淬火方法，以避免开裂。

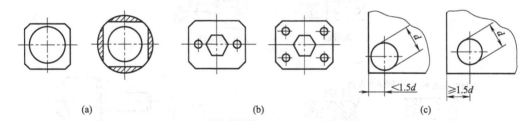

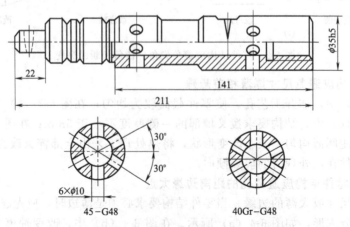

图 6-5　形状复杂的零件，应避免选用要求水淬的钢

（4）形状复杂的零件，应避免选用要求水淬的钢

如图 6-5 所示的零件，若用 45 钢水淬，6×ϕ10 的孔处易于开裂，整个工件易发生弯曲变形，且难于校直。改用 40Cr 钢油淬，可减少开裂倾向。

（5）零件结构应注意防止螺纹淬裂

若螺纹在淬火前已经加工好，则在淬火时应用石棉泥、铁丝包扎防护，或用耐火泥调水玻璃防护。

渗碳件和渗氮件的螺纹部分应采用留加工余量的方法，或先车出螺纹，对渗碳件采用直接防护方法如镀铜、涂膏剂等，对渗氮件采用直接涂料或电镀防护，再进行淬火。

6.3.2　防止热处理零件变形的注意事项

（1）零件应采用封闭对称结构

零件的几何形状应力求封闭对称，使热处理时变形减小或变形有规律。如图 6-6（a）所示，一端有凸缘的薄壁套类零件在渗碳后会变形成喇叭口，而在另一端增加凸缘后，变形将会大大减小。如图 6-6（b）所示的弹簧夹头应采用封闭结构，在淬火、回火后再切开槽口。单键槽的细长轴淬火后会弯曲，适宜改用花键轴，如图 6-6（c）所示。

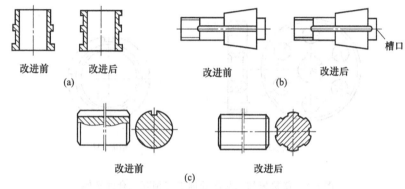

图 6-6　零件应采用封闭对称结构

（2）选择适当的材料和热处理方法

选择适当的材料和热处理方法可以减小热处理时出现的变形。对图 6-7（a）所示的零件，槽部直接淬火比较困难，改用渗碳淬火（花键孔防护）较为合适。如图 6-7（b）所示的摩擦片，若采用 15 钢，渗碳淬火时需要专用的淬火夹具和回火夹具，合格率较低；若改用 65Mn 钢油淬，夹紧回火即可。图 6-7（c）所示的零件两部分结构工作条件不相同，设计成组合结构，不同部位用不同材料，既提高了工艺性，又节约了高合金钢材料。

另外，将淬火时冷却快的部位涂上涂料（耐火泥或石棉与水玻璃的混合物），可以降低冷却速度，使冷却均匀，能有效减小零件变形。改变淬火时入水方式，使断面各部分冷却速度接近，可以减小变形。对于细长轴类、长板类零件，若采用水淬会产生翘曲变形，而采用油淬可以减小变形。

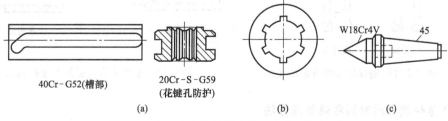

图 6-7　选择适当的材料和热处理方法的实例

（3）使机械加工与热处理工艺相互配合

如图 6-8（a）所示，在改进前，有配作孔的一面去掉渗碳层，形成碳层不对称，淬火后必然翘曲；若改为两件一起下料，渗碳后切口，淬火后再切成单件，可以防止翘曲变形。对图 6-8（b）所示的齿轮，若先钻孔后齿部淬火，则在淬火后，6 个孔处的齿圈将下凹；应先进行齿部淬火，再钻孔。对图 6-8（c）所示的零件，若全部加工完成后再淬火，则内螺纹会产生变形；应先在槽口局部淬火，再加工内螺纹。

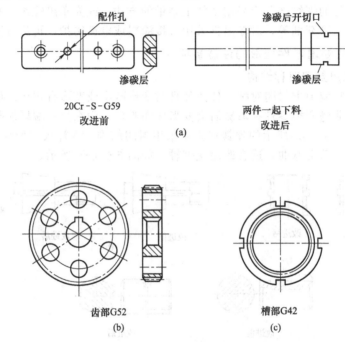

图 6-8　使机械加工与热处理工艺相互配合的实例

（4）增加零件的刚性

如图 6-9 所示的铸造杠杆，杆臂较长，铸造及热处理时易发生变形；增加横梁后，可以减少变形。

6.3.3　防止热处理零件硬度不均的注意事项

（1）零件结构应避免不通孔和死角

不通孔和死角使淬火时的气泡无法逸出，造成硬度不均，结构上应设计工艺排气孔，如图 6-10 所示。

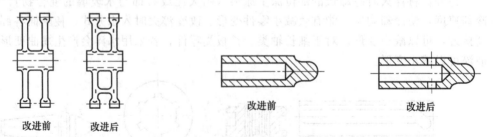

图 6-9　增加零件的刚性以减少变形的实例　　　　图 6-10　零件结构应避免不通孔和死角

（2）选择适当的材料和热处理方法

如图 6-11 所示的弧齿锥齿轮，应采用渗碳或渗氮的热处理工艺，以保证凹凸齿面的硬度尽可能均匀。

（3）一个零件上的两个高频淬火的部位不应相距太近

对图 6-12（a）所示的齿轮，当齿部和端部都要求淬火时，端面与齿部距离应不小于 5mm。图 6-12（b）所示的双联齿轮，若两个齿部均需高频淬火，则齿部两端面间的距离应不小于 8mm。图 6-12（c）所示的内外齿轮都需高频淬火时，两齿根圆之间的距离应不小于 10mm。

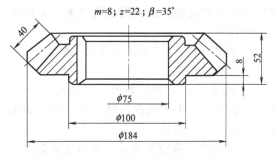

$m=8$；$z=22$；$\beta=35°$

图 6-11　选择适当的材料和热处理方法防止硬度不均匀的实例

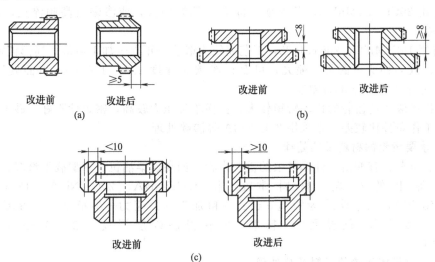

改进前　改进后
(a)

改进前　改进后
(b)

改进前　改进后
(c)

图 6-12　一个零件上的两个高频淬火的部位不应相距太近

(a)平齿条　　(b)圆断面齿条

图 6-13　齿条应避免采用高频淬火

（4）齿条应避免采用高频淬火

对于如图 6-13（a）所示的平齿条，采用高频淬火只能淬到齿顶，即使加热过久使齿顶熔化，也无法使齿根淬火，因此平齿条应采用渗碳或渗氮的热处理方法。对于如图 6-13（b）所示的圆断面齿条，当齿顶平面到圆柱表面的距离 c 小于 10mm 时，可以采用高频淬火；若 c 不小于 10mm，应采用渗氮处理，离子渗氮更好。

6.4　典型零件的热处理实例

6.4.1　齿轮的热处理

（1）机床齿轮的常用材料及热处理

按工作条件不同，机床齿轮有低速齿轮、中速齿轮和高速齿轮。低速齿轮的转速在 2m/s 以下，单位压力为 350～600MPa；中速齿轮的转速为 2～6m/s，单位压力为 100～1000MPa，冲击载荷不大；高速齿轮的转速可达 4～12m/s，单位压力为 200～700MPa，弯曲力矩大。机床齿轮常用的材料和热处理方法如下。

① 选用 45 钢，经淬火+高温回火，硬度为 200～250HB，用于圆周速度小于 1m/s，承

受中等压力的齿轮；或采用高频淬火，表面硬度达 52～58HRC，用于要求表面硬度高、变形小的齿轮。

② 选用 20Cr，经渗碳＋淬火＋低温回火，硬度为 56～62HRC，用于高速、压力中等并有冲击载荷的齿轮。

③ 选用 40Cr，调质处理，硬度为 220～250HB，用于圆周速度不大、中等单位压力的齿轮；或采用淬火＋回火，硬度达 40～50HRC，用于中等圆周速度、冲击载荷不大的齿轮；除上述条件外，如果还要求热处理时变形小，可采用高频淬火获得硬度 52～58HRC。

（2）汽车、拖拉机齿轮的材料及热处理

汽车、拖拉机齿轮的工作条件比机床齿轮差，载荷重，冲击大，因此在耐磨性、疲劳强度、芯部强度和冲击韧性等方面的要求较高。汽车的材料多采用低碳合金钢。

① 选用 20Cr、20MnVB，经渗碳＋淬火＋低温回火，或渗碳后高频淬火，硬度可达 56～62HRC。

② 选用 18CrMnTi、20CrMnTi，工艺路线为锻造—正火—加工齿形—局部镀铜—渗碳、预冷淬火、低温回火—磨齿—喷丸，可获得渗碳层深度 1.2～1.6mm，齿面硬度达 58～60HRC，芯部硬度 25～35HRC。

拖拉机最终传动齿轮的传动转矩较大，齿面单位压力较高，密封性不好，砂土、灰尘容易进入，工作条件比较差，常采用 20CrNi3A 等渗碳处理。

（3）重要齿轮的材料及热处理

高速、重载、有冲击、外形复杂的重要齿轮，如高速柴油机、重型载重汽车、航空发动机等设备上的齿轮，材料常选用 12Cr2Ni4A、20Cr2Ni4A、18Cr2Ni4WA、20CrMnMoVBA，工艺路线为锻造—退火—粗加工—去应力—半精加工—渗碳—退火软化—淬火—冷处理—低温回火—精磨，可获得渗碳层深度 1.2～1.5mm，硬度达 59～62HRC。

（4）一般机械齿轮的材料及热处理

一般机械齿轮最常用的材料是 45 钢和 40Cr，可选择的热处理方法如下。

① 整体淬火。获得的齿轮强度有所提高，硬度达 50～55HRC，但韧性减小、变形较大，淬火后须磨齿或研齿，只适用于载荷较大、无冲击的齿轮，应用较少。

② 调质。获得的齿轮硬度低、韧性也不高，不能用于大冲击载荷下工作的齿轮，只适用于低速、中载的齿轮。一对相互啮合的调质齿轮的小齿轮齿面硬度要比大齿轮的齿面硬度高出 30～50HB。

③ 正火。不适合淬火和调质的大直径齿轮用。

④ 表面淬火。工业上广泛使用 45 钢、40Cr 经高频淬火的齿轮，直径较大的齿轮采用火焰表面淬火。但对受较大冲击载荷的齿轮，须采用低碳钢（有冲击、中小载荷）或低碳合金钢（有冲击、大载荷）渗碳处理。

6.4.2　轴类零件的热处理

在选择轴类零件的材料与热处理时，必须考虑受力大小、轴承类型、主轴形状及可能引起的热处理缺陷。

对于与滚动轴承相配合或是在轴颈上有轴套在滑动轴承中回转的轴，轴颈无需很高的硬度，可选用 45 钢、40Cr，经调质获得硬度为 220～250HB；或选用 50Mn，经正火或调质，获得硬度为 28～35HRC。对于在滑动轴承中工作的轴颈，应淬硬，可选用 15 钢、20Cr，经渗碳＋淬火＋回火，硬度可达 56～62HRC，轴颈处渗碳深度为 0.8～1mm。对于直径或重量较大的主轴，要求变形小时，可选用 45 钢或 40Cr，在轴颈处高频淬火。高精度和高转速（＞2000r/min）的机床主轴，需采用氮化钢进行渗氮处理，以获得更高硬度。在重载下工作的大断面主轴，可选用 20SiMnVB 或 20CrMnMoVBA，经渗碳＋淬火＋回火，硬度可达56～62HRC。

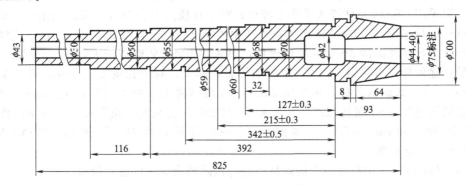

图 6-14　C616-416 机床主轴

如图 6-14 所示的 C616-416 机床主轴在滚动轴承中运转，中速中载，工作过程中承受交变弯曲应力、扭转应力，有时还有冲击载荷作用；主轴大端内锥孔和锥度外圆经常与卡盘、顶针有相互摩擦；花键部分经常有磕碰或相对滑动。材料选用 45 钢，要求整体调质后硬度为 200～230HB，内锥孔和外圆锥面处硬度为 45～50HRC，花键部分硬度为 48～53HRC。合理的工艺路线为下料—锻造—正火—粗加工—调质—半精车外圆，钻中心孔，精车外圆，铣键槽—锥孔及外圆锥局部淬火，260～300℃回火—车槽，粗磨外圆，滚铣花键槽—花键高频淬火，240～260℃回火—精磨。

内燃机曲轴在工作过程中承受周期性变化的气体压力、曲柄连杆机构的惯性力、扭转和弯曲应力以及冲击力等，因此要求有高的弯曲、扭转、疲劳强度及一定的冲击韧性，轴颈处要求有较高的硬度与耐磨性。低速内燃机曲轴可采用正火状态的碳钢、球墨铸铁；中速内燃机曲轴可采用调质碳钢及合金钢，如 45 钢、40Cr、45Mn2、50Mn2 等及球墨铸铁；高速内燃机中还存在扭转振动，可采用高强度合金钢，如 35CrMo、42CrMo、18Cr2Ni4WA 等。

6.4.3　弹簧的热处理

弹簧的热处理一般要求淬透，晶粒细。大型弹簧在热状态加工成形随即淬火＋回火；中型弹簧在冷态加工成形（原材料要求球化组织或大部分球化），再淬火＋回火；小型弹簧用冷轧钢带、冷拉钢丝等冷态加工成形后，低温回火处理后可经过喷丸处理：以 40～50 N/cm^2 的压缩空气或离心机 70m/s 的线速度，将 $\phi0.3～0.5mm$（对气门弹簧等）、$\phi0.6～0.8mm$（对板簧等）铸铁丸或淬硬钢丸喷射到弹簧表面，以强化表层，使其疲劳循环次数可提高 8～13 倍，寿命可提高 2～2.5 倍以上。

6.4.4　丝杠的热处理

7 级精度及以下的一般丝杠的主要失效形式为弯曲和磨损，6 级精度及以上的丝杠的主要失效形式为磨损及精度丧失或螺距尺寸的变化。因此，丝杠材料应具有足够的力学性能，优良的加工性能，不易产生磨损，易于获得较低的表面粗糙度值和低的加工残余内应力，热处理后具有较高硬度和最少的变形。

一般丝杠常选用 45 钢、40Mn、40Cr 等材料，热处理采用正火（45 钢）或退火（40Cr），去应力处理和低温时效，调质，轴颈、方头处高频淬火和回火。精密不淬硬丝杠常选用 T10、T10A、T12、T12A 等材料，热处理采用去应力处理，低温时效，球化退火，调质球化；如果原始组织不良，需先经过正火处理，再球化退火，或直接调质球化。精密淬硬丝杠，常选用 GCr15、9Mn2V、CrWMn、GCr15SiMn、38CrMoAlA 等材料，热处理采用退火或高温正火后退火，去应力处理，淬火和低温时效。

对于长度 $L \leqslant 2mm$、直径 $\phi 40 \sim 80mm$、要求变形小、耐磨性高的 $6 \sim 8$ 级滚珠丝杠，可采用 CrWMn 整体淬火；对于直径小于 $\phi 50mm$、要求耐磨性高、承受较大压力的 $6 \sim 8$ 级滚珠丝杠，可采用 GCr15 整体淬火或中频淬火；对于直径大于 $\phi 50mm$、要求耐磨性高的 $6 \sim 8$ 级滚珠丝杠，可采用 GCr15SiMn 整体淬火或中频淬火；对于长度 $L \leqslant 2mm$、直径 $\leqslant \phi 40mm$、要求变形小、耐磨性高的 $6 \sim 8$ 级滚珠丝杠，可采用 9Mn2V 整体淬火，并冷处理；有耐蚀要求特殊用途的丝杠可采用 9Cr18，中频加热表面淬火。对于长度 $L \leqslant 1mm$、要求变形小、耐磨性高的 $6 \sim 7$ 级滚珠丝杠，可采用 20CrMoA 渗碳淬火；对于长度 $L \leqslant 2.5mm$、要求变形小、耐磨性高的 $6 \sim 7$ 级滚珠丝杠，可采用 40CrMoA 高频或中频淬火；$7 \sim 8$ 级滚珠丝杠，可采用 55 钢、50Mn、60Mn 高频淬火；$5 \sim 6$ 级滚珠丝杠，可采用 38CrMoAlA 或 38CrWVAlA 氮化处理。

值得一提的是，7 级精度以上的丝杠应进行消除残余应力的稳定处理。

6.5　在工作图上应标明的热处理要求

在零件工作图上应标明热处理要求，不同热处理方法需要标明的内容不同，一般零件与重要零件需要标明的内容也不同，可参见表 6-3。

表 6-3　在工作图上应标明的热处理要求

方　　法	一　般　零　件	重　要　零　件
普通热处理	①热处理方法 ②硬度：标注波动范围一般为 5HRC/30～40HRW	①热处理方法 ②零件不同部位的硬度 ③必要时提出零件不同部位的金相组织要求
表面淬火	①热处理方法 ②硬度 ③淬火区域	①热处理方法,必要时提出预先热处理要求 ②表面淬火硬度、芯部硬度 ③淬硬层深度 ④表面淬火区域 ⑤必要时提出变形要求
渗碳	①热处理方法 ②硬度 ③渗层深度 ④渗碳区域	①热处理方法 ②淬火、回火后表面硬度、芯部硬度 ③渗碳层深度 ④渗碳区域 ⑤必要时提出渗碳层含碳量 ⑥必要时提出芯部金相组织要求
氮化	①热处理方法 ②表面和心部硬度（表面硬度用 HV 或 HRA 测定） ③氮化层深度（一般应≤0.6mm） ④氮化区域	①热处理方法 ②除一般零件的几项要求外,还需提出芯部力学性能 ③必要时提出金相组织及对渗氮层脆性要求
碳氮共渗	①中温碳氮共渗与渗碳的相同 ②低温碳氮共渗与氮化的相同	①中温碳氮共渗与渗碳的相同 ②低温碳氮共渗与氮化的相同

第7章 其他材料零件及
焊接件的结构设计工艺性

除金属材料外，工程中还会用到粉末冶金、工程塑料和橡胶等材料制成的零件。对于某些大型的或较为复杂的零件，在采用其他方法加工完成各部分后，常采用焊接的方法将各部分连接在一起组成完整的零件。

7.1 粉末冶金件的结构设计工艺性

7.1.1 粉末冶金材料的分类和选用

粉末冶金材料是指将元素或合金金属粉末与石墨等添加剂混合均匀后，经热压或冷压成形，再进行烧结获得的材料。基于不同的性能要求，粉末冶金材料有很多种。

常见的机械零件粉末冶金材料有减摩材料、结构材料、摩擦材料、过滤材料、热交换材料和密封材料等。用于制作含油轴承、双金属轴瓦的减摩材料要求自润滑性好，承载能力高，摩擦因数小，耐磨损；用于制作各种受力件及异形件的结构材料要求硬度、强度及韧性等力学性能较高，有时要兼顾耐磨性、耐腐蚀性、磁导性；用于制作离合器片及刹车带（片）的摩擦材料则要求摩擦因数高且稳定，能承受短时高温，导热性好；用于制作多孔过滤元件及带材的过滤材料要求透过性、过滤精度高，有时需兼顾耐腐蚀性、耐热性及导电性；用于高温工作零件的热交换材料要求基体的高温强度及耐腐蚀性；用于密封件的密封材料要求质软、致密，有时需兼顾耐磨性及耐腐蚀性。

其他的粉末冶金材料还包括电工材料，如开关触头材料、电机中用的铜石墨电刷等集电材料、制作灯丝的电热材料等；工具材料，如硬质合金及陶瓷等刀具材料、制作模具的耐磨材料、制作修正砂轮的金刚石等；高温材料，如非金属难熔化合物基合金材料、难熔金属及其化合物基合金材料、弥散强化材料等；磁性材料，如软磁材料、硬磁材料、磁介质材料等。

对于烧结后获得的粉末冶金材料，可以任选精整、复压、复烧、锻造、金属熔渗、浸油等制造工序及热处理、精饰、镀覆、切削加工、水蒸气处理等后续加工工序，制造成形粉末冶金材料零件。

7.1.2 可以压制成形的粉末冶金零件结构

（1）无台柱体类

如图7-1（a）所示，无台柱体类零件沿压制方向的横截面无变化，压制时粉末无需横向流动，各处压缩比相等，密度最易均匀。任何异形的横截面并不会增加压制的困难，但长（高）度方向尺寸受上下密度允许差的限制，应避免超薄壁（<1mm）和尖角。

（2）带台柱体类

如图7-1（b）所示，带台柱体类零件沿压制方向的横截面有突变，模具结构稍复杂，密度均匀性比无台类差。压制时，外台比内台难度大，多台比少台难度大，外台在中间比在一端难度大。

（3）带锥面类

如图7-1（c）所示，带台柱体类零件的横截面渐变，锥角2α越小（接近0°）或越大（接近80°），压制越困难，应尽量避免锥角2α在90°左右；锥台大小端尺寸不宜相差太大。

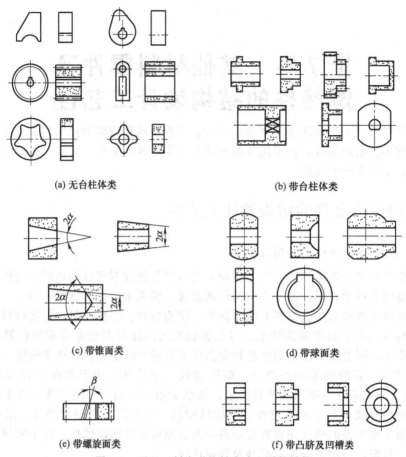

(a) 无台柱体类　　　　　　　　　　　　(b) 带台柱体类

(c) 带锥面类　　　　　　　　　　　　(d) 带球面类

(e) 带螺旋面类　　　　　　　　　(f) 带凸脐及凹槽类

图 7-1　可以压制成形的粉末冶金零件结构

（4）带球面类

如图 7-1（d）所示，压制球台表面时易出现皱纹，可在烧结后滚压消除；脱模较复杂。对于小于球径的局部球面，成形无特殊困难。

（5）带螺旋面类

如图 7-1（e）所示，压制时螺旋面模具结构及加工较复杂，螺旋角 β 小易于成形，因此 β 角应≤45°。

（6）带凸脐及凹槽类

如图 7-1（f）所示，压制时模具结构较复杂，槽深度或凸脐高度小，密度易均匀。

7.1.3　需要机械加工辅助成形的粉末冶金零件结构

有些粉末冶金零件的结构不能直接压制成形，通常先压制成毛坯件，再经机械加工辅助成形。表 7-1 中给出了常见的需要辅助加工成形的结构举例。

7.1.4　粉末冶金零件结构设计的基本参数

在对粉末冶金零件进行结构设计时，应考虑烧结零件的尺寸限制，一般烧结零件的尺寸范围如表 7-2 所示；同时，零件的壁厚应不小于最小壁厚（见表 7-3）。

7.1.5　粉末冶金零件的结构设计

（1）零件结构应易于压制成形

如图 7-2（a）所示的结构，改进后易于简化模具，实现自动压制；图 7-2（b）所示的结构，改进后具有合理的斜度，易于压制成形。

表 7-1　需要机械加工辅助成形的粉末冶金零件结构举例

成品	坯件	简要说明	成品	坯件	简要说明
		横槽难以压制			多外台模具结构复杂
		横孔难以压制			螺纹难以压制
		倒锥难以压制			油槽难以压制
		外台在中间，模具结构复杂			

表 7-2　一般烧结机械零件的尺寸范围

材料	最大横断面面积/cm²	宽度/mm		高度/mm	
		最大	最小	最大	最小
铁基	40	120	5	40	3
铜基	50	120	5	50	3

表 7-3　最小壁厚　　　　　　　　　　　　　　　　　　　　mm

最大外径	10	20	30	40	50	60
最小壁厚	0.80	1.00	1.50	1.75	2.15	2.50

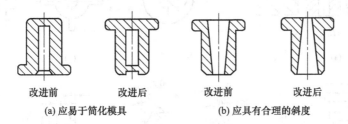

(a) 应易于简化模具　　　　　　(b) 应具有合理的斜度

图 7-2　零件结构应易于压制成形

（2）零件结构应避免尖角和深窄凹槽

在图 7-3 所示的结构中，冲模和工件的尖角或深窄凹槽处有应力集中，易产生裂纹，成形困难，改进成过渡圆角较好。

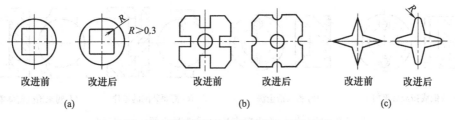

图 7-3　零件结构应避免尖角和深窄凹槽

（3）零件结构应避免突然过渡

在图 7-4 所示的结构中，在突然过渡处金属粉末难于充满，易产生裂纹，且压制困难，采用圆角过渡利于压制，可避免产生裂纹，便于脱模。

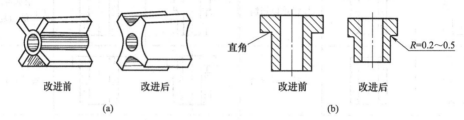

图 7-4　零件结构应避免突然过渡

（4）零件结构应有利于保证压件质量

凸起或凹槽的深度不能过大，且应有一定斜度，以保证压制成形与脱模方便，如图 7-5 （a）所示。为保证模具强度和压坯强度足够，工件窄条部分尺寸不能过小，如图 7-5 （b）所示。阶梯形制件的相邻阶差不应小于直径的 1/16，也不应小于 0.9mm，如图 7-5 （c）所示。倒角应设计成 45°以上，或同时以圆弧过渡，并有 0.2mm 的凸台，如图 7-5 （d）所示。端面倒角后，应留出 0.1mm 的小平面，以延长凸模寿命，如图 7-5 （e）所示。为避免工件两端粉末密实度差别过大，工件长度应不大于孔径的 2.5～3.5 倍。齿轮的齿根圆直径应大于轮毂直径 3mm 以上。应避免工件壁厚急剧改变或壁厚相差过大。工件上的花纹方向应与压制方向平行，菱形花纹不能压制。

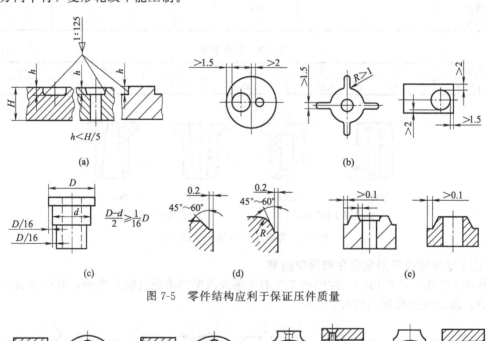

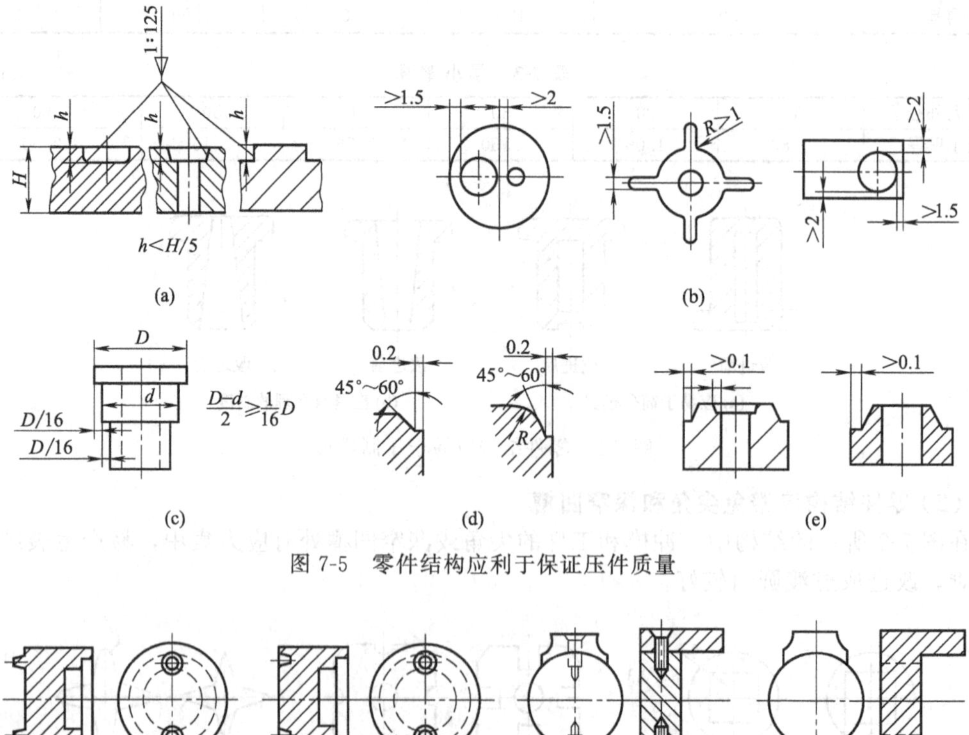

图 7-5　零件结构应利于保证压件质量

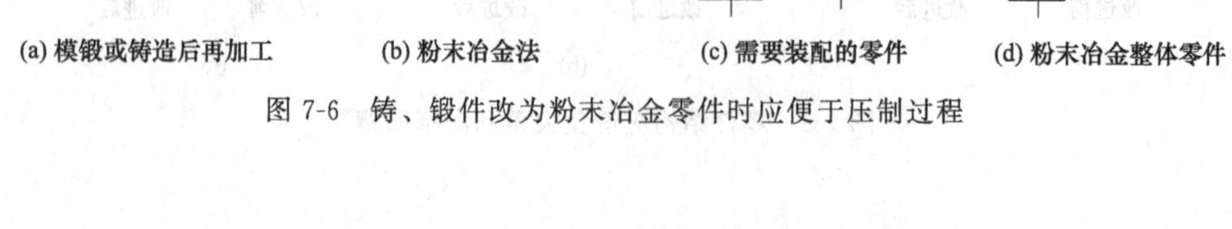

(a) 模锻或铸造后再加工　(b) 粉末冶金法　(c) 需要装配的零件　(d) 粉末冶金整体零件

图 7-6　铸、锻件改为粉末冶金零件时应便于压制过程

（5）铸、锻件改为粉末冶金零件时应便于压制过程

如图 7-6（a）所示的零件用模锻或铸造，而后用机械加工法制造；当采用粉末冶金零件时，应将突出部分移到与其配合的零件上，以简化粉末冶金零件结构，如图 7-6（b）所示，减少压制困难。图 7-6（c）所示的零件需要装配，可以用图 7-6（d）所示的粉末冶金整体零件替代。

7.2　工程塑料件的结构设计工艺性

7.2.1　工程塑料的选用

适用于机械工业的工程塑料有很多。

各种仪表罩壳、手轮、手柄、紧固件等一般结构件，对强度和耐热性无特殊要求，但通常要求有较高的生产率、成本低，有时对外观有一定的要求，可选用低压聚乙烯、聚氯乙烯、改性聚苯乙烯（203A，204）、ABS、聚丙烯等。

轴承、齿轮、蜗轮、凸轮、联轴器等耐磨受力传动零件，要求有较高的强度、刚度、韧性、耐磨性、耐疲劳性，并有较高的热变形温度、尺寸稳定，可选用抗拉强度在 60MPa 以上、使用温度达 80～120℃ 的尼龙、聚甲醛、聚碳酸酯、聚酚氧、氯化聚醚、线型聚酯等。

活塞环、机械动密封圈、填料、轴承等减摩自润滑材料，对机械强度要求不高，但运动速度较高，要求具有较小的摩擦因数、优异的耐磨性和自润滑性，可选用聚四氟乙烯、填充的聚四氟乙烯、聚四氟乙烯填充的聚甲醛、聚全氟乙丙烯等，在小载荷、低速时也可采用低压聚乙烯。

在高温下工作的结构传动零件，如轴承、齿轮、活塞环、密封圈、阀门、阀杆、螺母等，不仅要求具有较高的强度、刚度、韧性，具有较小的摩擦因数、优异的耐磨性、耐疲劳性和自润滑性，还要求具有较高的热变形温度和高温抗蠕变性，常选用可在 150℃ 以上使用的聚砜、聚苯醚、氟塑料（F-4，F-46）、聚酰亚胺、聚苯硫醚，以及各种玻璃纤维增强塑料等。

耐腐蚀设备与零件，如化工容器、管道、阀门、泵、风机、叶轮、搅拌器及其涂层或衬里等，不仅要求对酸碱和有机溶剂等化学药品具有良好的耐蚀性，还要具有一定的机械强度，可选用聚四氟乙烯、聚全氟乙丙烯、聚三氟氯乙烯 F-3、氯化聚醚、聚氯乙烯、低压聚乙烯、聚丙烯、酚醛塑料等。

7.2.2　工程塑料件的制造方法

热塑性塑料可用注射、挤出、浇注、吹塑等成形工艺，制成各种规格的管、棒、板、薄膜、泡沫塑料、增强塑料等各种形状的零件。热固性塑料可通过模压、层压浇注等工艺制成层压板、管、棒等各种形状的零件。

一般工程塑料可采用普通切削工具和设备进行切削加工。但塑料有弹性，散热性差，加工时易变形，易产生分层、开裂、崩落等现象，因此加工时应注意：刀具的刃口要锋利，前角和后角要比加工金属时大；充分冷却，可采用风冷或水冷；不要过紧夹持工件；采用较高的切削速度和较小的进给量，以获得较光滑的表面。

在加工泡沫塑料时，可采用木工工具和普通机械加工设备，但需用特殊刀具及操作方法，同时还可用电阻丝通电发热熔割（一般可用 5～12V 电压和直径为 0.15～1mm 的电阻丝），并可采用胶黏剂（如沥青胶、聚醋酸乙烯乳液、环氧胶、聚氨酯胶等）进行胶接成形。

7.2.3　工程塑料零件设计的基本参数

工程塑料零件的外形尺寸与最佳壁厚的关系见表 7-4。各种塑料的壁厚、高度及最小壁厚见表 7-5。

表 7-4　塑料零件外形尺寸与最佳厚度的关系　　　　　mm

材料		外形尺寸与壁厚				
		<20	20~50	50~80	80~150	150~250
塑压粉	酚醛塑料	—	1.0~1.5	2.0~2.5	1.0~6.0	—
	聚酰胺	0.8	1.0	1.3~1.5	3.0~3.5	4.0~6.0
纤维塑料		—	1.5	2.5~3.5	4.0~6.0	6.0~8.0
耐热塑料		0.5	0.5~1.0	1.0~1.5	1.5~2.0	2.0~3.0

表 7-5　壁厚、高度和最小壁厚　　　　　mm

建议壁厚	塑料类型										
	聚苯乙烯	有机玻璃	聚乙烯	聚氯乙烯(硬)	聚氯乙烯(软)	聚丙烯	聚甲醛	聚碳酸酯	尼龙	聚苯醚	氯化聚醚
最低限值	0.75	0.8	0.8	1.15	0.85	0.85	0.8	0.95	0.45	1.2	0.85
小型制件	1.25	1.5	1.25	1.6	1.25	1.45	1.4	1.8	0.75	1.75	1.35
一般制件	1.6	2.2	1.6	1.8	1.5	1.75	1.6	2.3	1.6	2.5	1.8
大型制件	3.2~5.4	4~6.5	2.4~3.2	3.2~5.8	2.4~3.2	2.4~3.2	3.2~5.4	3~4.5	2.4~3.2	3.5~6.4	2.5~3.4

高度和最小壁厚			
制件高度	<50	50~100	100~200
最小壁厚	1.5	1.5~2	2~2.5

7.2.4　工程塑料零件的结构设计

零件结构应利于简化模具，如图 7-7 所示。改进前的结构中有凹陷，需要可拆开的模具，生产率较低，成本较高；改进后避免了凹陷，出模方便。

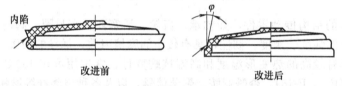

图 7-7　零件结构应利于简化模具

零件壁厚应力求均匀，如图 7-8 所示。壁厚不均匀处易产生气泡和收缩变形，甚至产生应力和裂纹。

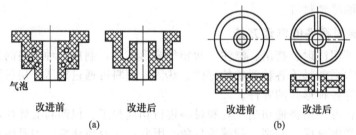

图 7-8　零件壁厚应力求均匀

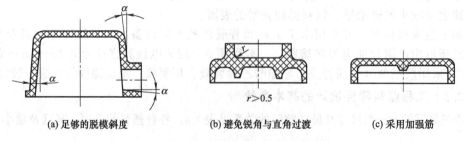

图 7-9　工程塑料零件的结构设计图例

零件结构应有足够的脱模斜度。斜度的大小与塑料的性质、收缩率、厚度、形状有关，一般为 15′～1°，如图 7-9（a）所示。

零件结构应避免锐角与直角过渡，尖角处有应力集中，易产生裂纹，影响工件强度，如图 7-9（b）所示。应合理设计筋板，采用加强筋可节省材料，提高工件刚度、强度，防止翘曲，如图 7-9（c）所示。应合理设计凸台，凸台应尽量位于转角处；凸台高度应不大于其直径的两倍；凸台不能超过三个，如超过三个则应进行机械加工。

7.3　橡胶件结构设计的结构工艺性

7.3.1　橡胶材料的选用

橡胶材料有很多种类，各有其特点。设计时，可根据零件的具体使用要求参照表 7-6 进行选用。

表 7-6　橡胶的选用

选用顺序 / 使用要求 \ 品种	天然橡胶	丁苯橡胶	异戊橡胶	顺丁橡胶	丁基橡胶	氯丁橡胶	丁腈橡胶	乙丙橡胶	聚氨酯橡胶	丙烯酸酯橡胶	氯醇橡胶	聚硫橡胶	硅橡胶	氟橡胶	氯磺化聚乙烯橡胶	氯化聚乙烯橡胶
高强度	A	C	AB	C	B	B	C	C	A					B	B	
耐磨	B	AB	B	AB	C	B	B	B	A	C			C	B	AB	B
防振	A	B	AB	A		B		B	AB				B			
气密	B	B	B		A	B	B	B	B	B	AB	C	AB	B		
耐热		C		C	B	B	B		AB	B		A	A	B	C	
耐寒	B	C	B	AB	C	C		B	C			A		C		
耐燃						AB						C	A	B		B
耐臭氧					A	AB		AB	A	A	A	A	A	A	A	A
电绝缘	A	AB			A	C		A					A	B	C	C
磁性	A					A										
耐水	A	B	A	A	B	A	A	A	B	A	C	B	A	B	B	
耐油					C	B		B	AB	B	A②		A②	C	C	
耐酸碱					AB	B	C	AB	C	B	BC		A	C	B	
高真空					A	B①							B			

①高丙烯腈成分的丁腈橡胶。②聚硫橡胶的综合性能较差，且易燃、味重，而氟橡胶价格昂贵，因此工业上多选用丁腈橡胶制作耐油制品。

注：选用顺序可按 A→AB→B→BC→C。

7.3.2　橡胶件的结构与参数

（1）脱模斜度

为使脱模方便，橡胶零件应设计有脱模斜度，大小见表 7-7。对于橡胶制品上的各种孔，包括方孔、六边孔等异形孔，也应当设计脱模斜度。

表 7-7　橡胶零件的脱模斜度

L/mm	<50	50～150	150～250	>250
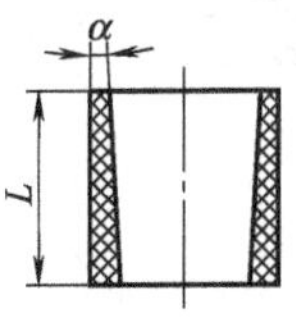	0	30′	20′	15′

续表

L/mm	<50	50～150	150～250	>250
(图)	10′	40′	30′	20′

（2）断面厚度与圆角

橡胶零件断面的各部分厚度应为求均匀一致，且各部分的相互交接处应尽量设计成圆弧形，如表 7-8 所示。

表 7-8　橡胶件的断面厚度与圆角图例

改进前	改进后	改进前	改进后

（3）囊类零件的口径与腹径比

对图 7-10 所示的囊类零件橡胶制品，口径与腹径比取 $d/D=1/3\sim1/2$。对颈长尺寸 L 较大、颈壁较厚及颈部形状结构复杂的橡胶制品，比值应该取较大值；对于硬度低、弹性高的橡胶制品，比值可取得小一些。

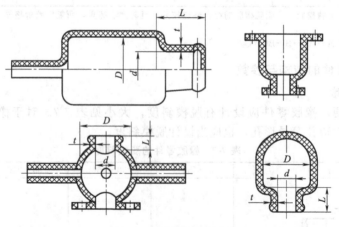

图 7-10　囊类橡胶制品

（4）波纹管制品的峰谷直径比

对图 7-11 所示的波纹管橡胶制品，峰径与谷径之比 ϕ_1/ϕ_2 一般不大于 1.3。

（5）镶嵌件的结构与参数

橡胶制品中常镶有各种不同结构形式和不同材料的嵌件，如图 7-12 所示。嵌件周围橡胶包层的厚度和嵌件嵌入深度取决于零件在该部位所需的弹性、所用橡胶材料的硫化收缩率以及零件的使用环境、条件和要求等各种因素。

当嵌件镶入橡胶模制品内时，要求牢固可靠，保证使用，因此应当使嵌入部分的尺寸尽量大于形体外边裸露部分尺寸。当嵌件为内螺纹或外螺纹时，各有关部分的尺寸高度应该略低于模具各相应部分的分型面 0.05～0.10mm。设计内螺纹嵌件时，对有关尺寸必须控制，以防止胶料在模压过程中被挤入螺纹中；设计外螺纹时，应该在无螺纹部分，对其尺寸公差提出要求，用以作为模具设计时与有关部位进行配合的定位基准，同时用以防止脱料溢出。

嵌件在模具各相应部分的定位通常采用 H8/f7、H8/f8、H9/h9 等配合。对于嵌件为孔的配合，则采用相应精度或近似精度的基轴制配合，即选用 H8/f7、H9/f8、H9/h9 等配合。为保证嵌件在模具型腔中的定位可靠，且在模压过程中不发生或只发生少许溢胶现象，嵌件在模具型腔中的固定可设计成卡式结构、螺纹连接结构等形式。

在设计内含各类织物夹层的橡胶模制品时，应考虑模压的特点、织物夹层的填装操作方式、各分型面的位置选择、模压时胶料流动的特点与规律、起模取件的难易程度、抽取型芯和剥落制品零件有无可能等各种情况。

嵌件的高度一般不能超过其直径或平均直径的五倍。

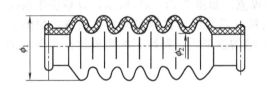

图 7-11　波纹管橡胶制品

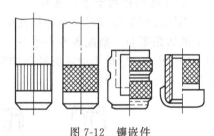

图 7-12　镶嵌件

7.4　焊接件结构设计工艺性

7.4.1　焊接方法及适用范围

焊接方法有很多，选择金属适用的焊接方法时，可参照表 7-9 进行。

表 7-9　常用焊接方法的适用范围

焊接方法	材料		接头形式			板厚			焊件种类							
	钢铁	有色金属	对接	T形接头	搭接	薄板	厚板	超厚板	建筑	机械	车辆	桥梁	船舶	压力容器	汽车	飞机
手工电弧焊	1	2	1	1	1	2	1	2	1	1	1	1	1	1	2	2
CO₂ 气体保护电弧焊	1	4	1	1	1	3	1	2	1	1	1	2	1	2	1	3
气焊	1	2	1	1	1	1	2	4	3	3	3	3	3	4	2	2
电子束焊	1	1	1	1	2	1	2	2	4	4	4	4	2	2	3	2
电渣焊	1	4	1	1	2	4	3	1	3	2	3	3	2	2	4	4
埋弧焊	1	2	1	1	1	3	1	1	1	1	1	1	1	1	2	3
点焊	1	1	4	3	1	3	4	4	3	4	3	2	3	3	1	1
缝焊	1	2	4	4	1	3	4	4	3	4	3	2	3	3	1	1
闪光对焊	1	2	1	3	4	3	1	3	2	2	2	3	2	2	1	1
超声波焊	1	1	4	3	2	1	3	3	4	4	4	3	4	2	2	2
钎焊	1	2	3	3	1	1	2	4	4	3	4	4	3	2	2	2

注：1—最佳；2—佳；3—差；4—极差。

7.4.2　焊接件的几何尺寸

焊接件的几何尺寸公差见表7-10。

表 7-10　焊接件几何尺寸公差　　　　　　　　　　　　　　　　　mm

公称尺寸	公差(±)		公称尺寸	公差(±)	
	外形尺寸	各部分之间		外形尺寸	各部分之间
≤100	2	1	>2500~4000	7	4
>100~250	3	1.5	>4000~6500	8	5
>250~650	3.5	2	>6500~10000	9	6
>650~1000	4	2.5	>10000~16000	11	7
>1000~1600	5	3	>16000~25000	13	8
>1600~2500	6	3.5	>25000~40000	15	9

7.4.3　焊接件的结构设计

在进行焊接件的结构设计时，应选择焊接性好的材料；使焊接残余应力、应力集中和变形较小；焊接件的结构刚度和减振能力好；焊接接头性能均匀性好；并尽量减少和排除焊接缺陷。

焊接件结构设计时要注意以下问题。

（1）结构应利于节省原料

用钢板焊制零件时，应尽量使所用板料形状规范，如图7-13（a）所示，以减少下料时产生的边角废料。搭配各零件的尺寸，使有些板料可以采用套料剪裁的方法制造，如图7-13（b）所示，原结构中底板冲下的圆板为废料；结构改进后，将冲下的圆板放在零件顶部焊接，充分利用材料。

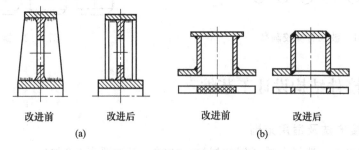

改进前　　　　改进后　　　　　　改进前　　　　改进后
(a)　　　　　　　　　　　　　(b)

图 7-13　结构应利于节省原料

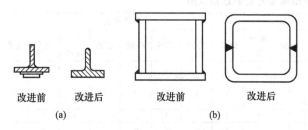

改进前　　改进后　　　　改进前　　　　改进后
(a)　　　　　　　　(b)

图 7-14　结构应利于减少焊接工作量

（2）结构应利于减少焊接工作量

如图7-14（a）所示的改进结构中，减少拼焊的毛坯数，用一块厚板代替几块薄板；图7-14（b）所示的改进结构中，利用型钢和冲压件，尽量减少焊缝数量，都可减少焊接工作量。

（3）焊缝位置应便于操作

如图7-15所示。手工焊要留有焊条的操作空间；自动焊应使接头处便于存放焊剂；点焊应便于电极伸入。

（4）焊缝的布置应有利于减少焊接应力与变形

如图7-16所示，焊缝应避免过分密集或交叉；不让热影响区相距太近；焊接端部去除锐角；焊接件形状应对称，焊缝布置与焊接顺序应对称。

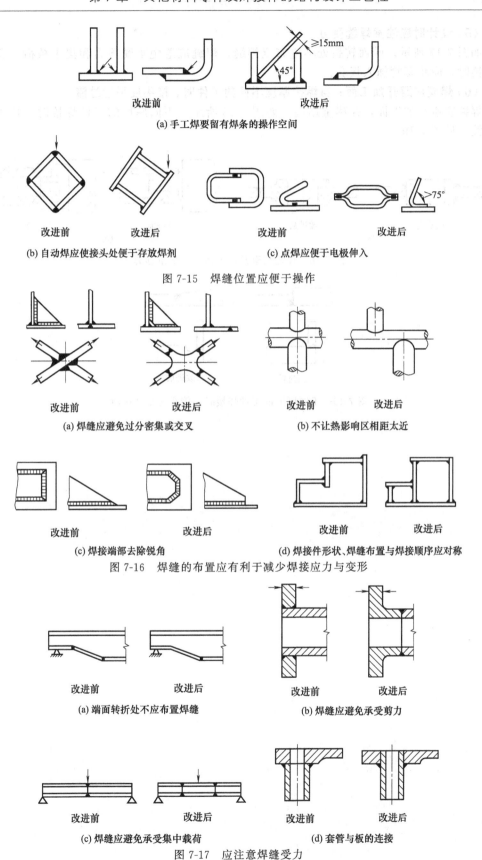

(a) 手工焊要留有焊条的操作空间

(b) 自动焊应使接头处便于存放焊剂

(c) 点焊应便于电极伸入

图 7-15 焊缝位置应便于操作

(a) 焊缝应避免过分密集或交叉

(b) 不让热影响区相距太近

(c) 焊接端部去除锐角

(d) 焊接件形状、焊缝布置与焊接顺序应对称

图 7-16 焊缝的布置应有利于减少焊接应力与变形

(a) 端面转折处不应布置焊缝

(b) 焊缝应避免承受剪力

(c) 焊缝应避免承受集中载荷

(d) 套管与板的连接

图 7-17 应注意焊缝受力

（5）设计时应注意焊缝受力

如图 7-17 所示。端面转折处不应布置焊缝；焊缝应避免承受剪力和集中载荷；套管与板连接时，应将套管插入板孔。

（6）焊缝应避开加工面；当焊接厚度不同的工件时，接头应平滑过渡

焊缝应避开加工面，并尽量远离，如图 7-18 所示。不同厚度的工件焊接时，接头应平滑过渡，见图 7-19。

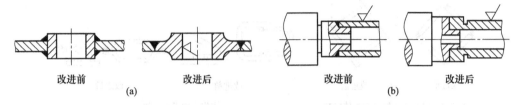

改进前　　　　改进后　　　　　　　改进前　　　　改进后
　　　　(a)　　　　　　　　　　　　　　　　(b)

图 7-18　焊缝应避开加工面，并尽量远离

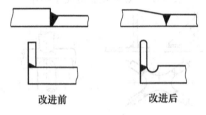

改进前　　　　改进后

图 7-19　不同厚度的工件焊接时，接头应平滑过渡

第8章 零部件设计的装配与维修工艺性

在机械产品的制造过程中，装配占有较大的比重，直接影响机器的质量。装配分为一般装配和自动装配，一般装配由装配工人利用装配工艺设备并借助于必要的工具完成；批量大、操作固定、动作简单的装配可采用自动装配。维修则是使机器保持和恢复使用性能，延长使用寿命的重要手段。

为提高装配和维修工艺性，机械零部件应具有互换性，应尽量采用标准件，以便于装配、维修和更换；在装配时，相配零件应无需修配；零部件结构应利于操作方便，便于使用高效的装配工具和装配方法；机器应具有单元性，可以先装成若干部件再进行总体装配，以加快总装速度、提高质量，同时便于维修时更换部件。

8.1 一般装配对零部件结构设计的工艺性要求

8.1.1 零部件结构应能组成单独的部件或装配单元

一台机械设备如果能合理地划分为若干部件，可以分别装配再进行总体装配，使装配工作专业化，有利于提高装配质量、缩短装配周期、提高装配效率，也利于修理时更换损坏部件，加快修理进度、提高修理质量和经济性。因此，零部件能否划分成若干独立的装配单元是衡量其结构装配工艺性好坏的重要标志。

如图 8-1（a）所示，将传动齿轮组成为单独的齿轮箱，装配工艺性好。对于同一轴上的零件，应尽可能考虑能从箱体一端成套装配。在图 8-1（b）所示的结构中，改进前，轴的

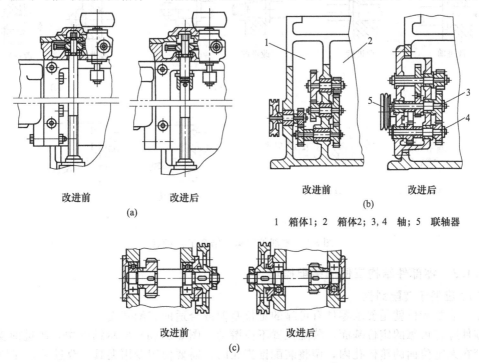

改进前　　　　　改进后　　　　　改进前　　　　　改进后
　　　　(a)　　　　　　　　　　　　　　　(b)

1　箱体1；2　箱体2；3, 4　轴；5　联轴器

改进前　　　　　改进后
　　　　(c)

图 8-1　零部件结构应能组成单独的部件或装配单元

两端分别装在箱体 1 和箱体 2 内，装配不便；改进后，轴分为 3、4 两部分，由联轴器 5 连接，则箱体 1 成为单独的装配单元，使装配工作简化。如图 8-1（c）所示，改进前，轴上的齿轮大于轴承孔，装配必须在箱体内完成；改进后，轴上零件可以在组装后一次装入箱体内。

如果加工条件许可，将多个相关零件直接加工成一个整体，也可以达到组成装配单元的装配效果。

8.1.2　零部件结构应结合工艺特点进行设计

轴和轮毂采用锥度配合时，锥形轴头应有伸出部分 a。除非尺寸精度十分理想，一般很难保证锥度与轴肩能同时达到良好的配合，因此不允许在锥度部分以外增加作轴向定位的轴肩，如图 8-2（a）所示。

如果需要轴肩作轴向定位，应将锥度配合改为圆柱配合，如图 8-2（b）所示。

配合面要有足够高度的轴肩作轴向定位，以保证装配时不至于将轴肩压入轮毂内。若轮毂材料较软或轴肩高度受限制时，可使用有足够厚度的弹性挡圈，如图 8-2（c）所示。

应将需要配研的部位设计在易于进行外部配研作业的位置，以便于配研，如图 8-2（d）所示。

铸件的加工表面与不加工表面间应有足够大的间隙 a，以防止铸件的铸造误差导致装配时两零件互相干涉，如图 8-2（e）所示。

螺纹孔和螺钉末端均应倒角，以避免装配时损坏螺纹部分。定位销孔应尽可能采用通孔，以便于取出定位销。

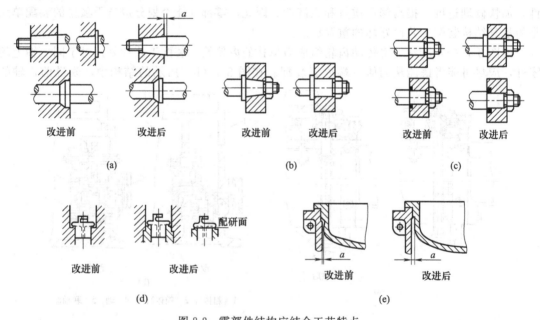

图 8-2　零部件结构应结合工艺特点

8.1.3　零部件结构应便于装配操作

（1）应便于装配到位

便于装配到位就是要求零件有可靠的定位基面或合适的装配基面。

零件应有可靠的定位基面，装配位置不应游动。图 8-3（a）所示结构中，改进前支架 1 和 2 套在无定位面的箱体孔内，调整装配锥齿轮时，需要使用专用夹具；改进后，支架定位基面使装配调整简化。

互相有定位要求的零件，应按同一基准进行定位。如图 8-3（b）所示，交换齿轮两根轴不在同一侧箱体壁上作轴向定位，当孔和轴的加工误差较大时，齿轮装配相对偏差加大，应改在同一侧箱体壁上作轴向定位。

应避免使用螺纹定位。如图 8-3（c）所示，改进前的结构中有螺纹间隙，不能保证端盖与液压缸的同轴度；改进后，使用圆柱配合定位。

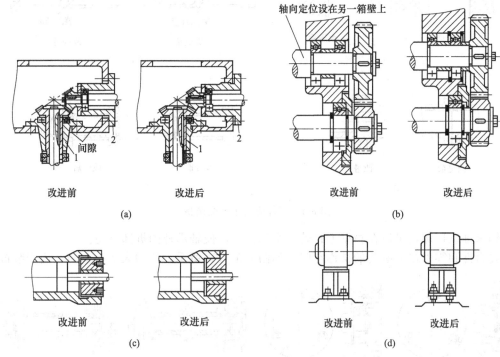

图 8-3　零件应有合适的装配基面

挠性连接的部件，可以用不加工面作基面。如图 8-3（d）所示，电动机和液压泵组装件的两端以电线和油管连接，没有配合要求，可以用不加工面定位。

（2）应便于装配调整

在工作过程中，零件受热膨胀或磨损会造成零件间的相对位置发生变化，零部件结构应便于装配调整。

图 8-4（a）中，改进前采用调整垫片和垫圈调整轴承游隙，不如改进后采用调整盖和调整螺钉方便。图 8-4（b）中，改进前，两配合面需要同时装入，装配困难；改进后，两配合面先里后外装入，工艺性好。图 8-4（c）中，改进后增加了定位止口，便于装配。图 8-4（d）中，改进后减小了配合长度，便于装拆。

8.1.4　便于拆卸和维修

（1）拆卸应方便

在轴、法兰、压盖等零件的端面，应有必要的工艺螺纹孔，如图 8-5（a）所示，以避免用非正常拆卸方式损坏零件。

零件上应有适当的拆卸窗口、孔槽。如图 8-5（b）所示，在长套筒上加工出键槽，便于安装，拆卸时无需将键拆下。

当调整维修个别零件时，应避免拆卸全部零件。如图 8-5（c）所示，改进前的结构中如果需要拆卸左边的调整垫圈，几乎需拆下轴上的全部零件，是不合理的。

与滚动轴承配合的轴肩、轴环及凸肩应按规定尺寸设计。如图 8-5（d）所示，凸肩过

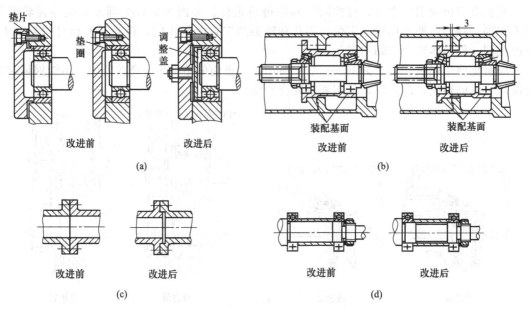

图 8-4　零件应便于装配调整

高，轴承难以拆卸，可以在箱壁上打若干个工艺孔，使轴承外圈拆卸方便。

要为拆卸零件留下必要的操作空间。如图 8-5（e）所示，应增大扳手空间，便于装拆。

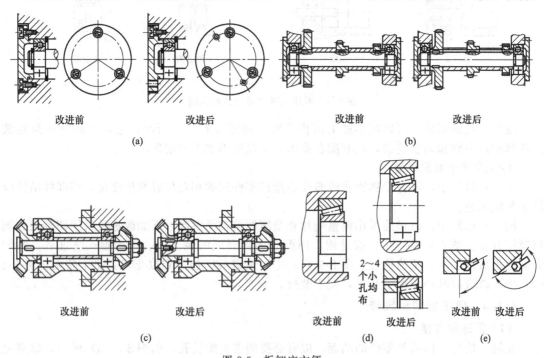

图 8-5　拆卸应方便

（2）修配应方便

应尽量减少不必要的配合面。配合面过多，零件尺寸公差要求严格，不易制造，并会增加装配时的修配工作量。

应避免配件的切屑带入难以清理的内部。如图 8-6（a）所示，将径向销改为切向销，可避免切屑被带入轴承内部。

应减少装配时的刮研和手工修配工作。如图 8-6（b）所示的采用销定位的丝杠螺母，为保证螺母轴线与刀架导轨的平行度，通常需要进行修配，如果用两侧削平的螺杆销代替键，就可转动圆柱销对导轨调整定位，最后固定圆柱销，无需修配。

减少装配时的机加工配件。如图 8-6（c）所示，将箱体上配钻的油孔改在轴套上，可预先钻出。

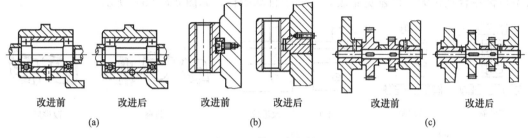

改进前　　改进后　　　改进前　　改进后　　　改进前　　改进后

(a)　　　　　　　　　(b)　　　　　　　　　(c)

图 8-6　修配应方便

（3）应选择合适的调整补偿环

在零件的相对位置需要调整的部位，应设置调整补偿环，以补偿尺寸链误差，简化装配工作。如图 8-7（a）所示的轴系中，改进前锥齿轮的啮合要靠反复修配支承面来调整；改进后则可靠修磨调整垫片 1 和 2 的厚度调整。图 8-7（b）中，可用调整垫片调整丝杠支承与螺母的同轴度。

采用可动调整环，改善装配工艺性。如图 8-7（c）中，旋紧螺母 2 可使膨胀套 1 产生弹性变形，利用弹性套的弹性恢复可方便地调整轴承间隙。调整补偿环应调整方便。精度要求不高的部位，采用调整螺钉代替调整垫片，无需修磨垫片，无需加工孔的端面。

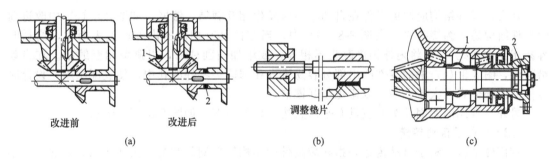

改进前　　　　改进后

(a)　　　　　　　　　(b)　　　　　　　　　(c)

调整垫片

图 8-7　应选择合适的调整补偿环

（4）应减少修整外观的工作量

零件的轮廓表面，应尽可能具有简单的外形和圆滑的过渡，以便于制造装配；部件接合处，可适当采用装饰性凸边，以掩盖外形不吻合误差、减少加工和整修外形的工作量；应避免采用铸件外形结合面的圆滑过渡处作为分型面，否则，当砂箱偏移时，需修整外观；零件上的装饰性肋条，应避免直接对缝连接，以免对不准影响外观整齐；一个罩（或盖）不能同时与两个箱体部件相连，否则，两个箱体上的两个加工表面难以找正对准，外观不整齐；在冲压的罩、盖、门上适当布置凸条，可增加零件的刚性，并具有较好的外观。

8.2　自动装配对零部件结构设计的工艺性要求

自动装配对零件有较高的精度要求，对零件结构有特殊的要求。

（1）有利于自动给料

零部件结构有利于自动给料，是指零部件结构有利于实现自动定向、自动上料和隔料，以及可以防止缠料和出料堵塞等问题。

首先，零件的几何形状应力求对称。在保证性能要求的前提下，零件形状应尽可能对称设计，便于确定正确位置，如图8-8（a）所示；零件形状因功能要求不能对称设计时，应使其不对称性合理扩大，以避免错装，有利于自动给料，如图8-8（b）所示。

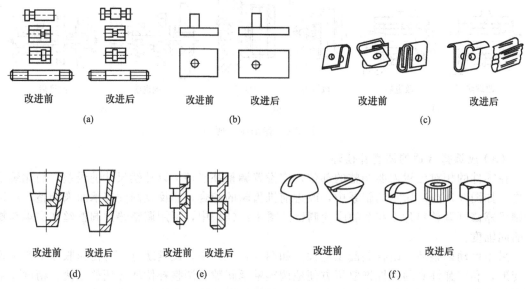

图 8-8　有利于自动给料

其次，零件结构应避免零件在自动给料时发生相互缠结、镶嵌。如图8-8（c）中改进前的零件结构易于缠绕搭接。在图8-8（d）中，当零件具有相同的内外锥度表面时，给料时容易相互"卡死"，可将内外锥度改为不相等，或增加内圆柱面，以避免相互缠结。在自动给料时，图8-8（e）中的零件凸出部分容易进入相邻同类零件的孔中，使装配困难，设计时应使凸出部分直径大于孔径，以避免相互镶嵌。

另外，常用的紧固件头部应具有平滑直边，以便拾取，如图8-8（f）所示。

（2）有利于自动传送

零部件结构有利于自动传送是指在装配件的结构需要满足装配工艺性要求，以保证从给料装置到装配工位之间的传送顺利。

应避免零件之间相互错位，有利于自动传送。对输送时容易相互错位的零件，可以加大接触面积或增大接触处的角度，如图8-9（a）所示。

除了装配基准外，零件还应有装夹基准面，以便传送装置装夹和支承。如图8-9（b）中，将夹紧处车削为圆柱面，使之与内孔同心，有利于自动传送和自动装配作业。

零件结构应有加工的面和孔，以便传送中定位。对于圆柱形零件，在传送中要求确定方位时，应增加辅助定位面，以便准确定向、定位。如图8-9（c）中，孔的方向要求一定，在不影响零件性能的前提下，可以铣削一个位置与孔成一定关系的小平面作为辅助定位面，定位简便可靠。图8-9（d）中，为保证偏心孔的正确位置，可以加工一个小平面作为辅助定位面。

零件的外形应尽量简单、规则。杆、轴和套类零件的一端做成球面或锥面，如图8-9（e）所示有利于自动传送及导向。平薄小、不规则的构件，必须以固定位置输送给下道工序，如图8-9（f）所示。

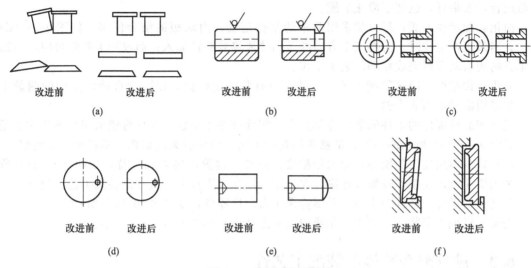

图 8-9　有利于自动传送

（3）有利于自动装配作业

改进零件结构，简化装配设备，有利于自动装配。如图 8-10（a）所示，将可能做成一体的两个零件如螺钉和垫圈做成一体，可以节省送料机构。图 8-10（b）将轴一端的定位平面改为环形槽，可省去装配时的按径向调整机构。图 8-10（c）将轴一端滚花，与配合件做

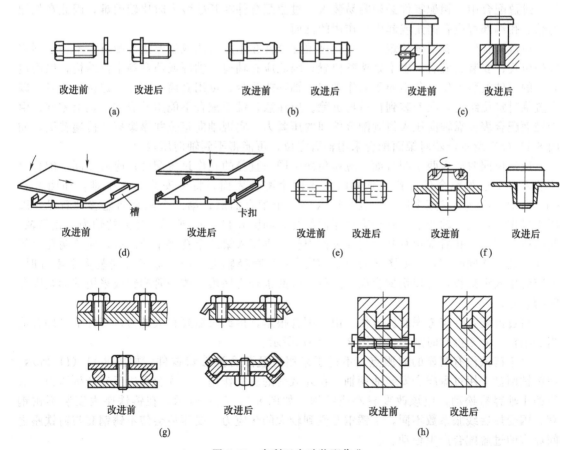

图 8-10　有利于自动装配作业

过盈配合，效果好，也便于简化装配。

简化装配运动方式，尽可能采用简单的结合运动，力求短的结合位移。如图 8-10（d）所示，当采用槽定位时，需要三个方向的运动才能将装配件插入；而改用卡扣定位时，只需要单方向的运动即可完成相同的装配工作。

采用对称结构，简化装配工艺。零件上应有装配定位面，以减少自动装配中的测量工作，如采用阶梯轴而非光轴。

组成产品或部件的零件的数量应尽量少，零件应便于识别，并尽可能采用标准件或通用件。如图 8-10（e）所示的零件，虽然两端孔径不同，但外表无法识别，不利于自动装配。

尽量减少螺纹连接的使用，而采用粘接、焊接、过盈连接方式代替，如图 8-10（f）所示，采用快速咬入连接代替螺纹连接。在必须采用螺纹连接时，应注意装配工艺性设计。

要连接的零件或部件需定位，并尽量采用自定位零件，如图 8-10（g）所示。

为便于机械手安装，应采用卡扣或内部锁定结构，如图 8-10（h）所示。

8.3　过盈配合结构的装配工艺性

使用过盈配合的连接结构简单，加工方便，零件数目少，对中性好，可以用于较高转速下传递转矩。设计过盈配合时，要选择适当的配合种类和精度等级，使最小过盈量能保证足够大的转矩传递，在最大过盈量时所装配产生的应力不会导致失效。过盈配合的结构设计必须考虑装拆方便、定位准确，有足够的配合长度。

过盈配合中，相配零件必须容易装入。过盈配合件在开始装入时比较困难，因此在相配的轴、孔端部都应有倒角或起引导作用的锥面。

过盈配合件应有明确的定位结构。过盈配合件在用压入法或温差法装配时，不易控制零件的位置；安装完成后，也不好调整位置，因此应有轴肩、轴环或凸台等定位结构，以确定装入的零件安装到位。若不便于制作轴肩、轴环或凸台，可用套筒、定位块定位，或者可以设置临时定位结构，在安装到位后再拆除。应注意，锥面配合不能用轴肩定位轴上零件，由于锥面配合表面靠轴向压入得到配合面间的压紧力，实现轴向定位并靠摩擦力传递转矩，如图 8-11（a）所示，若对锥面配合采用轴肩定位，可能得不到轴向压紧力。

应避免同时压入两个配合面；应避免两个同一直径的孔作过盈配合；应避免同一配合尺寸装入多个过盈配合件。若要求同时压入两个配合表面，将使安装非常困难，如图 8-11（b）所示，应该要求逐个压入，且在压入第一个配合面后，第二个配合面能够被看见，以便于操作。在同一轴线上的两个直径相同的孔，如图 8-11（c）所示，压入的轴为等直径轴，此轴压入第一个孔后难免有些歪斜或表面损伤，再压入第二个孔将十分困难，应使两孔直径不同，且不能同时压入。如图 8-11（d）所示的等直径轴上，用过盈配合安装多个零件时，安装时压入距离长，易损伤配合面，定位、拆卸也较为困难，改用阶梯轴或采用锥形紧固套结构较好。

对过盈配合件应考虑装拆方便。由于配合很紧，拆卸时需要较大的力，零件上最好有适当的结构以便于拆卸时加力，如图 8-11（e）所示。

由于铸铁没有明显的屈服点，不适于采用过盈配合连接铸铁件。如图 8-11（f）所示，在铸铁圆盘上用过盈配合安装曲柄轴，在外载荷的反复作用下，配合孔边反复产生压力，嵌装的小轴容易松动，应该改变材料或结构。如图 8-11（g）所示，在铸铁座内安装不锈钢套，因受热后线胀系数不同，不锈钢套受到较大的热应力，受压后会使不锈钢套与铸铁座之间原有的过盈配合产生松动。

过盈配合的轴与轮毂，配合面要有一定的长度，如图 8-11（h）所示，否则轴上零件容

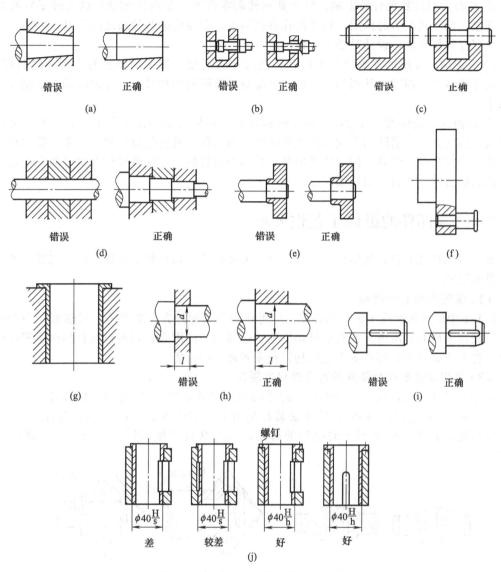

图 8-11　过盈配合结构的装配工艺性

易发生晃动, 配合长度的最小值推荐为 $l_{min} = 4d/3$ (d 为配合直径)。

过盈配合与键连接综合运用时, 如图 8-11 (i) 所示, 若先装入过盈配合, 当过盈配合压入一段后, 如果键与键槽未对准, 则无法调整轴的位置再插入键槽。因此, 应使键先插入键槽, 再装入过盈配合, 或将轴端做出较大锥度以利于装配。

应避免过盈配合的套上有不对称的切口。如图 8-11 (j) 所示, 套型零件一侧有切口时, 外形将有所改变, 不开口的一侧将外凸, 在切口处将包围件的尺寸加大, 可以避免装配时产生的干涉。最好的方案是用 H/h 配合, 端部作成凸缘用螺钉固定, 或用 H/h 配合, 在套上作开通的缺口, 用螺钉固定。

此外, 进行过盈配合结构设计时, 还应注意如下事项。

① 工作温度对过盈配合的影响。当过盈配合的两个零件由不同材料制造时 (如钢制的轴与轻合金制的转子间采用过盈配合时), 如果工作温度较高, 由于两个零件的线胀系数不同, 会使实际过盈量减小。设计时必须考虑过盈量的减小而采取适当的措施。

② 离心力对过盈配合的影响。对于高速转动零件间（如高速转动的轴与转子）的过盈配合连接，由于离心力的作用，转子的孔直径增大，会导致轴与轮毂之间的过盈减小，降低了过盈配合的可靠性，设计时必须考虑。

③ 考虑两零件用过盈配合装配后，其他尺寸的变化。如滚动轴承的内圈与轴装配后，内圈的外径增大；同时，外圈与机座的孔装配后，外圈的内径减小，导致滚动轴承装配后间隙减小。

④ 锥面配合的锥度不宜过小。对于锥面配合，如果所用的锥度太小，则为了产生必要的过盈量和压紧力，消除加工误差产生的间隙，轴向移动量变化范围较大；并且锥度小时容易因自锁而发生咬入现象。值得说明的是，对铝合金材料，即使锥角较大也可能发生咬入现象，因此铝合金件不宜采用锥面配合。

8.4 零部件的维修工艺性要求

机器零部件具有良好的维修工艺性，对于方便维修、延长机器的使用期和降低生产成本是非常重要的。

（1）保证拆卸的方便性

8.1.4 中所述的装配工艺性的许多示例可作为保证拆卸方便的参考。对轴套、环和销等零件，结构上应有自由通路或其他结构措施；选择适当的配合；对过盈配合的两个零件以及大型零件上应设置拆卸螺孔等工艺结构以便安置环头螺钉等。

（2）考虑零件磨损后修复的可能性和方便性

对于大尺寸齿轮，应考虑磨损修复的可能性。如图 8-12 (a) 所示，增加轴套后更易于大尺寸齿轮磨损后修复。同时，应考虑修配的方式，如图 8-12 (b) 所示，相比于轴肩定位，采用削面圆销定位更利于磨损后的修复，因为修复时修刮圆销的面积小，修配更为方便。

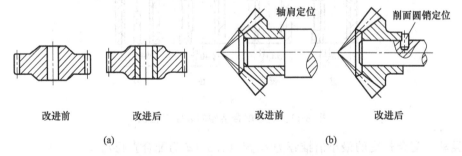

图 8-12 考虑零件磨损后修复的可能性和方便性

另外，在设计时应考虑到由于磨损、疲劳等原因导致零件失效、甚至整机报废后，机械零件（尤其是由贵重材料制成的零件）应易于拆下，以便可以按类分组，回收再利用。例如对一些重要的轴，当轴颈磨损导致使用性能变差时，可采取喷涂、喷焊、刷镀等方法加大轴颈，达到再利用的目的。一般而言，在修复过程中要进行适当的机械加工，因此，应尽量保留加工的定位基准如中心孔等。

（3）减少机器的停工维修时间

减少机器的停工维修时间，应避免错误安装。设计零部件时，应考虑到避免错误安装；万一错误安装，不至于引起重大损失，同时可采取适当成本不高的措施进行挽救。如图 8-13 所示轴瓦上的油孔，安装时如反转 180°装上轴瓦，则油孔不通造成事故，如果在对称位置再开一个油孔，或增加一个油槽，可避免由错误安装引起的事故。再如，有些零件有细微的差别，安装时很容易弄错，应在结构设计中突出显示差异。如图 8-14 中所示的双头螺柱，若两端选用长度不同、公称直径相同（M16）的螺纹，安装时容易弄错；如果将其中一端改用细牙螺纹（M16，螺距 1.5mm），而另一端采用标准螺纹（M16，螺距 2mm），则不易错装；当然，如果将另一端的公称直径不同（改为 M18），则更不易装错，但加工较为困难。

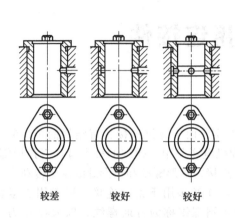

图 8-13　避免因错误安装而不能正常工作

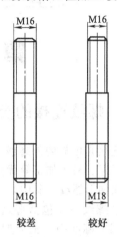

图 8-14　采用特殊结构避免错误安装

相配零部件间有相互位置要求时，要在零件上作出相应的定位表面，以便能在修配后迅速找正位置，减少机器的停工维修时间。如图 8-15 所示，改进后的结构 ［图（b）］ 通过轴孔配合，改进后的结构 ［图（c）］ 增加了两个配作的定位销，均可迅速确定两零件的相互位置。

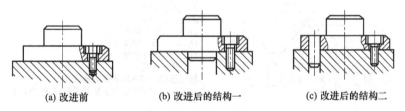

(a) 改进前　　　　　(b) 改进后的结构一　　　　　(c) 改进后的结构二

图 8-15　相配零部件间应定位正确迅速

机器中相邻部件的固定和拆换互不妨碍，可以减少机器的停工维修时间。如图 8-16 所示，改进后的结构中在拆下小齿轮时，不必拆下固定齿轮的轴。再如图 8-5（c）所示的改进结构中，相邻部件的固定和拆换互不妨碍。

此外，采用独立单元的模块化结构，并配置储备件；维修作业时使用通用工具，都能有效减少机器的停工维修时间。

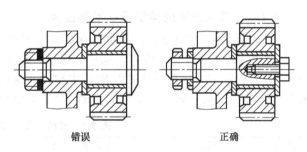

错误　　　　　　正确

图 8-16　相邻部件的固定和拆换互不妨碍

下篇 典型零部件的结构设计及计算实例

第9章 常用连接件

9.1 螺纹连接的类型及设计计算

螺纹连接是依靠内外螺纹间的咬合实现连接作用。由于螺纹连接具有结构简单、装拆方便、性能可靠、易于加工等优点,广泛应用于各种机电产品中。螺纹的种类有:三角形螺纹、矩形螺纹和梯形螺纹。其中,三角形螺纹主要用于连接,矩形螺纹和梯形螺纹用于传动。

三角形螺纹主要包括普通螺纹和管螺纹两种,前者多用于紧固连接,后者用于紧密连接。我国国家标准中,把牙型角 $\alpha = 60°$ 的三角形米制螺纹称为普通螺纹,以大径 d 为公称直径。同一公称直径可以有多种螺距的螺纹,其中螺距最大的称为粗牙螺纹,其余都称为细牙螺纹。粗牙螺纹应用最广。细牙螺纹的升角小、小径大,因而自锁性能好、强度高,但不耐磨、易滑扣,适用于薄壁零件、受动载荷的连接和微调机构。普通螺纹的基本几何尺寸见图 9-1,其基本尺寸见《机械设计手册》。

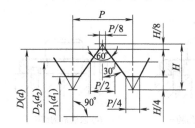

$H = 0.866P$
$d_2 = d - 0.6495P$
$d_1 = d - 1.0825P$
D、d ── 内外螺纹大径;
D_2、d_2 ── 内外螺纹中径;
D_1、d_1 ── 内外螺纹小径;
P ── 螺距。
标记示例:M24(粗牙普通螺纹,螺距3);
M24×1.5(细牙普通螺纹,螺距1.5)

图 9-1 普通螺纹的基本几何尺寸

9.1.1 螺纹连接的类型及标准连接件

螺纹连接的基本类型有:螺栓连接、双头螺柱连接、螺钉连接和紧定螺钉连接,见表9-1。常用的标准螺纹连接件有:螺栓、螺钉、双头螺柱、螺母及垫圈等,它们的结构、特点和应用见表9-2。这些零件的结构形式和尺寸都已标准化,设计时可根据有关标准选用。标准螺纹连接件的材料及力学性能、螺纹零件的结构要素见《机械设计手册》。

表 9-1 螺纹连接的基本类型

类型	螺栓连接	双头螺柱连接	螺钉连接	紧定螺钉连接
结构	(a) (b)			

续表

类型	螺栓连接	双头螺柱连接	螺钉连接	紧定螺钉连接

尺寸关系	螺纹余留长度 l_1
	静载荷 $l_1 \geqslant (0.3 \sim 0.5)d$；
	变载荷 $l_1 \geqslant 0.75d$；
	  冲击载荷或弯曲载荷 $l_1 \geqslant d$；
	  铰制孔用螺栓 $l_1 \approx 0$；
	螺纹伸出长度 $a=(0.2 \sim 0.3)d$；
	螺栓轴线到边缘距离 $e=d+(3 \sim 6)\mathrm{mm}$
		座端拧入深度 H，当螺孔材料为：
		钢或青铜 $H \approx d$；
		铸铁 $H=(1.25 \sim 1.5)d$；
		铝合金 $H=(1.5 \sim 2.5)d$；
		螺纹孔深度 $H_1 = H+(2 \sim 2.5)d$；
		钻孔深度 $H_2 = H_1+(0.5 \sim 1)d$；
		l_1、a、e 值同左		

应用	螺栓连接的结构特点是被连接件的孔中不切制螺纹装拆方便。图(a)所示为普通螺栓连接，螺栓与孔之间有间隙。这种连接的优点是加工简便成本低，故应用最广。图(b)为铰制孔用螺栓连接，其螺杆外径与螺栓孔(由高精度铰刀加工而成)的内径具有同一基本尺寸，并常采用过渡配合。它适用于承受垂直于螺栓轴线的横向载荷	双头螺柱多用于较厚的被连接件或为了结构紧凑而采用盲孔的连接。双头螺柱连接允许多次装拆而不损坏被连接件	螺钉直接旋入被连接件的螺纹孔中，省去了螺母，因此结构上比较简单。但这种连接不宜经常装拆，以免被连接件的螺纹孔磨损而修复困难	紧定螺钉连接常用来固定两零件的相对位置，并可传递不大的力或转矩

表 9-2 常用标准螺纹连接件

类型	图例	结构特点及应用
六角头螺栓	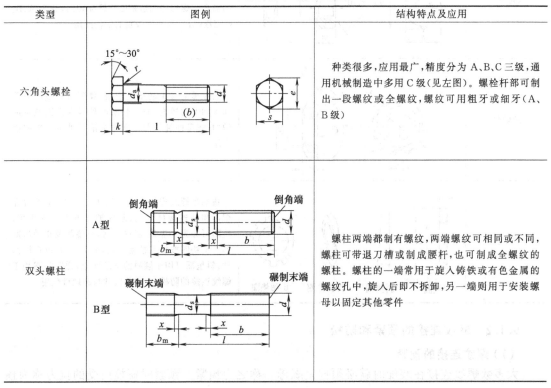	种类很多，应用最广，精度分为 A、B、C 三级，通用机械制造中多用 C 级(见左图)。螺栓杆部可制出一段螺纹或全螺纹，螺纹可用粗牙或细牙(A、B 级)
双头螺柱		螺柱两端都制有螺纹，两端螺纹可相同或不同，螺柱可带退刀槽或制成腰杆，也可制成全螺纹的螺柱。螺柱的一端常用于旋入铸铁或有色金属的螺纹孔中，旋入后即不拆卸，另一端则用于安装螺母以固定其他零件

续表

类型	图例	结构特点及应用
螺钉	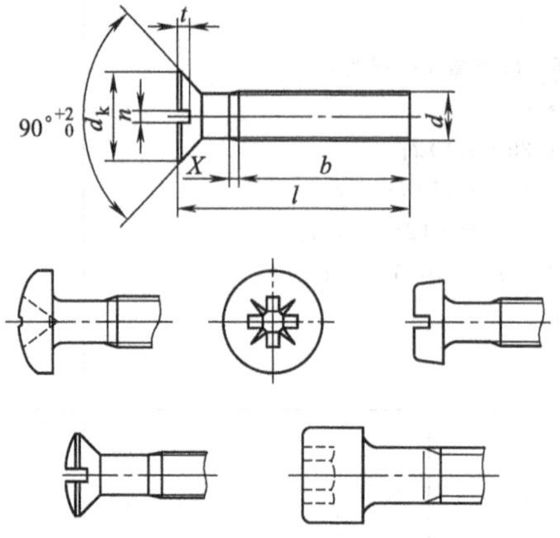	螺钉头部有沉头、盘头、圆柱头和六角头等。头部的槽有一字、十字和内六角等形式。十字槽螺钉头部强度高、对中性好,便于自动装配。内六角孔螺钉能承受较大的扳手力矩,连接强度高,可代替六角头螺栓,用于要求结构紧凑的场合
紧定螺钉	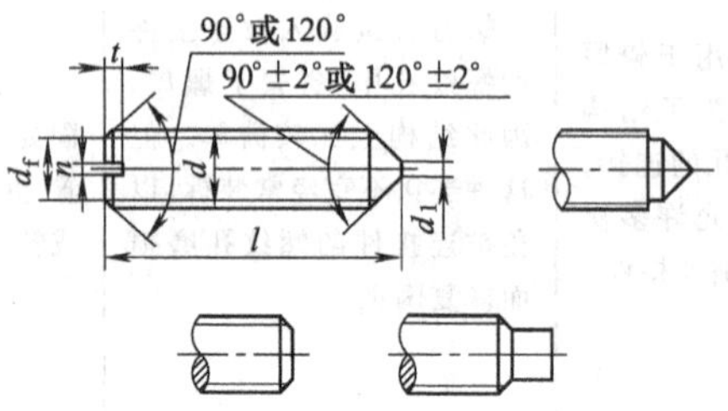	紧定螺钉的末端形状,常用的有锥端、平端和圆柱端。锥端适用于被紧定零件的表面硬度较低或不经常拆卸的场合;平端接触面积大,不伤零件表面,常用于顶紧硬度较大的平面或经常拆卸的场合;圆柱端压入轴上的凹坑中,适用于紧定空心轴上的零件位置
六角螺母	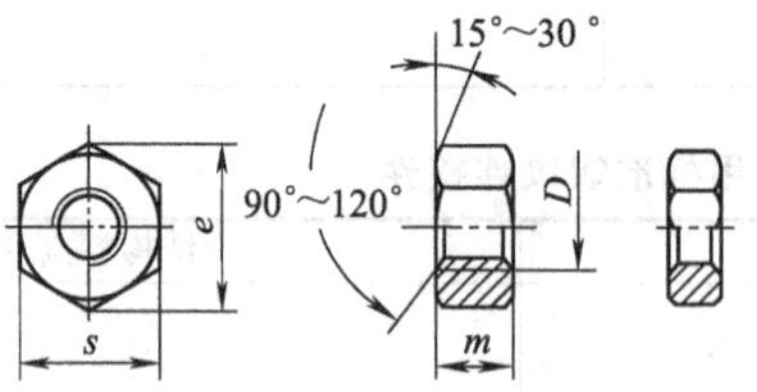	根据螺母厚度不同,分为标准的和薄的两种。薄螺母常用于受剪力的螺栓上或空间尺寸受限制的场合。螺母的制造精度和螺栓相同,分为A、B、C三级,分别与相同级别的螺栓配用
圆螺母	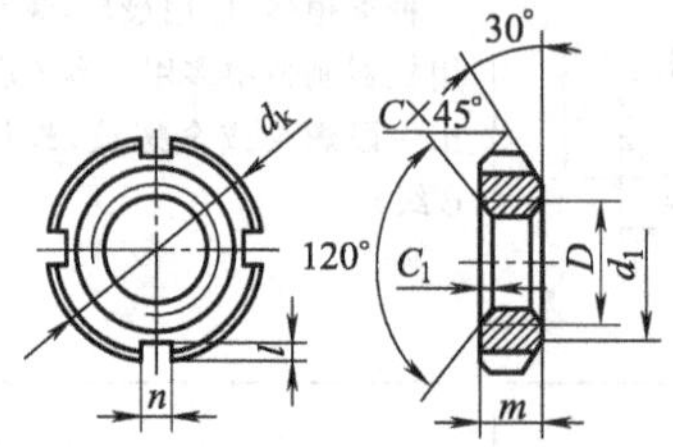	圆螺母常与止动垫圈配用,装配时将垫圈内舌插入轴上的槽内,而将垫圈的外舌嵌入圆螺母的槽内,螺母即被锁紧。常作为滚动轴承的轴向固定用
垫圈	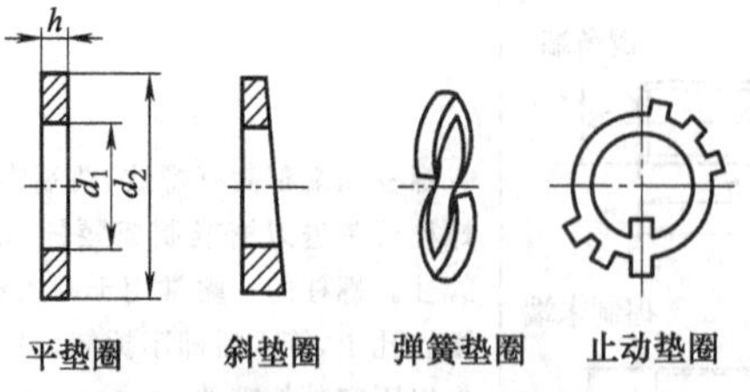 平垫圈 斜垫圈 弹簧垫圈 止动垫圈	垫圈是螺纹连接中不可缺少的附件,常放置在螺母和被连接件之间,起保护支承表面等作用。垫圈可分为平垫圈、斜垫圈、弹簧垫圈及止动垫圈等。平垫圈按加工精度不同,分为A级和C级两种;斜垫圈只用于倾斜的支承面上;弹簧垫圈用于螺纹连接的防松;止动垫圈常与圆螺母配用

9.1.2 螺纹连接的预紧和防松

(1)螺纹连接的预紧

大多数螺纹连接在装配时就必须拧紧螺母,称之为预紧。预紧时螺栓所受的拉力称为预紧力。装配时预紧的螺栓连接称为紧螺纹连接；不预紧的螺栓连接称为松螺纹连接。预紧的目的在于提高连接的可靠性和紧密性，以防止受载后被连接件间出现缝隙或发生相对滑移。

预紧时螺栓所受的轴向拉力即预紧力 F_0。预紧力的大小要适当，因为适当的预紧力可以提高螺栓连接的可靠性和螺栓的疲劳强度，对于有紧密性要求的连接（如气缸盖、管路法兰等）更可提高气密性。但是，过大的预紧力会导致连接件的损坏，因此对重要的螺栓连接应该对连接的预紧力加以控制。通常规定，拧紧后螺纹连接件在预紧力作用下产生的预紧应力不得超过其材料屈服点 σ_s 的 80%。对于一般连接用的钢制螺栓连接的预紧力 F_0，推荐按下列关系确定：

碳素钢螺栓　　　　　　　　$F_0 \leqslant (0.6 \sim 0.7)\sigma_s A_1$

合金钢螺栓　　　　　　　　$F_0 \leqslant (0.5 \sim 0.6)\sigma_s A_1$

式中　σ_s——螺栓材料的屈服点；

　　　A_1——螺栓危险截面的面积，$A_1 \approx \pi d^2/4$。

螺栓的预紧力 F_0，通常是用控制拧紧力矩 T 的大小来达到要求的，两者之间的关系为

$$T = KF_0 d$$

式中　K——拧紧力矩系数，是与拧紧过程中的摩擦状况有关的常数，它与螺栓尺寸、螺纹参数、螺旋副和支承面的摩擦因数等因素有关，其值在 0.1~0.3 之间，一般取 $K=0.2$；

　　　d——螺栓公称直径。

由此可知，直径小的螺栓在拧紧时容易过载拉断，对于重要螺栓连接，不宜采用小于 M10~M14 的螺栓。

（2）螺纹连接的防松

螺纹连接用普通螺纹满足自锁条件，另外支承面间的摩擦力也有阻止螺母旋转松脱的作用。但在冲击、振动或变载作用下，或当温度变化较大时，螺纹副间和支承面间的摩擦力会下降，或由于螺纹连接件和被连接件的材料发生蠕变和应力松弛等，会使连接中的预紧力和摩擦力逐渐减小，导致连接松动，甚至松开，容易发生事故。为使连接可靠，设计时必须考虑防松问题。

防松的根本问题在于防止螺纹副的相对转动。具体的防松方法和装置有很多，就其工作原理来看，可分为三类：①摩擦防松（弹簧垫圈、双螺母、金属锁紧螺母等）；②机械防松（开口销与槽形螺母、止动垫圈、串联金属丝等）；③破坏螺纹副关系（焊住、冲击、黏合等）。利用摩擦防松的特点是简单方便，而用机械防松则较可靠，二者还可联合使用。至于破坏螺纹副关系的方法，多用于很少拆卸或不拆卸的连接。

9.1.3　螺纹连接的设计计算

螺纹连接通常都是成组使用的。螺栓组连接的设计包括：选定螺栓的数目及布置形式、螺栓组连接的受力分析及单个螺栓的强度计算。其中，单个螺栓连接的强度计算是螺纹连接设计的基础。

表 9-3 以单个螺栓连接为例分析了螺纹连接的强度计算方法，这一计算方法对双头螺柱连接和螺钉连接也同样适用。单个螺栓连接的强度计算主要是根据连接的类型、连接的装配情况、载荷状态等条件确定出螺栓所受的载荷；然后，按相应的强度条件计算螺栓危险剖面的直径（螺纹小径）或校核其强度。螺栓的其他部分，如螺母、垫圈等的结构尺寸，一般可从标准中查得，而不必进行强度计算。表 9-4 列出了螺纹连接件的常用材料及其力学性能；表 9-5 列出了预紧连接接合面的摩擦因数 f 值；表 9-6 列出了螺纹连接的安全系数 S；表 9-7 列出了常用螺栓连接的不同垫片的相对刚度系数；表 9-8 为螺栓连接疲劳计算许用应力幅。

表 9-3　螺纹连接强度计算

受载情况			简图	工作要求	计算内容	计算公式	符号意义及系数选择
预紧力连接预紧力连接	横向载荷	普通螺栓连接	$m=1$时 $m=2$时	连接应有预紧力，受载后被连接件不得相对滑动	所需预紧力	$F_0 \geqslant \dfrac{CF}{zmf}$	f—被连接件接合面之间的摩擦因数，见表9-5; m—接合面数; C—防滑系数，$C=1.1\sim1.3$; F—外载荷，N; z—螺栓数目; $[\sigma]$—许用拉应力，$[\sigma]=\dfrac{\sigma_s}{S}$,MPa; σ_s—屈服点; S—安全系数，查表9-6; $[\tau]$—螺栓许用剪应力，$[\tau]=\dfrac{\sigma_s}{S_\tau}$,MPa; S_i—安全系数，查表9-6
					校核螺栓拉伸强度	$\sigma=\dfrac{1.3F_0}{\pi d_1{}^2/4}\leqslant[\sigma]$ $d_1=\sqrt{\dfrac{1.3\times4F_0}{\pi[\sigma]}}$	
					确定螺栓直径	$\tau=\dfrac{4F}{\pi d_0^2 zm}\leqslant[\tau]$	
					螺栓栓杆的剪应力		
		铰制孔螺栓连接			被连接件孔壁或螺栓光杆部分的挤压应力	$\sigma_p=\dfrac{F}{d_0\delta z}\leqslant[\sigma_p]$	F—外载荷，N; d_0—螺栓杆直径，mm; δ—计算对象受压最小高度（两连接件与杆接触厚度不等，取厚度小者），mm; $[\sigma_p]$—计算对象的许用挤压应力，对于钢:$[\sigma_p]=\dfrac{\sigma_s}{S_p}$;对于铸铁:$[\sigma_p]=\dfrac{\sigma_B}{S_p}$,MPa; σ_B—强度极限 S_p—安全系数，查表9-6
	轴向载荷			受到载荷后保证紧密性	螺栓实际承受的总拉伸载荷	$F_a=F_E+F_R$ 外载稳定时: $F_R=(0.2\sim0.6)F_E$ 外载变化时: $F_R=(0.6\sim1.0)F_E$ 有密封性要求时: $F_R=(1.5\sim1.8)F_E$	F_a—螺栓实际承受的总拉伸载荷; F_E—轴向工作载荷; F_R—残余预紧力
					校核螺栓拉伸强度	$\sigma=\dfrac{1.3F_0}{\pi d_1{}^2/4}\leqslant[\sigma]$	
					确定螺栓直径	$d_1=\sqrt{\dfrac{1.3\times4F_a}{\pi[\sigma]}}$	

续表

受载情况		简图	工作要求	计算内容	计算公式	符号意义及系数选择
无预紧力连接	轴向载荷		应保证螺栓强度	校核螺栓拉伸强度	$\sigma=\dfrac{4F_a}{\pi d_1^{2}}\leqslant[\sigma]$	F_a—螺栓轴向力；d_1—螺栓小径；$[\sigma]$—螺栓许用拉应力
				确定螺栓直径	$d_1=\sqrt{\dfrac{4F_a}{\pi[\sigma]}}$	

表 9-4　螺纹连接件常用材料及其力学性能　　　　　　　　　　MPa

钢号	抗拉强度 σ_b	屈服点 σ_s	疲劳极限	
			弯曲 σ_{-1}	拉压 σ_{-11}
10	340~420	210	160~220	120~150
Q235	340~420	220		
Q235	410~470	240	170~220	120~160
35	540	320	220~300	170~220
45	610	360	250~340	190~250
40Cr	750~1000	650~900	320~440	240~340

表 9-5　预紧连接接合面的摩擦因数 f 值

被连接件	表面状态	f 值
钢或铸铁零件	干燥的加工表面	0.1~0.16
	有油的加工表面	0.06~0.10
钢结构	喷砂处理	0.45~0.55
	涂覆锌漆	0.35~0.40
	轧制表面,钢丝刷清理浮锈	0.30~0.35

表 9-6　螺纹连接的安全系数 S

受载类型			静　载　荷			动　载　荷		
松螺栓连接			1.2~1.7					
紧螺栓连接	受轴向及横向载荷的普通螺栓连接	不控制预紧力的计算	M6~M16	M16~M30	M30~M60	M6~M16	M16~M30	M30~M60
		碳　钢	5~4	4~2.5	2.5~2	碳　钢 12.5~8.5	8.5	8.5~12.5
		合金钢	5.7~5	5~3.4	3.4~3	合金钢 10~6.8	6.8	6.8~10
						（应力幅安全系数 $S_a=2.5$~5）		
		控制预紧力的计算	1.2~1.5			1.2~1.5 （应力幅安全系数 $S_a=2.5$~4）		
	铰制孔用螺栓连接		钢：$S_\tau=2.5$,$S_p=1.25$ 铸铁：$S_p=2.0$~2.5			钢：$S_\tau=3.5$~5.0,$S_p=1.5$ 铸铁：$S_p=2.5$~3.0		

表 9-7 螺栓的相对刚度系数

垫片材料	金属垫片或无垫片	皮革	铜皮石棉	橡胶
$\dfrac{C_b}{C_b+C_m}$	0.2~0.3	0.7	0.8	0.9

表 9-8 螺栓连接计算许用应力幅 $[\sigma_a] = \dfrac{\varepsilon K_t K_u \sigma_{-11}}{K_\sigma S_a}$

尺寸系数 ε	螺栓直径 d/mm	<12	16	20	24	30	36	42	48	56	64
	ε	1	0.87	0.80	0.74	0.65	0.64	0.60	0.57	0.54	0.53
螺纹制造工艺系数 K_t	切制螺纹 $K_t=1$;搓制螺纹 $K_t=1.25$										
受力不均匀系数 K_u	受压螺母 $K_u=1$;受拉螺母 $K_u=1.5\sim1.6$										
试件的疲劳极限 σ_{-11}	见表 9-4										
缺口应力集中系数 K_σ	螺栓材料 σ_b/MPa	400		600		800		1000			
	K_σ	3		3.9		4.8		5.2			

9.1.4 螺栓组连接的结构设计

设计螺栓组连接时,通常是先进行结构设计,即确定结合面的形状、螺栓布置方式和数目,然后按螺栓组的结构和承载状况进行受力分析。受力分析的目的是,找出受力最大的螺栓,求出其所受力的大小和方向,再按单个螺栓进行强度计算,最后确定螺栓尺寸。

设计螺栓组的结构时,应注意以下几点。

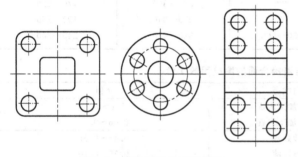

图 9-2 螺栓组结合面的形状

① 连接的结合面应尽可能设计成轴对称的简单几何形状,螺栓对称布置,这样可减少加工量,提高连接的刚度(见图 9-2)。圆周上的螺栓数目宜采用 4、6、8、12 等。

② 受横向载荷的螺栓组,螺栓的布置应尽可能使各螺栓受力均匀。对于铰制孔螺栓组,在平行于工作载荷的方向上,螺栓布置的数量不宜超过 6~8 个,以避免载荷分布过于不均。

③ 螺栓排列应有合理的间距、边距和必要的扳手空间,扳手空间的尺寸可查阅有关设计手册。对于压力容器等紧密性要求较高的重要连接,螺栓间距的推荐尺寸,见表 9-9。

表 9-9 螺栓间距

	工作压强/MPa					
	≤1.6	1.6~4	4~10	10~16	16~20	20~30
	t_0/mm					
	7d	4.5d	4.5d	4d	3.5d	3d

④ 应保证螺栓与螺母的支承面平整,并与螺栓轴线相垂直,以避免引起偏心载荷。为此,应将被连接件的支承表面制成凸台或沉头座。当支承面倾斜时,可采用斜面垫圈。

9.1.5 螺纹连接的设计计算实例

例:如图 9-3 所示为一气缸盖螺栓组连接。已知气缸内的工作压力 $p=0\sim1.5$MPa,气缸内径 $D=$

250mm，螺栓分布圆直径 $D_0=350$mm。缸盖与缸体均为钢制，其接合面用铜皮石棉垫片密封，结构尺寸如图 9-3 所示，试设计此连接。

(1) 螺栓静强度设计

采用普通螺栓连接，试选螺栓数 $z=12$，则每个螺栓所受的最大工作载荷 F_E 为

$$F_E=\frac{\pi D^2}{4z}p_{max}=\frac{\pi\times250^2}{4\times12}\times1.5=6135.92\text{N}$$

螺栓的许用应力 $[\sigma]=\frac{\sigma_s}{S}$，选螺栓性能等级为 5.6 级，查表 9-4 得 $\sigma_s=300$MPa，按控制预紧力确定安全系数 $S=1.5$（查表 9-6），于是许用应力 $[\sigma]=\frac{\sigma_s}{S}=\frac{300}{1.5}=200$MPa。

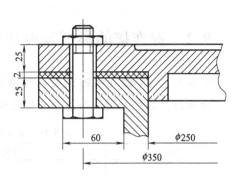

图 9-3 气缸盖螺栓组连接

根据液压缸有密封可靠的要求，残余预紧力 F_R 可取为

$$F_R=1.6F_E=1.6\times6135.92\text{N}=9817.48\text{N}$$

螺栓所受的总拉伸载荷 $F_a=F_R+F_E=(9817.48+6135.92)\text{N}=15953.4\text{N}$

由强度条件可确定螺栓的最小直径 d_1 为

$$d_1\geqslant\sqrt{\frac{4\times1.3F_a}{\pi[\sigma]}}=\sqrt{\frac{4\times1.3\times15953.4}{\pi\times200}}\text{mm}=11.49\text{mm}$$

查《机械设计手册》，选粗牙普通螺纹小径接近且大于 11.49mm 的第一系列螺纹 M16，其小径 $d_1=13.835>11.49$mm，故满足强度要求。

(2) 螺栓间距校核

由表 9-9 可知，容器内工作压力 $p\leqslant1.6$MPa 时，螺栓间距不得大于 $7d$（d 为螺栓的公称直径）。于是，该螺栓连接允许的螺栓最大间距 $t_0\leqslant7d=7\times16=112$mm。螺栓间距还应满足扳手空间的要求，由《机械设计手册》扳手空间尺寸（JB/ZQ 4005—2006）可知，M16 螺栓连接其 $A=55$mm，即要求螺栓的间距大于 55mm。

螺栓实际间距 $t'_0=\frac{\pi D}{z}=\frac{\pi\times350}{12}mm=91.6mm<7d$（$7d=112$mm），同时 $t'_0>A$（$A=55$mm），故螺栓间距满足设计要求。

(3) 螺栓疲劳强度校核

确定螺栓的预紧力 F_0：查表 9-7，由铜皮石棉垫片得螺栓的相对刚度 $\frac{C_b}{C_b+C_m}=0.8$，预紧力：

$$F_0=F_a-\frac{C_b}{C_b+C_m}F_E=(15953.4-0.8\times6135.92)\text{N}=11044.66\text{N}$$

最小应力：$\sigma_{min}=\frac{4F_0}{\pi d_1^2}=\frac{4\times11044.66}{\pi\times11.835^2}MPa=100.4$MPa

最大应力：$\sigma_{max}=\frac{4F_a}{\pi d_1^2}=\frac{4\times15953.4}{\pi\times11.835^2}MPa=145.02$MPa

应力幅：$\sigma_a=\frac{\sigma_{max}-\sigma_{min}}{2}=\frac{145.02-100.4}{2}MPa=22.31$MPa

许用应力幅：$[\sigma_a]=\frac{\varepsilon K_t K_u \sigma_{-11}}{K_\sigma S_a}$

式中，σ_{-11} 为螺栓材料的对称循环拉压疲劳极限，查表 9-4，螺栓材料按 45 钢得 $\sigma_{-11}=240$MPa；查表 9-8；K_t 为螺纹制造工艺系数，对切制螺纹 $K_t=1$；K_u 为受力不均匀系数，对受压螺纹 $K_u=1$；ε 为尺寸系数，对 M16 螺栓，$\varepsilon=0.87$；K_σ 为缺口应力集中系数，$\sigma_b=500$MPa 时，$K_\sigma=3.5$；S_a 为应力幅安全系数，查表 9-6，按控制预紧力确定安全系数 $S_a=2.5$。

将上述相关参数代入许用应力幅计算式：

$$[\sigma_a]=\frac{\varepsilon K_t K_u \sigma_{-11}}{K_\sigma S_a}=\frac{0.87\times1\times1\times240}{3.5\times2.5}\text{MPa}=23.86\text{MPa}$$

由于 $\sigma_a<[\sigma_a]$，故螺栓组的疲劳强度安全。

9.2　键连接的类型及设计计算

9.2.1　键和键连接的类型、特点及应用

键和键连接的类型、特点及应用见表 9-10。

表 9-10　键和键连接的类型、特点及应用

类型		结构图例	特点及应用
平键连接	普通平键 GB/T 1096—2003 薄型平键 GB/T 1567—2003	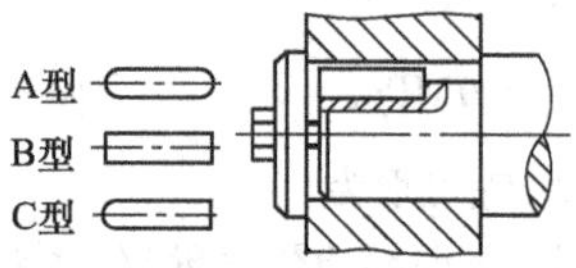 A型 B型 C型	靠侧面传递转矩,对中好,易拆卸。无轴向固定作用。精度较高,用于高速轴或受冲击、正反转的场合。薄型平键用于薄壁结构和传递力矩较小的传动。A型用端铣刀加工键槽,键在槽中固定好,但应力集中较大,B型用盘铣刀加工轴上键槽,应力集中较小,C型用于轴端
	导向平键 GB/T 1079—2003	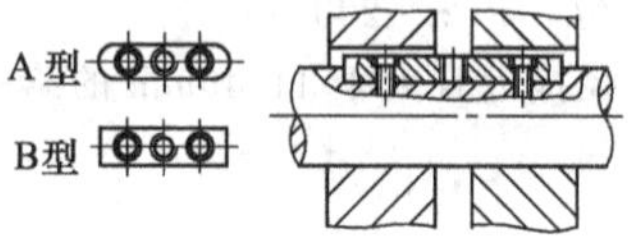 A型 B型	靠侧面传递转矩,对中好,易拆卸。无轴向固定作用。用螺钉把轴固定在轴上。中间的螺纹孔用于起出键。用于轴上零件沿轴移动量不大的场合,如变速箱中的滑移齿轮
	滑键连接	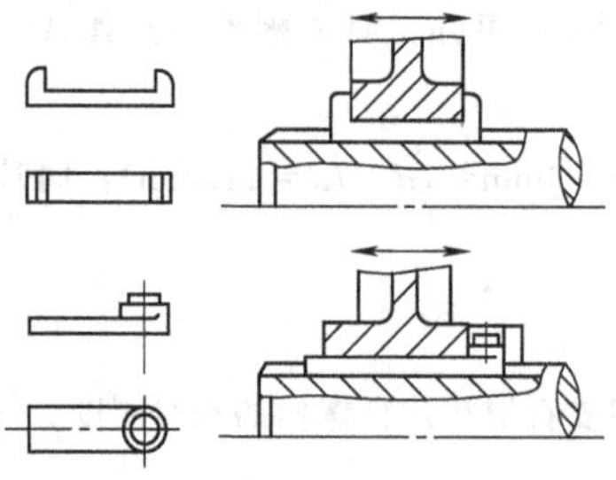	靠侧面传递转矩,对中好,易拆卸。键固定在轮毂上,用于轴上零件移动量较大的结构
半圆键连接	半圆键 GB/T 1099—2003	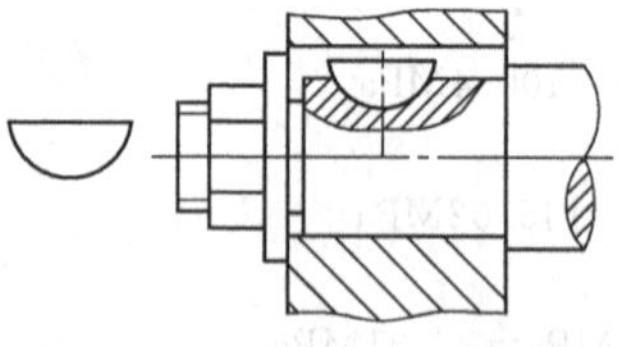	靠侧面传递转矩,键可在轴槽中沿槽底圆弧滑动,装拆方便,但要加长键时,必会使键槽加深而使轴强度削弱。一般用于轻载,常用于轴的锥形轴端
楔键连接	普通楔键 GB/T 1564—2003 勾头楔键 GB/T 1565—2003 轻型楔键 轻型勾头楔键 GB/T 16922—1997	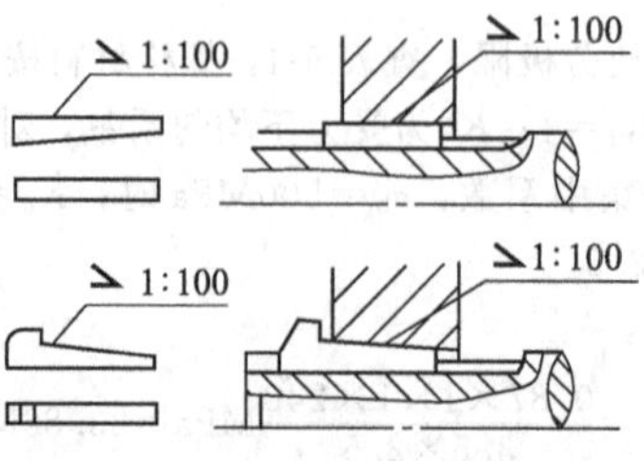 1:100　1:100 1:100　1:100	键的上表面和毂槽都有 1:100 的斜度,装配时需打入、楔紧,键的上下两面与轴和轮毂接触是工作面。对轴上零件有轴向固定作用。但由于楔紧力的作用使轴上零件偏心,导致对中精度不高,转速也受到限制。勾头供装卸用,但应加保护罩

续表

类型		结构图例	特点及应用
切向键连接	切向键 GB/T 1974—2003	工作面　120°　1:100	由两个斜度为 1：100 的楔键组成。能传递较大的转矩，一对切向键只能传递一个方向的转矩，传递双向转矩时，常用两对切向键，互成 120°～135°。用于载荷大、对中要求不高的场合。键槽对轴的削弱大，常用于直径大于 100mm 的轴

9.2.2　键连接的强度校核计算

　　键连接的强度校核按表 9-11 中所列公式来计算。如果强度不够，可采用双键，这时应考虑键的合理布置：两个平键最好相隔 180°；两个半圆键则应沿轴布置在同一条直线上；两个楔键夹角一般为 90°～120°。双键连接的强度按 1.5 个键计算。如果轮毂允许适当加长，也可相应地增加键的长度，以提高单键连接的承载能力。但一般采用的键长不宜超过 $(1.6 \sim 1.8)d$。必要时加大轴径或改用其他连接方式。

　　键材料采用抗拉强度不低于 590MPa 的键用钢，通常为 45 钢；如轮毂是非铁金属或非金属材料，键可用 20 钢、Q235A 钢等。

表 9-11　键连接的强度校核公式

键的类型		计算内容	强度校核公式	说明
平键	半圆键	连接工作面挤压	$\sigma_p = \dfrac{2T}{dkl} \leqslant [\sigma_p]$	T—传递的转矩，N·mm；d—轴的直径，mm；l—键的工作长度，mm，A 型：$l=L-b$；B 型：$l=L$；C 型：$l=L-b/2$；k—键与轮毂的接触高度，mm，平键：$k=0.4h$；b—键的宽度，mm；t—切向键工作面宽度，mm；c—切向键倒角的宽度，mm；μ—摩擦因数，对钢和铸铁：$\mu=0.12\sim0.17$；$[\sigma_p]$—键、轴、轮毂三者中最弱材料的许用挤压应力，MPa，见表 9-12；$[p]$—键、轴、轮毂三者中最弱材料的许用压强，MPa，见表 9-12
	静连接			
	动连接	连接工作面压强	$p = \dfrac{2T}{dkl} \leqslant [p]$	
楔键		连接工作面挤压	$\sigma_p = \dfrac{12T}{bl(b\mu d+b)} \leqslant [\sigma_p]$	
切向键		连接工作面挤压	$\sigma_p = \dfrac{T}{(0.5\mu+0.45)dl(t-c)} \leqslant [\sigma_p]$	
端面键		连接工作面挤压	$\sigma_p = \dfrac{4T}{Dhl\left(1-\dfrac{l}{D}\right)^2}$	

表 9-12　键连接的许用应力　　　　　　　　　　　　　　　　　　　　　MPa

许用应力	连接工作方式	键或毂，轴的材料	载荷性质		
			静载荷	轻微冲击	冲击
许用挤压应力 $[\sigma_p]$	静连接	钢	125～150	100～120	60～90
		铸铁	70～80	50～60	30～45
许用压强 $[p]$	动连接	钢	50	40	30

9.2.3　平键连接的设计计算实例

通过平键的选择计算，主要是校核闭式齿轮处和开式齿轮处键的挤压强度是否满足使用要求。

图 9-4 是某带输送机传动装置的简图，Ⅲ轴上的键连接为铸造齿轮与钢轴构成静连接，Ⅲ轴的结构见图 9-5。已知 $T_{Ⅲ}=166.34\text{N·m}$，载荷平稳。闭式齿轮处的轴径 $d_5=60\text{mm}$，闭式齿轮毂宽 $B_2=50\text{mm}$；开式齿轮处的轴径 $d_1=35\text{mm}$，开式齿轮毂宽 $B_3=80\text{mm}$。试分别计算闭式齿轮和开式齿轮处键的强度。

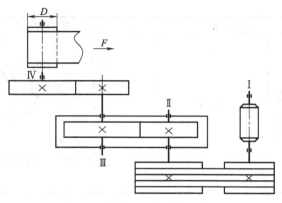

图 9-4　带输送机传动装置简图

（1）闭式齿轮处键的强度

① 类型选择：选 A 型键。

② 尺寸选择：查《机械设计手册》得键 $b×h=18×11$，因为轴毂宽 $B_2=50\text{mm}$，所以选键长 $L=40\text{mm}$

③ 强度验算：查表 9-12，得许用挤压应力 $[\sigma_p]=70\text{MPa}$

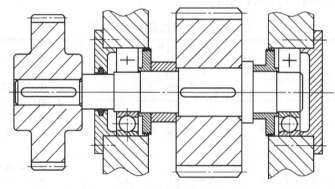

图 9-5　Ⅲ轴的结构简图

键与键槽接触长度 $l=L-b=40-18=22\text{mm}$

挤压强度 $\sigma_p=\dfrac{4T}{dhl}=\dfrac{4×166.34×10^3}{60×11×22}=45.8\text{MPa}<[\sigma_p]=70\text{MPa}$

故闭式齿轮处的键能安全工作，此键为 $18×40$（GB/T 1095—2003）。

（2）开式齿轮处键的强度

① 类型选择：选 A 型键。

② 尺寸选择：查表《机械设计手册》得键 $b×h=10×8$，因为轴毂宽 $B_3=80\text{mm}$，所以选键长 $L=70\text{mm}$

③ 强度验算：查表 9-12，得许用挤压应力 $[\sigma_p]=70\text{MPa}$

键与键槽接触长度 $l=L-b=70-10=60\text{mm}$

挤压强度 $\sigma_p=\dfrac{4T}{dhl}=\dfrac{4×166.34×10^3}{35×8×60}=39.6\text{MPa}<[\sigma_p]=70\text{MPa}$

故开式齿轮处的键能安全工作，此键为 $10×70$（GB/T 1095—2003）。

9.3　销连接的类型及设计计算

9.3.1　销连接的类型、特点和应用（表 9-13）

表 9-13　销连接的类型、特点和应用

类型	结构图例	特点和应用
圆柱销 GB/T 119.1—2000 GB/T 119.2—2000	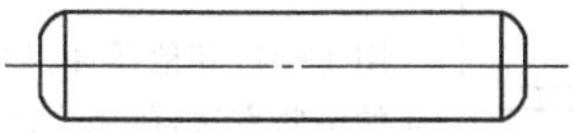	主要用于定位，也用于连接。直径偏差有 μ6、m6、h8、h11 四种以满足不同的使用要求。常用的加工方法是配钻、铰，以保证要求的装配精度
内螺纹圆柱销 GB/T 120.1—2000 GB/T 120.2—2000	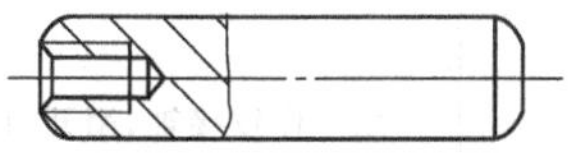	主要用于定位，也可用于连接。内螺纹供拆卸用，有 A、B 两种规格。B 型用于盲孔。直径偏差只有 n6 一种。销钉直径最小为 6mm。常用的加工方法是配钻、铰，以保证要求的装配精度
螺纹圆柱销 GB/T 878—2007	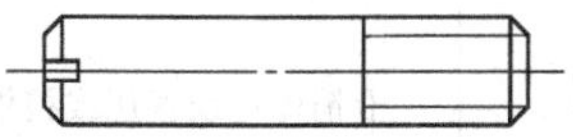	主要用于定位，也可用于连接。常用的加工方法是配钻、铰，以保证要求的装配精度。直径偏差较大，用于要求定位精度不高的场合
带孔销 GB/T 880—2008	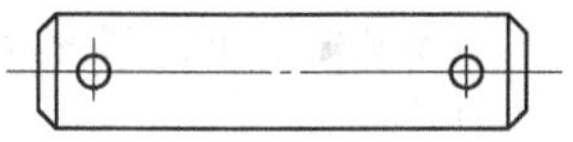	两端用开口销锁住，拆卸方便。用于铰链连接处
弹性圆 柱销 直槽 重型 GB/T 879.1—2000 弹性圆柱销直槽轻型 GB/T 879.2—2000	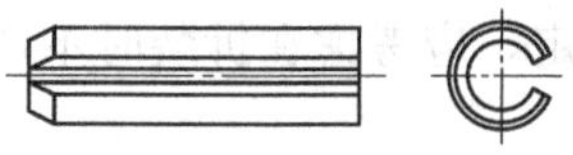	有弹性，装配后不易松脱。钻孔精度要求低，可多次拆装。刚性较差，不适用于高精度定位。可用于有冲击、振动的场合
弹性圆柱销 卷制 重型 GB/T 879.3—2000 弹性圆柱销 卷制 标准型 GB/T 879.4—2000 弹性圆柱销 卷制 轻型 GB/T 879.5—2000	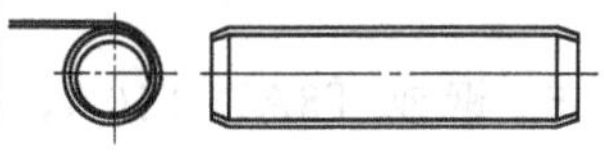	销钉由钢板卷制，加工方便。有弹性，装配后不易松脱。钻孔精度要求低，可多次拆装。刚性较差，不适用于高精度定位。可用于有冲击、振动的场合
圆锥销 GB/T 117—2000	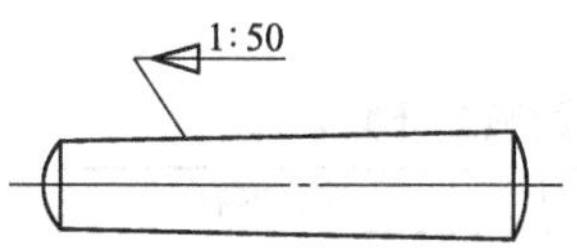	有 1∶50 的锥度，与有锥度的铰制孔相配。拆装方便，可多次拆装，定位精度比圆柱销高。能自锁。一般两端伸出被连接件，以便拆装
内螺纹圆锥销 GB/T 118—2000	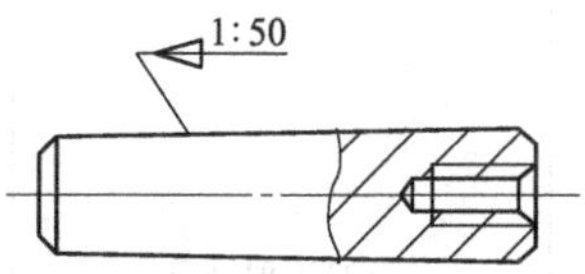	螺纹孔用于拆卸。可用于盲孔。有 1∶50 的锥度。与有锥度的铰制孔相配。拆装方便，可多次拆装，定位精度比圆柱销高。能自锁。一般两端伸出被连接件，以便拆装
螺尾锥销 GB/T 881—2000	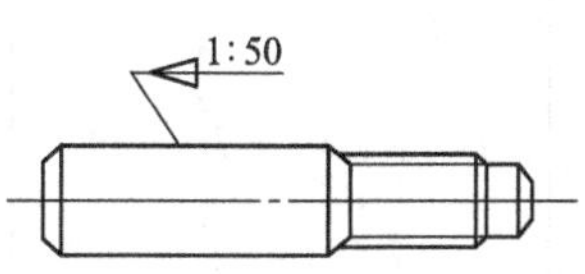	螺纹孔用于拆卸，拆卸方便。有 1∶50 的锥度。与有锥度的铰制孔相配。拆装方便，可多次拆装，定位精度比圆柱销高。能自锁。一般两端伸出被连接件，以便拆装

类型	结构图例	特点和应用
开尾锥销 GB/T 877—1986	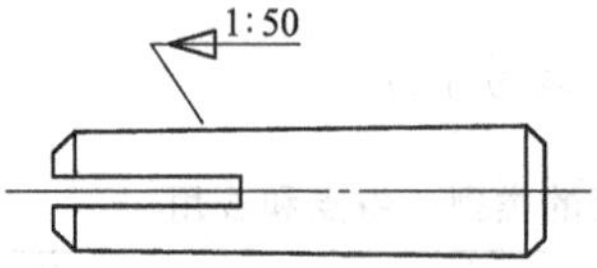	有 1∶50 的锥度。与有锥度的铰制孔相配。打入销孔后,末端可以稍张开,避免松脱,用于有冲击、振动的场合
开口销 GB/T 91—2000	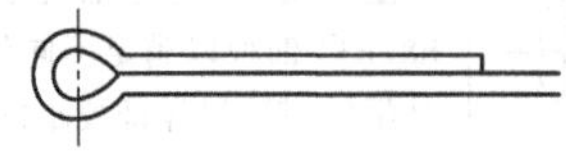	用于锁定其他零件,如轴、槽形螺母等。是一种较可靠的锁紧方法,应用广泛
销轴 GB/T 882—2008	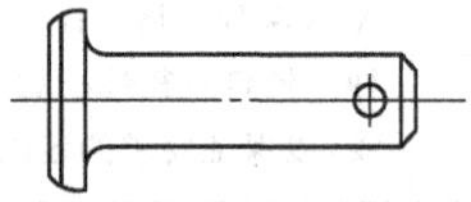	用于作铰接轴,用开口销锁紧,工作可靠
圆头槽销 GB/T 13829.8—2004 沉头槽销 GB/T 13829.9—2003	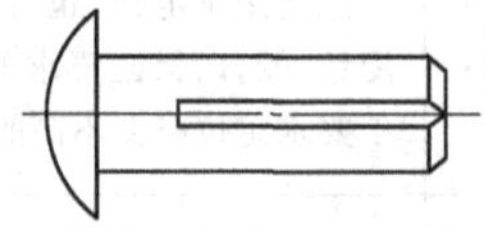	沿销体母线碾压或模锻三条(相隔120°)不同形状和深度的沟槽,打入销孔与孔壁压紧,不易松脱。能承受振动和变载荷。销孔不需铰光,可多次装拆,可代替铆钉或螺钉,用于固定标牌、管夹子等

9.3.2　销连接的强度计算

定位销一般用两个,其直径根据结构决定,应考虑在拆装时不产生永久变形。中小尺寸的机械常用直径为 10～16mm 的销钉。

销的材料通常为 35 钢、45 钢,并进行硬化处理,许用切应力 $[\tau]=80～100MPa$,许用弯曲应力 $[\sigma_b]=120～150MPa$;弹性圆柱销多用 65Mn,其许用切应力 $[\tau]=120～130MPa$。受力较大、要求抗腐蚀等的场合可以采用 30CrMnSiA、1Cr13、2Cr15、H63、1Cr18Ni9Ti。

安全销的材料,可选用 35 钢、45 钢、50 钢或 T8A、T10A,热处理后硬度为 30～36HRC,销套材料可用 45 钢、35SiMn、40Cr 等。热处理后硬度为 40～50HRC。安全销的抗剪强度极限可取为 $\tau_b=(0.6～0.7)\sigma_b$,σ_b 为材料的抗拉强度。

销的强度计算公式见表 9-14。

表 9-14　销的强度计算公式

销的类型	受力情况图	计算内容	计算公式
圆柱销	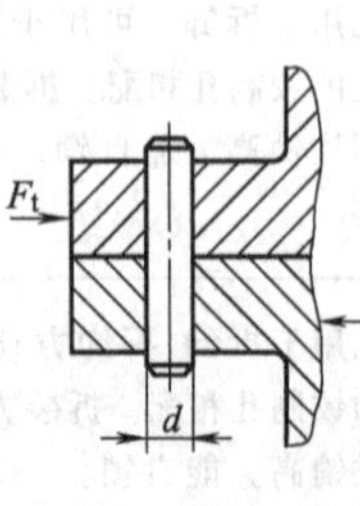	销的抗剪强度	$\tau=\dfrac{4F_t}{\pi d^2 z}\leqslant[\tau]$

续表

销的类型	受力情况图	计算内容	计算公式
圆柱销		销或被连接零件工作面的抗压强度	$\sigma_p = \dfrac{4T}{Ddl} \leqslant [\sigma_p]$
		销的抗剪强度	$\tau = \dfrac{2T}{Ddl} \leqslant [\tau]$
圆锥销		销的抗剪强度	$\tau = \dfrac{4T}{\pi d^2 D} \leqslant [\tau]$
销轴		销或拉杆工作面的抗压强度	$\sigma_p = \dfrac{F_t}{2ad} \leqslant [\sigma_p]$ 或 $\sigma_p = \dfrac{F_t}{bd} \leqslant [\sigma_p]$
		销轴的抗剪强度	$\tau = \dfrac{F_t}{2 \times \dfrac{\pi d^2}{4}} \leqslant [\tau]$
		销轴的抗弯强度	$\sigma_b \approx \dfrac{F_t(a+0.5b)}{4 \times 0.1 d^3} \leqslant [\sigma_b]$
安全销		销的直径	$d = 1.6 \sqrt{\dfrac{T}{D_0 z \tau_b}}$
说明	F_t—横向力,N; T—转矩,N·mm; z—销的数量; d—销的直径,mm,对于圆锥销,d 为平均直径; l—销的长度,mm; D—轴径,mm	D_0—安全销中心圆直径,mm; $[\tau]$—销的许用切应力,MPa; $[\sigma_p]$—销连接的许用挤压应力,MPa; $[\sigma_b]$—许用弯曲应力,MPa; τ_b—销材料的抗剪强度,MPa	

注：若用两个弹性圆柱销套在一起使用时，其抗剪强度可取两个销抗剪强度之和。

9.3.3　销连接的设计计算实例

如图 9-6 所示为四辊轧机中主轧辊万向连接轴上安装的安全销，该轧机主传动采用两台 600kW 直流电动机驱动，其转速为 $n = 600 \sim 1200$ r/min。试校核该安全销。

减速机输入轴最大转矩为

$$T = 9550 \times \frac{N_k}{n} = 9550 \times \frac{600 \times 2}{600} = 19100 \text{N} \cdot \text{m}$$

考虑最大转矩时换算到联轴器上，安全销受

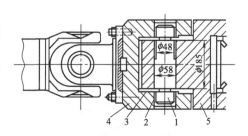

图 9-6　安全销装配结构

1—安全销；2,3—铜套；4—联轴器；5—输出轴

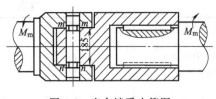

图 9-7　安全销受力简图

力简图如图 9-7 所示，则减速机输出力矩，即安全销传递力矩：

$$M_n = Ti = 19100 \times 7.28 = 139048 \text{N} \cdot \text{m}$$

式中，$i = 7.28$ 为减速机的传动比。

对于安全联轴器，当安全销切断时，被保护零件中的应力不应超过弹性极限。则对于无飞轮的可逆轧机 M_m，可按以下公式计算：

$$M_m = M_n k \frac{\sigma_e}{\sigma_b} = 139048 \times 5 \times 0.5 = 347620 \text{N} \cdot \text{m}$$

式中，$k = 5$ 为被保护零件的安全系数；σ_e、σ_b 为被保护零件的弹性极限与强度极限；M_m 为保护零件的计算力矩，即安全销的剪断力矩。

安全销主要承受剪切力及挤压力，它有两个受剪面 m—m、n—n，受剪面上的剪力 Q 组成一力偶，其力臂为 D，所以：

$$Q = M_m / D$$

按剪断条件，剪应力应超过剪切强度极限：

$$\tau = Q/A \geqslant \tau_b$$

式中，A 为受剪面积，由安全销直径 d 可以求出。

安全销的材料为 QT40-17，其 $\sigma_b = 400 \text{MPa}$。由安全系数，可以求出：$[\tau_b] = k[\tau] = 320 \text{MPa}$

而：$\tau = Q/A = \dfrac{M_m/D}{\pi d^2/4} = \dfrac{347620 \times 10^3/185}{3.14 \times 48^2/4} = 1039 \text{MPa}$

远远大于 $[\tau_b] = 320 \text{MPa}$，所以可以保护零件不受破坏。

第10章 带传动

10.1 带传动概述

带传动是一种应用较广的机械传动机构，主要用于两轴平行而且回转方向相同的场合，这种传动称为开口传动。带传动结构简单，成本低；适用于远距离传动，中心距大，而且中心距无严格要求；运转平稳，噪声小；可过载保护。但外廓尺寸大，传动比不稳定，寿命短，效率低。V带是带传动中的一种最常见类型。

10.1.1 带传动的工作原理

带传动通常是由主动轮1、从动轮2和张紧在两轮上的环形带3组成，如图10-1所示。安装时带被张紧在带轮上，这时带所受的拉力称为初拉力，它使带与带轮的接触面间产生压力。主动轮回转时，依靠带与带轮接触面间的摩擦力拖动从动轮一起回转，从而传递一定的运动和动力。

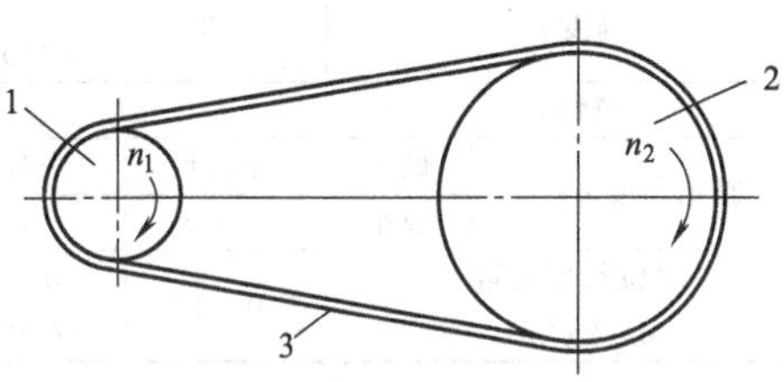

10.1.2 带传动的类型

按其横截面形状不同，带传动可分为平带、V带和特殊截面带（如圆带、多楔带等）三大类，如图10-2所示。

图 10-1 带传动示意图

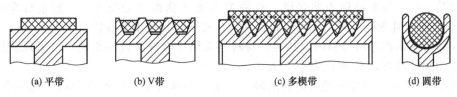

(a) 平带   (b) V带   (c) 多楔带   (d) 圆带

图 10-2 带的横截面形状

平带结构简单，挠性大，带轮容易制造，用于轮距较大的场合；V带传动较平带传动能产生更大的摩擦力，故具有较大的牵引力，能传递较大的功率，但摩擦损失及带的弯曲应力都比平带大。V带结构紧凑，所以一般机械中都采用V带传动；圆带结构简单，承载较小，常用于医用机械和家用机械中；多楔带兼有平带的挠性和V带摩擦力大的优点，主要用于要求结构紧凑传递功率较大的场合。

10.2 带和带轮的结构设计

10.2.1 V带的分类

V带常称为三角带，可分为普通V带、窄V带、宽V带、大楔角V带、汽车V带等多种类型，其中普通V带和窄V带应用最广，这里主要介绍普通V带和窄V带传动的计算。

普通V带尺寸已经标准化，按截面尺寸的不同，可分为Y、Z、A、B、C、D、E七种型号,窄 V 带有四种型号,其中普通 V 带 Y 型截面小,而 E 型截面大,见表 10-1。

表 10-1 普通 V 带的截面尺寸（摘自 GB/T 11544—2012） mm

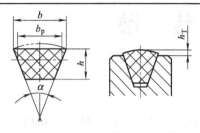

标记示例:A 型普通 V 带,基准长度 $L_d=1600$mm

V 带 A-1600 GB/T 11544—2012

V带截面示意图　　露出截面示意图

型号		Y	Z(SPZ)	A(SPA)	B(SPB)	C(SPC)	D	E
节宽 b_p		5.3	8.5 (8)	11.0 (11)	14.0 (14)	19.0 (19)	27.0	32
顶宽 b		6.0	10.0 (10)	13.0 (13)	17.0 (17)	22.0 (22)	32.0	38.0
高度 h		4.0	6.0 (8)	8.0 (10)	11.0 (14)	14.0 (18)	19.0	23.0
楔角 α					40°			
露出高度 h_T	最大	+0.8	+1.6	+1.6	+1.6	+1.5	+1.6	+1.6
	最小	−0.8	−1.6	−1.6	−1.6	−2.0	−3.2	−3.2
单位长度质量 $q/(kg/m)$		0.04	0.06 (0.07)	0.1 (0.12)	0.17 (0.2)	0.30 (0.37)	0.60	0.87

注:括号内数字应为窄 V 带尺寸。

10.2.2　V 带剖面结构

V 带由抗拉体、顶胶、底胶和包布组成（见图 10-3）。抗拉体也称为强力层,它是承受负载拉力的主体;顶胶也称为伸张层,它是 V 带在弯曲时承受拉伸;底胶也称为压缩层,它是在 V 带弯曲时承受压缩;外壳包布也称为包布层,它是用橡胶帆布包围成型。

抗拉体分为帘布芯结构和线绳结构。材料可采用化学纤维或棉织物,前者承载能力高;而线绳结构柔软易弯,有利于提高寿命。

如图 10-4 所示,当带在受纵向弯曲时,在带长中保持原长度不变的周线称为节线;由全部节线构成的面称为节面。带的节面宽度称为节宽（b_p）,当带受纵向弯曲时,该宽度保持不变。

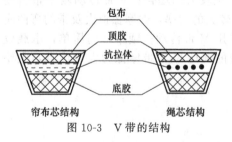

帘布芯结构　　绳芯结构

图 10-3　V 带的结构

(a)　　(b)

图 10-4　V 带的节线和节面

10.2.3　普通 V 带基本参数

在 V 带轮上,与所配用 V 带的节面宽度 b_p 相对应的带轮直径为基准直径 d,见表 10-2 中的图。V 带在规定的张紧力下,位于带轮基准直径上的周线长度称为基准长度 L_d,V 带长度系列见表 10-3,考虑带长不为特定长度时对传动能力的影响,带长修正系数 K_L 也见该表。

表 10-2　普通 V 带轮槽结构尺寸　　　　　　　　mm

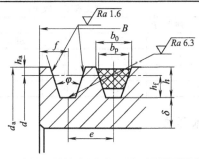

项目	符号	槽　型						
		Y	Z(SPZ)	A(SPZ)	B(SPZ)	C(SPZ)	D	E
基准宽度	b_p	5.3	8.5	11.0	14.0	19.0	27.0	32.0
基准线上槽深	h_{amin}	1.6	2.0	2.75	3.5	4.8	8.1	9.6
基准线下槽深	h_{fmin}	4.7	7.0 (9)	8.7 (11)	10.8 (14)	14.3 (19)	19.9	23.4
槽间距	e	8±0.3	12±0.3	15±0.3	19±0.3	25.5±0.3	37±0.3	44.5±0.3
第一槽对称面至端面距离	f_{min}	6	7	9	11.5	16	23	28
带轮宽	B	$B=(z-1)e+2f$　　z—轮槽数						
外径	d_a	$d_a=d+2h_a$						
轮槽角 φ　32°	相应的基准直径 d	≤60	—	—	—	—	—	—
34°		—	≤80	≤118	≤190	≤315	—	—
36°		>60	—	—	—	—	≤475	≤600
38°		—	>80	>118	>190	>315	>475	>600
极限偏差		±0.5°						

表 10-3　V 带基准长度 L_d 和带长修正系数 K_L（摘自 GB/T 11544—2012）

基准长度 L_d/mm	带长修正系数 K_L								
	普通 V 带					窄 V 带			
	Y	Z	A	B	C	SPZ	SPA	SPB	SPC
400	0.96	0.87							
450	1.00	0.89							
500	1.02	0.91							
560		0.94							
630		0.96	0.81			0.82			
710		0.99	0.83			0.84			
800		1.00	0.85			0.86	0.81		
900		1.03	0.87	0.82		0.88	0.83		
1000		1.06	0.89	0.84		0.90	0.85		
1120		1.08	0.91	0.86		0.93	0.87		
1250		1.11	0.93	0.88		0.94	0.89	0.82	
1400		1.14	0.96	0.90		0.96	0.91	0.84	
1600		1.16	0.99	0.92	0.83	1.00	0.93	0.86	
1800		1.18	1.01	0.95	0.86	1.01	0.95	0.88	
2000			1.03	0.98	0.88	1.02	0.96	0.90	0.81
2240			1.06	1.00	0.91	1.05	0.98	0.92	0.83
2500			1.09	1.03	0.93	1.07	1.00	0.94	0.86
2800			1.11	1.05	0.95	1.09	1.02	0.96	0.88
3150			1.13	1.07	0.97	1.11	1.04	0.98	0.90
3550			1.17	1.09	0.99	1.13	1.06	1.00	0.92

基准长度 L_d/mm	带长修正系数 K_L								
	普通 V 带					窄 V 带			
	Y	Z	A	B	C	SPZ	SPA	SPB	SPC
4000			1.19	1.13	1.02		1.08	1.02	0.94
4500				1.15	1.04		1.09	1.04	0.96
5000				1.18	1.07			1.06	0.98

10.2.4 带轮结构及技术要求

（1）带轮材料

带轮材料常用灰铸铁、钢、铝合金或工程塑料等。灰铸铁应用最广，当 $v \leqslant 30\text{m/s}$ 时，用 HT15-33 或 HT20-40。当 $v \geqslant 25 \sim 45\text{m/s}$ 时可采用 HT200、HT250、HT300 及 HT350 等高强度灰铸铁或铸钢；也可用钢板冲压焊接带轮；小功率传动可用铸铝或塑料；塑料带轮的重量轻、摩擦因数大，常用于机床中。

（2）带轮结构

带轮结构一般由轮缘、轮辐和轮毂三部分组成，轮辐部分可分为实心式、辐板式和轮辐式三种。带轮轮槽结构尺寸见表 10-2；带轮典型结构见表 10-4。

表 10-4 带轮结构

结构名称	图形结构及尺寸说明
实心式	直径较小时的带轮
辐板式	中等直径时的带轮

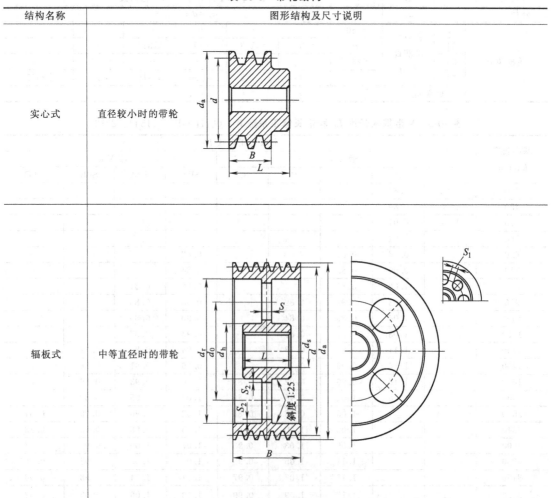

续表

结构名称	图形结构及尺寸说明
轮辐式	直径大于 350mm 时的带轮 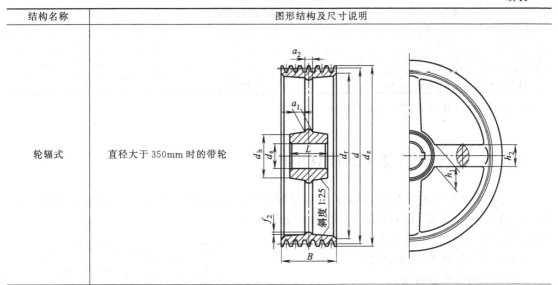

$d_{\mathrm{h}}=(1.8\sim2)d_{\mathrm{s}},d_0=\dfrac{d_{\mathrm{h}}+d_{\mathrm{r}}}{2},d_{\mathrm{r}}=d_{\mathrm{a}}-2(h+\delta)$，$h,\delta$见表 10-2；

$S=(0.2\sim0.3)B,S_1\geqslant1.5S,S_2\geqslant0.5S,L=(1.5\sim2)d_{\mathrm{s}}$；

$h_1=290\times\sqrt[3]{\dfrac{P}{nA}}$，$P$—传递功率，kW；$n$—小带轮转速，r/min；$A$—轮辐数；

$h_2=0.8h_1,a_1=0.4h_1,a_2=0.8a_1,f_1=0.2h_1,f_2=0.2h_2$

（3）带轮的技术要求

① 带轮各部位不允许有裂缝、砂眼、缩孔和气泡；

② 带轮轮槽工作面的表面粗糙度轮廓见表 10-2，轮槽工作面表面要光滑，轮槽棱边要倒圆或倒钝，以减少 V 带的磨损；

③ 轮槽对称平面与带轮轴线垂直度允差±30′；

④ 带轮轮毂孔公差为 H7 或 H8，轮毂长度上偏差为 IT14，下偏差为 0；

⑤ 带轮轮槽间累积误差应小于表 10-5 的规定值；同一带轮任意两轮槽的基准直径差不得大于表 10-5 的规定值；

⑥ 带轮圆跳动公差见表 10-6；

⑦ 设计带轮时，结构要便于制造，质量分布均匀。当 $v>5$ m/s 时要进行静平衡试验，当 $v>25$ m/s 时则应进行动平衡试验，动平衡要求见表 10-7。

表 10-5 槽间距累积误差和两槽的基准直径差 （摘自 GB/T 13575.1—2008） mm

槽型	槽间距累积误差	两槽的基准直径差	槽型	槽间距累积误差	两槽的基准直径差
Y	±0.6	0.3	C	±1.0	0.6
Z,A	±0.6	0.4	D	±1.2	0.6
B	±0.8	0.4	E	±1.4	0.6

表 10-6 带轮的圆跳动公差 （摘自 GB/T 13575.1—2008） mm

基准直径 d_{d}	径向圆跳动、斜向圆跳动 t	基准直径 d_{d}	径向圆跳动、斜向圆跳动 t
20～100	0.2	>400～630	0.6
>100～160	0.3	>630～1000	0.8
>160～250	0.4	>1000～1600	1.0
>250～400	0.5	>1600～2500	1.2

表 10-7　带轮动平衡要求

带轮类型	允许重心偏移量 e/μm	精度等级
一般机械带轮（$n \leqslant 1000$r/min）	50	G6.3
机床小带轮（$n=1500$ r/min）	15	G2.5
主轴和一般磨头带轮（$n=6000 \sim 10000$ r/min）	$3 \sim 5$	G2.5
高速磨头带轮（$n=15000 \sim 30000$r/min）	$0.4 \sim 1.2$	G1.0
精密磨床主轴带轮（$n=15000 \sim 50000$ r/min）	$0.08 \sim 0.25$	G0.4

注：G 平衡精度代号。$G = \dfrac{e\omega}{1000}$，$\omega = \dfrac{2\pi n}{60}$。

10.3　带传动的设计及计算实例

带传动主要尺寸有小带轮直径 d_1、大带轮直径 d_2、包角 α_1 和 α_2、中心距 a 及带长 L，其中包角 α_1、α_2 是带与小带轮、大带轮接触弧所对应的中心角，其几何关系见图 10-5。

10.3.1　普通 V 带设计参数

（1）工作情况系数 K_A

带传动设计计算时，要考虑带传动载荷工况的影响，带传动工作情况系数 K_A，见表 10-8。

（2）普通 V 带的型号选择

根据计算功率 P_C 和小带轮转速 n_1，可按图 10-6 或图 10-7 的推荐图形，选择普通 V 带或窄 V 带的型号。图中以粗斜直线划定型号区域，若工况坐标点接

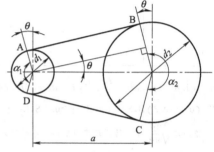

图 10-5　带传动的几何关系

近临近两种型号的交界线时，可按两种型号同时计算，并分析比较决定取舍，带的截面较小则带轮直径小，但带的根数将会较多，为了使每根 V 带受力均匀，V 带根数不宜太多，通常 $z < 10$。

表 10-8　工作情况系数 K_A（摘自 GB/T 13575.1—2008）

工　况		工作情况系数 K_A					
		空、轻载启动			重载启动		
		每天工作小时数/h					
		<10	10~16	>16	<10	10~16	>16
载荷变动最小	液体搅拌机、离心式水泵和压缩机、通风机和鼓风机（≤7.5kW）、轻载荷输送机	1.0	1.1	1.2	1.1	1.2	1.3
载荷变动小	带式输送机（不均匀负荷）、通风机（>7.5kW）、旋转式水泵和压缩机（非离心式）、发电机、金属切削机床、印刷机、旋转筛、锯木机和木工机械	1.1	1.2	1.3	1.2	1.3	1.4
载荷变动较大	制砖机、斗式提升机、往复式水泵和压缩机、起重机、磨粉机、冲剪机床、橡胶机械、振动筛、纺织机械、重载输送机	1.2	1.3	1.4	1.4	1.5	1.6
载荷变动很大	破碎机（旋转式、颚式等）、磨碎机（球磨、棒磨、管磨）	1.3	1.4	1.5	1.5	1.6	1.8

注：1. 空、轻载启动——电动机（交流启动、三角启动、直流并励）、四缸以上的内燃机、装有离心式离合器、联轴器的动力机。

2. 重载启动——电动机（联机交流启动、直流复励或串励）、四缸以下的内燃机。

3. 反复启动、正反转频繁、工作条件恶劣等场合，K_A 应乘 1.2。

4. 增速传动时 K_A 应乘下列系数

增速比	1.25~1.74	1.75~2.49	2.5~3.49	≥3.5
系数	1.05	1.11	1.18	1.28

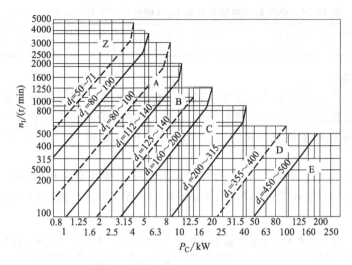

图 10-6　普通 V 带选型图

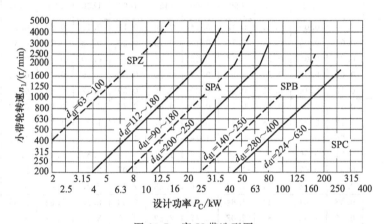

图 10-7　窄 V 带选型图

（3）小带轮基准直径d_1

带轮基准直径受带的弯曲应力影响，带轮基准直径过小，则带的弯曲应力将过大而导致带的寿命降低；反之，虽然延长了带的寿命，但带传动的外廓尺寸将随之增大。普通 V 带带轮最小基准直径，见表 10-9，为了提高 V 带的寿命，在结构允许的情况下，宜选等于或大于表中给定值。

表 10-9　普通 V 带带轮最小基准直径及基准系列（摘自 GB/T 10412—2002）　　　mm

型号	Y	Z	A	B	C	D	E
最小基准直径 d_{min}	20	50	75	125	200	355	500

注：1. 基准直径的极限偏差为±0.8%。

2. 普通 V 带带轮的基准直径系列是：

20	22.4	25	28	31.5	35.5	40	45	50	56	63	67	71	75	80
85	90	95	100	106	112	118	125	132	140	150	160	170	180	200
212	224	236	250	265	280	300	315	335	355	375	400	425	450	475
500	530	560	600	630	670	710	750	800	900	1000	1060	1120	1250 等	

（4）小带轮包角修正系数K_α

考虑 $\alpha \neq 180°$ 时对传动能力的影响，小带轮包角修正系数 K_α 见表 10-10。

表 10-10   小带轮包角修正系数 K_α（摘自 GB/T 13575.1—2008）

包角 α_1	180	170	160	150	140	130	120	110	100	90
K_α	1.00	0.98	0.95	0.92	0.89	0.86	0.82	0.78	0.74	0.69

（5）计算功率 P

带在带轮上打滑或带发生疲劳损坏（脱层、撕裂或拉断）时，就不能传递动力，因此带传动的设计依据是保证带传动不出现打滑并具有一定的疲劳寿命。为了保证带不打滑又有一定的寿命，单根普通 V 带所能传递的基本额定功率 P_0，见表 10-11，窄 V 带的基本额定功率 P_0 见表 10-12。

考虑传动比 $i \neq 1$ 时，带在大轮上的弯曲应力较小，故在寿命相同条件下，可增大传递功率。普通 V 带额定功率增量 ΔP_0 值见表 10-13；窄 V 带的额定功率增量 ΔP_0 值见表 10-14。

表 10-11   单根普通 V 带的基本额定功率 P_0（包角 $\alpha = \pi$、特定基准长度、载荷平稳时）   kW

型号	小带轮基准直径 d_1/mm	小带轮转速 n_1/(r/min)											
		200	400	800	950	1200	1450	1600	1800	2000	2400	2800	3200
Z	50	0.04	0.06	0.10	0.12	0.14	0.16	0.17	0.19	0.20	0.22	0.26	0.28
	56	0.04	0.06	0.12	0.14	0.17	0.19	0.20	0.23	0.25	0.30	0.33	0.35
	63	0.05	0.08	0.15	0.18	0.22	0.25	0.27	0.30	0.32	0.37	0.41	0.45
	71	0.06	0.09	0.20	0.23	0.27	0.30	0.33	0.36	0.39	0.46	0.50	0.54
	80	0.10	0.14	0.22	0.26	0.30	0.35	0.39	0.42	0.44	0.50	0.56	0.61
A	75	0.15	0.26	0.45	0.51	0.60	0.68	0.73	0.79	0.84	0.92	1.00	1.04
	90	0.22	0.39	0.68	0.77	0.93	1.07	1.15	1.25	1.34	1.50	1.64	1.75
	100	0.26	0.47	0.83	0.95	1.14	1.32	1.42	1.58	1.66	1.87	2.05	2.19
	112	0.31	0.56	1.00	1.15	1.39	1.61	1.74	1.89	2.04	2.30	2.51	2.68
	125	0.37	0.67	1.19	1.37	1.66	1.92	2.07	2.26	2.44	2.74	2.98	3.15
	140	0.43	0.78	1.41	1.62	1.96	2.28	2.45	2.66	2.87	3.22	3.48	3.65
B	125	0.48	0.84	1.44	1.64	1.93	2.19	2.33	2.50	2.64	2.85	2.96	2.94
	140	0.59	1.05	1.82	2.08	2.47	2.82	3.00	3.23	3.42	3.70	3.85	3.83
	160	0.74	1.32	2.32	2.66	3.17	3.62	3.86	4.15	4.40	4.75	4.89	4.80
	180	0.88	1.59	2.81	3.22	3.85	4.39	4.68	5.02	5.30	5.67	5.76	5.52
	200	1.02	3.30	3.77	4.50	5.13	5.46	5.83	6.13	6.47	6.43	5.95	
	224	1.19	2.17	3.86	4.42	5.26	5.97	6.33	6.73	7.02	7.25	6.95	6.05
C	200	1.39	2.41	4.07	4.58	5.29	5.84	6.07	6.28	6.34	6.02	5.01	3.23
	224	1.70	2.99	5.12	5.78	6.71	7.45	7.75	8.00	8.06	7.57	6.08	3.57
	250	2.03	3.62	6.23	7.04	8.21	9.08	9.38	9.63	9.62	8.75	6.56	2.93
	280	2.42	4.32	7.52	8.49	9.81	10.72	11.06	11.22	11.04	9.50	6.13	—
	315	2.84	5.14	8.92	10.05	11.53	12.46	12.72	12.67	12.14	9.43	4.16	—

注：本表摘自 GB/T 13575.1—1992。为了精简篇幅，表中未列出 Y 型、D 型和 E 型的数据，表中分档也较粗。

表 10-12   单根窄 V 带的基本额定功率 P_0 kW

型号	小带轮基准直径 d_1/mm	小带轮转速 n_1/(r/min)									
		400	730	800	980	1200	1460	1600	2000	2400	2800
SPZ	63	0.35	0.56	0.60	0.70	0.81	0.93	1.00	1.17	1.32	1.45
	75	0.49	0.79	0.87	1.02	1.21	1.41	1.52	1.79	2.04	2.27
	94	0.67	0.67	1.21	1.44	1.70	1.98	2.14	2.55	2.93	3.26
	100	0.79	0.79	1.33	1.70	2.02	2.36	2.55	3.05	3.49	3.90
	125	1.09	1.09	1.84	2.36	2.80	3.28	3.55	4.24	4.85	5.40

续表

型号	小带轮基准直径 d_1/mm	小带轮转速 n_1/(r/min)									
		400	730	800	980	1200	1460	1600	2000	2400	2800
SPA	90	0.75	1.21	1.30	1.52	1.76	2.02	2.16	2.49	2.77	3.00
	100	0.94	1.54	1.65	1.93	2.27	2.61	2.80	3.27	3.67	3.99
	125	1.40	2.33	2.52	2.98	3.50	4.06	4.38	5.15	5.80	6.34
	160	2.04	3.42	3.70	4.38	5.17	6.01	6.47	7.60	8.53	9.24
	200	2.75	4.63	5.01	5.94	7.00	8.10	8.72	10.13	11.22	11.92
SPB	140	1.92	3.13	3.35	3.92	4.55	5.21	5.54	6.31	6.86	7.15
	180	3.01	4.99	5.37	6.31	7.38	8.50	9.05	10.34	11.21	11.62
	200	3.54	5.88	6.35	7.47	8.74	10.07	10.70	12.18	13.11	13.41
	250	4.86	8.11	8.75	11.27	11.99	13.72	14.51	16.19	16.89	16.44
	315	6.53	10.91	11.71	13.70	15.84	17.84	18.70	20.00	19.44	16.71
SPC	224	5.19	8.82	10.43	10.39	11.89	13.26	13.81	14.58	14.01	—
	280	7.59	12.40	13.31	15.40	17.60	19.49	20.20	20.75	18.86	—
	315	9.07	14.82	15.90	18.37	20.88	22.92	23.58	23.47	19.98	—
	400	12.56	20.41	21.84	25.15	27.33	29.40	29.53	25.81	19.22	—
	500	16.52	26.40	28.09	31.38	33.85	33.46	31.70	19.35	—	—

表 10-13 单根普通 V 带 $i \neq 1$ 时额定功率的增量 ΔP_0

型号	传动比 i	小带轮转速 n_1/(r/min)									
		400	730	800	980	1200	1460	1600	2000	2400	2800
Z	1.35～1.51	0.01	0.01	0.01	0.02	0.02	0.02	0.02	0.03	0.03	0.04
	1.52～1.99	0.01	0.01	0.02	0.02	0.02	0.02	0.03	0.03	0.04	0.04
	≥2	0.01	0.02	0.02	0.02	0.03	0.03	0.03	0.04	0.04	0.04
A	1.35～1.51	0.04	0.07	0.08	0.08	0.11	0.13	0.15	0.19	0.23	0.26
	1.52～1.99	0.04	0.08	0.09	0.10	0.13	0.15	0.17	0.22	0.26	0.30
	≥2	0.05	0.09	0.10	0.11	0.15	0.17	0.19	0.24	0.29	0.34
B	1.35～1.51	0.10	0.17	0.20	0.23	0.30	0.36	0.39	0.49	0.59	0.69
	1.52～1.99	0.11	0.20	0.23	0.26	0.34	0.40	0.45	0.56	0.62	0.79
	≥2	0.13	0.22	0.25	0.30	0.38	0.46	0.51	0.63	0.76	0.89
C	1.35～1.51	0.27	0.48	0.55	0.65	0.82	0.99	1.10	1.37	1.65	1.92
	1.52～1.99	0.31	0.55	0.63	0.74	0.94	1.14	1.25	1.57	1.88	2.19
	≥2	0.35	0.62	0.71	0.83	1.06	1.27	1.41	1.76	2.12	2.47

注：本表摘自 GB/T 13575.1—1992。为了精简篇幅，表中未列出 Y 型、D 型和 E 型的数据，表中分档也较粗。

表 10-14 单根窄 V 带 $i \neq 1$ 时额定功率的增量 ΔP_0

kW

型号	传动比 i	小带轮转速 n_1/(r/min)									
		400	730	800	980	1200	1460	1600	2000	2400	2800
SPZ	1.39～1.57	0.05	0.09	0.10	0.12	0.15	0.18	0.20	0.25	0.30	0.35
	1.58～1.94	0.06	0.10	0.11	0.13	0.17	0.20	0.22	0.28	0.33	0.39
	1.95～3.38	0.06	0.11	0.12	0.15	0.18	0.22	0.24	0.30	0.36	0.43
	≥3.39	0.06	0.12	0.13	0.15	0.19	0.23	0.32	0.32	0.39	0.45
SPA	1.39～1.57	0.13	0.23	0.25	0.30	0.38	0.46	0.51	0.64	0.76	0.89
	1.58～1.94	0.14	0.26	0.29	0.34	0.43	0.51	0.57	0.71	0.86	1.00
	1.95～3.38	0.16	0.28	0.31	0.37	0.47	0.56	0.62	0.78	0.93	1.09
	≥3.39	0.16	0.30	0.33	0.40	0.49	0.59	0.66	0.82	0.99	1.15

型号	传动比 i	小带轮转速 n_1/(r/min)									
		400	730	800	980	1200	1460	1600	2000	2400	2800
SPB	1.39～1.57	0.26	0.47	0.53	0.63	0.79	0.95	1.05	1.32	1.58	1.85
	1.58～1.94	0.30	0.53	0.59	0.71	0.89	1.07	1.19	1.48	1.78	2.08
	1.95～3.38	0.32	0.58	0.65	0.78	0.97	1.16	1.29	1.62	1.94	2.26
	≥3.39	0.34	0.62	0.68	0.82	1.03	1.23	1.37	1.71	2.05	2.40
SPC	1.39～1.57	0.79	1.43	1.58	1.90	2.38	2.85	3.17	3.96	4.75	—
	1.58～1.94	0.89	1.60	1.78	2.14	2.67	3.21	3.57	4.46	5.35	
	1.95～3.38	0.97	1.75	1.94	2.33	2.91	3.50	3.89	4.86	5.83	
	≥3.39	1.03	1.85	2.06	2.47	3.09	3.70	4.11	5.14	6.17	

10.3.2 普通 V 带传动的设计计算

（1）带传动的主要失效形式

① 带在带轮上打滑，不能传递动力；

② 带由于疲劳产生脱层、撕裂和拉断；

③ 带的工作面磨损。

保证带在工作中不打滑，并具有一定的疲劳强度和使用寿命是 V 带传动设计中的主要依据，也是靠摩擦传动的其他带传动设计的主要依据。

（2）带传动的设计计算步骤

① 已知条件：传动用途、载荷性质、传递的功率、工作情况、原动机与工作机的种类、带轮转速、传动比以及传动的外廓尺寸等。

② 计算任务：选择合理的传动参数，确定 V 带的带型、带长、带根数、带轮材料及结构尺寸、中心距及作用于轴上的压力 F_Q 等。

③ 设计准则：在保证带传动工作时不打滑的前提下，具有一定的疲劳强度和寿命。

④ 设计步骤：计算直径—确定结构—根据带的型号，确定轮槽尺寸—确定其他尺寸。

⑤ 带传动的设计计算方法及步骤，见表 10-15。

表 10-15 带传动设计的计算方法及步骤

序号	计算项目	符号	单位	计算公式和参数选择	说　明
1	确定计算功率	P_C	kW	$P_C = K_A P$	P—传递功率（已知） K_A—工作情况系数，查表 10-8
2	选择 V 带型号			查图 10-6 或图 10-7，根据 P_C 和 n_1 确定 V 带型号	n_1—小带轮转速，r/min
3	传动比	i		$i = \dfrac{n_1}{n_2} = \dfrac{d_2}{d_1}$ 若计入滑动率，则 $i = \dfrac{n_1}{n_2} = \dfrac{d_2}{d_1(1-\varepsilon)}$ 通常 $\varepsilon = 0.01 \sim 0.02$	n_2—大带轮转速，r/min d_1—小带轮直径，mm d_2—大带轮直径，mm ε—弹性滑动率
4	小带轮直径	d_1	mm	查表 10-9，$d_1 \geqslant d_{min}$	为了提高 V 带的寿命，在结构允许的情况下，宜选较大的基准直径
5	大带轮直径	d_2	mm	$d_2 = \dfrac{n_1}{n_2} d_1 (1-\varepsilon)$ 若转速要求不高时，ε 可以忽略： 即 $d_2 = \dfrac{n_1}{n_2} d_1$	d_2 应按查表 10-9 取标准值

续表

序号	计算项目	符号	单位	计算公式和参数选择	说　明
6	验算带速	v	m/s	$v=\dfrac{\pi d_1 n_1}{60\times1000}$ m/s	一般 v 不要低于 5 m/s,为了充分发挥 V 带的传动能力,应使 v 在 5～25 m/s 范围内
7	初选中心距	a_0	mm	$0.7\,(d_1+d_2)\leqslant a_0\leqslant2\,(d_1+d_2)$	或按结构要求确定
8	初选长度	L_0	mm	$L_0\approx2a_0+\dfrac{\pi}{2}(d_1+d_2)+\dfrac{(d_2-d_1)^2}{4a_0}$	
9	基准长度	L_d	mm		根据 V 带型号,查表 10-3,找出与 L_0 接近的 V 带的基准长度
10	实际中心距	a	mm	$a\approx a_0+\dfrac{L_d-L_0}{2}$	
11	验算包角	α_1	(°)	$\alpha_1=180°-\dfrac{d_2-d_1}{a}\times57.3°$	一般 $\alpha_1\geqslant120°$,最低 $>90°$,如 α_1 较小,应增大中心距 a 或用张紧轮
12	单根 V 带基本额定功率	P_0	kW	根据带的型号、小带轮直径 d_1、带速 v 查表 10-11 或表 10-12	P_0 是 $\alpha_1=\alpha_2=180°$、特定长度、载荷平稳时单根 V 带基本额定功率
13	$i\neq1$ 时单根 V 带额定功率增量	ΔP_0	kW	根据带的型号、小带轮直径 d_1、带速 v 查表 10-13 或表 10-14	
14	计算 V 带根数	z	根	$z=\dfrac{P_C}{(P_0+\Delta P_0)K_\alpha K_L}$ (要圆整)	K_α—包角系数,查表 10-10 K_L—带长度修正系数,查表 10-3
15	确定单根 V 带预拉力	F_0	N	$F_0=\dfrac{500P_C}{zv}\left(\dfrac{2.5}{K_\alpha}-1\right)+qv^2$	q—每米长度质量,kg/m,查表 10-1
16	确定带对轴的压力	F_Q	N	$F_Q=2zF_0\sin\dfrac{\alpha_1}{2}$ $F_{Qmax}=3zF_0\sin\dfrac{\alpha_1}{2}$	F_{Qmax}—考虑新带的预紧力是正常带预紧力的 1.5 倍
17	带轮结构和尺寸设计			带轮结构和尺寸设计见表 10-2 和表 10-4	

（3）V 带传动设计计算时的注意事项

① 设计 V 带传动所需的已知条件有：原动机的种类和所需传递的功率（或转矩）；主动轮和从动轮的转速（或传动比）；工作情况及对外廓尺寸、工作机的种类、载荷性质等。

② 设计计算的计算内容有：确定带的型号、带长度和带根数；确定中心距、初拉力、作用于轴上的压力 F_Q 的大小及方向；选择大、小带轮直径尺寸、材料、宽度等结构尺寸；确定加工要求等。

③ 设计计算时应注意以下问题。

a. 按国家标准及设计准则，检查各项参数是否在合理范围内，设计参数应保证带传动良好的工作性能。例如满足带速 $5<v<25$m/s，小带轮包角 $\alpha_1\geqslant120°$。

b. 根据计算功率 P_C 和小带轮转速 n_1，可按图 10-6 推荐的直方图，选择普通 V 带的型号。若临近两种型号的交界线时，可按两种型号同时计算，并加以分析比较来决定取舍。

c. V 带根数太多会增大轴上压力，且会使各根 V 带受力不均匀，因此，一般 V 带根数 $z\leqslant4$～5 根为宜。

d. 带轮直径大小应圆整成整数，尽量取成标准直径。如受结构限制也可不靠标准直径。带轮的直径确定后，还要验算实际传动比和大带轮的转速，并以此修正减速器的传动比和输入转矩。

e. 计算出带轮处轴的压力，以备后用。

f. 注意检查带轮尺寸与传动装置其他结构的相互关系是否协调。例如装在电动机轴上

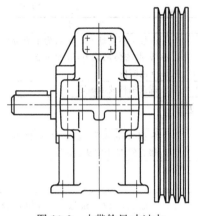

图 10-8　小带轮尺寸过大

的小带轮顶圆半径与电动机中心高是否相称；小带轮轴孔直径、长度与电动机的直径、长度是否对应；大带轮轴孔尺寸与减速器输入轴是否相适应，大带轮外圆是否与其他零件（如机座）相干涉等。如图 10-8 所示，就是带轮直径 D 和宽度 B 尺寸过大的情况。

10.3.3　带传动的设计计算实例

在图 9-4 的带运输机传动装置中，其中电动机与减速器之间用普通 V 带传动，已知选择异步电动机，其功率 $P=2.58$ kW，转速 $n_1=1420$ r/min，从动轴转速 $n_2=546$ r/min，输送装置工作时无较大的冲击，每天两班制工作，要求进行该传动装置的 V 带传动设计。

解题步骤及结果见表 10-16。

表 10-16　V 带传动设计实例

计算项目	计算及说明	计算数据
1. 确定计算功率 P_C	根据工作情况，查表 10-8，得工况系数 $K_A=1.2$，$P_C=$ $1.2\times2.58=3.1$kW	已知： $P=2.58$kW $P_C=3.1$kW
2. 选择 V 带型号	根据 $P_C=3.1$kW 和 $n_1=1420$r/min 查图 10-6，选择 A 型 V 带	选择 A 型 V 带
3. 计算传动比 i	$i=\dfrac{n_1}{n_2}=\dfrac{1420}{546}=2.60$	
4. 确定小带轮直径 d_1	查表 10-9，取 $d_1=90$mm （要大于或等于最小直径，并符合直径系列）	$d_1=90$mm
5. 确定大带轮直径 d_1	大带轮直径 $d_2=id_1(1-\varepsilon)$ 取弹性滑动率 $\varepsilon=0.02$ $d_2=id_1(1-\varepsilon)=2.60\times90\times(1-0.02)=229$mm 查表 10-9，取 $d_2=236$mm 实际传动比 $i=\dfrac{d_2}{d_1(1-\varepsilon)}=\dfrac{236}{90\times(1-0.02)}=2.68$ 从动轮的实际转速 $n_2=\dfrac{n_1}{i}=\dfrac{1420}{2.68}=529.9$r/min 转速误差 $\Delta n_2=\dfrac{529-529.9}{546}=0.002=0.2\%$ 对于带式输送装置，转速误差允许在 $\pm5\%$ 范围内	$d_2=236$mm $i=2.68$ $n_2=529.9$r/min
6. 验算带速 v	$v=\dfrac{\pi d_1 n_1}{60\times1000}=\dfrac{\pi\times90\times1420}{60\times1000}=6.69$m/s 在规定的 $5<v<25$m/s 范围内，合理	$v=6.69$m/s
7. 初选中心距 a_0	$0.7(d_1+d_2)\leqslant a_0\leqslant2(d_1+d_2)$ $0.7\times(90+236)\leqslant a_0\leqslant2\times(90+236)$ $228.2\leqslant a_0\leqslant652$ 取 $a_0=400$mm	$a_0=400$mm
8. 初选长度 L_0	$L_0\approx2a_0+\dfrac{\pi}{2}(d_1+d_2)+\dfrac{(d_2-d_1)^2}{4a_0}$ $=2\times400+\dfrac{\pi}{2}(90+236)+\dfrac{(236-90)^2}{4\times400}$ $=1325.1$mm	

续表

计算项目	计算及说明	计算数据
9. 选择 V 带所需基准长度 L_d	查表 10-3,找到与 $L_0=1325.1mm$ 相接近的数据,取 $L_d=1400mm$	$L_d=1400mm$
10. 实际中心距 a	$a \approx a_0 + \dfrac{L_d - L_0}{2}$ $= 400 + \dfrac{1400 - 1325.1}{2} = 437.5mm$	$a=437.5mm$
11. 验算小带轮包角 α_1	$\alpha_1 = 180° - \dfrac{d_2 - d_1}{a} \times 57.3°$ $= 180° - \dfrac{236 - 90}{437.5} \times 57.3°$ $= 160.9° > 120°$ 经计算,小带轮包角 α_1 取值合理	$\alpha_1 = 160.9°$
12. 计算单根 V 带的基本额定功率 P_0	根据 $d_1=90mm$ 和 $n_1=1420r/min$,查表 10-11,用插值法,取得 A 型 V 带的 $P_0=1.05kW$	$P_0=1.05kW$
13. 额定功率的增量 ΔP_0	根据 $n_1=1420r/min$ 和 $i=2.68$,查表 10-12,用插值法,取得 A 型 V 带的 $\Delta P_0=0.167kW$	
14. 计算 V 带根数 z	根据 $\alpha_1=160.9°$,查表 10-10 得包角系数 $K_\alpha=0.95$; 根据 $L_d=1400mm$,查表 10-3 得带长修正系数 $K_L=0.96$; $z = \dfrac{P_C}{(P_0 + \Delta P_0) K_\alpha K_L}$ $= \dfrac{3.1}{(1.05 + 0.167) \times 0.95 \times 0.96} = 2.79$ 取 $z=3$ 根	$z=3$ 根 标记: $A-1400 \times 3$
15. 确定单根 V 带的预紧力 F_0	$F_0 = \dfrac{500P_C}{zv} \left(\dfrac{2.5}{K_\alpha} - 1 \right) + qv^2$ $= \dfrac{500 \times 3.1}{3 \times 8.13} \left(\dfrac{2.5}{0.95} - 1 \right) + 0.1 \times 8.13^2 = 110.3N$ 查表 10-1 每米长度质量 $q=0.1kg/m$	$F_0=110.3N$
16. 确定带对轴的压力 F_Q	$F_Q = 2zF_0 \sin \dfrac{\alpha_1}{2}$ $= 2 \times 3 \times 110.3 \times \sin \dfrac{160.9°}{2} = 652.6N$	$F_Q=652.6N$
17. 带轮结构工作图	根据表 10-2 和表 10-4,可设计出带轮结构工作图,见图 10-9	

18. 带传动计算结果:

带型号	带长/mm	带根数	带轮直径/mm		中心距/mm	作用于轴上压力 F_Q/N
			大带轮	小带轮		
A	1400	3	236	90	437.5	652.6

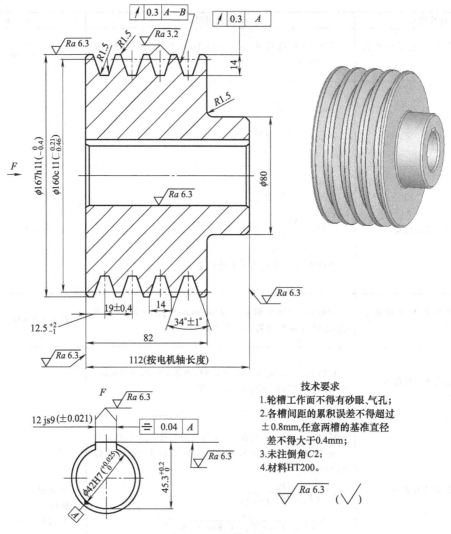

图 10-9　带轮工作图

10.4　V 带传动的安装、防护及张紧

10.4.1　V 带传动的安装

各带轮的轴线应相互平行，各带轮相对应的 V 形槽的对称平面应重合，误差不得超过 $20'$。

多根 V 带传动时，为避免各根 V 带的载荷分布不均，带的配组公差应在规定的范围内（参见 GB/T 13575.1—1992）。

10.4.2　V 带传动的防护

为安全起见，带传动应置于铁丝网或保护罩之内，使之不能外露。

10.4.3　V 带传动的张紧

V 带传动运转一段时间以后，会因为带的塑性变形和磨损而松弛。为了保证带传动正常工作，应定期检查带的松弛程度，采取相应的补救措施。常见的有以下几种。

（1）定期张紧装置

采用定期改变中心距的方法来调节带的初拉力，使带重新张紧。图 10-10（a）为滑道式，图 10-10（b）为摆架式。

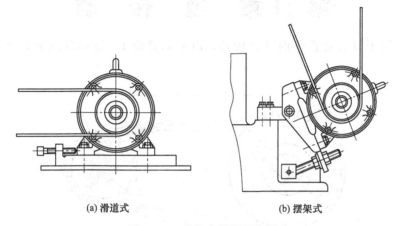

(a) 滑道式　　　　　　　　　　　(b) 摆架式

图 10-10　带的定期张紧装置

（2）自动张紧装置

如图 10-11 所示，将装有带轮的电动机安装在浮动的摆架上，利用电动机的自重，使带轮随同电动机绕固定轴摆动，以自动保持初拉力。

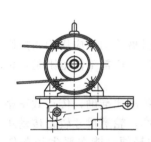

图 10-11　带的自动张紧装置

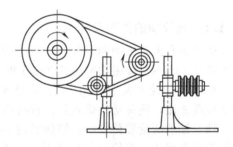

图 10-12　张紧轮装置

（3）采用张紧轮的张紧装置

当中心距不能调节时，可采用张紧轮将带张紧（见图 10-12）。设置张紧轮应注意：①一般应放在松边的内侧，使带只受单向弯曲；②张紧轮还应尽量靠近大带轮，以免减少带在小带轮上的包角；③张紧轮的轮槽尺寸与带轮的相同，且直径小于小带轮的直径。

如果中心距过小，可以将张紧轮设置在带的松边外侧，同时应靠近小带轮。但这种方式使带产生反向弯曲，不利于提高带的疲劳寿命。

第11章 链 传 动

链传动是属于具有挠性件的啮合传动，由主动链轮 1、链和从动链轮 2 组成（见图 11-1）。

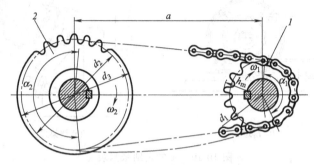

图 11-1 链传动简图

11.1 链传动的类型及运动特性

11.1.1 链传动的类型及特点

链传动是兼有齿轮传动和带传动的一些特点。链传动在机械传动中应用相当广泛，传动链的链速可达 40m/s，传递功率可达 3600kW，传动比可达 15。通常工作范围是：传动功率不大于 100kW，链速不大于 15m/s，传动比不大于 8。

与带传动相比，链传动的优点是：没有弹性滑动，平均传动比准确，传动效率稍高；张紧力小，轴与轴承所受载荷较小；结构紧凑，传递同样的功率，轮廓尺寸较带传动小。

与齿轮传动相比，链传动的优点是：中心距可大而结构轻便；能在恶劣的条件下工作（受气候条件变化影响小）；成本较低。

链传动的缺点是：价格较带传动高，重量大；链条速度有波动，不能保持瞬时传动比恒定，工作时有噪声，在高速下易产生较大的张力和冲击载荷；不适用于受空间限制要求中心距小以及转动方向频繁改变的场合；链节伸长后运转不稳定，易跳齿；只能用于平行轴之间的传动。

按结构不同，链传动可分为套筒链、滚子链和齿形链传动。常用传动链条的类型、特点和应用见表 11-1，其中滚子链应用最广，这里重点介绍滚子链传动。

表 11-1 传动链条的类型、特点和应用

种类	简图	结构和特点	应用
传动用短节距精密滚子链（简称滚子链）		由外链节和内链节铰接而成，销轴和外链板、套筒和内链板为静配合，销轴和套筒为动配合；滚子空套在套筒上，可以自由转动，以减少啮合时的摩擦和磨损，并可以缓和冲击	动力传动

续表

种类	简图	结构和特点	应用
双节距精密滚子链	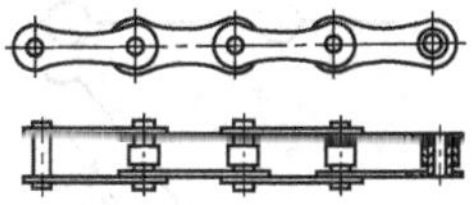	除链板节距为滚子链的两倍外,其他尺寸与滚子链相同,链条重量减轻	中小载荷、中低速、中心距较大的传动装置,亦可用于输送装置
传动用短节距精密套筒链(简称套筒链)	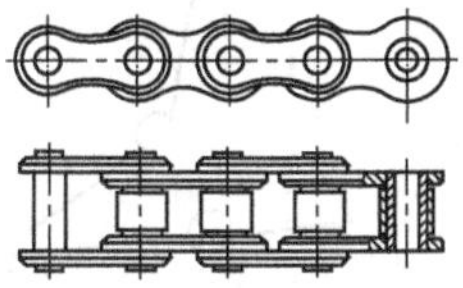	除无滚子外,结构和尺寸同滚子链。重量轻、成本低,并可提高节距精度 为提高承载能力,可利用原滚子的空间加大销轴和套筒尺寸,增大承压面积	不经常传动,中低速传动或起重装置(如配重、铲车起升装置)等
弯板滚子传动链(简称弯板链)	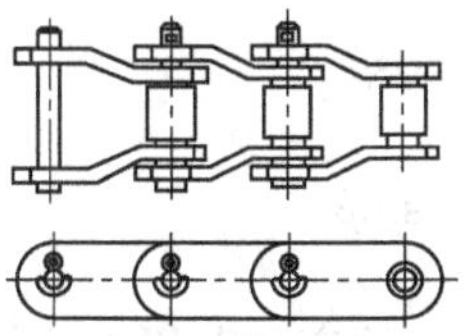	无内外链节之分,磨损后链节节距仍较均匀。弯板使链条的弹性增加,抗冲击性能好。销轴、套筒和链板间的间隙较大,对链轮共面性要求较低。销轴拆装容易,便于维修和调整松边下垂量	低速或极低速、载荷大、有尘土的开式传动和两轮不易共面处,如挖掘机等工程机械的行走机构、石油机械等
传动用齿形链(又名无声链)	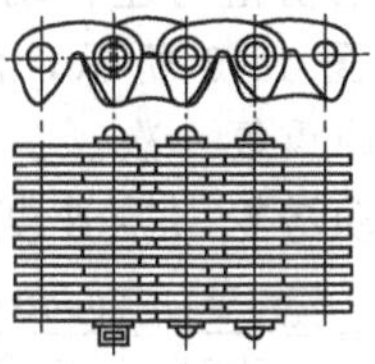	由多个齿形链片并列铰接而成。链片的齿形部分和链轮轮齿啮合,有共轭啮合和非共轭啮合两种。传动平稳准确,振动、噪声小,强度高,工作可靠;但重量较重,拆装较困难	高速或运动精度要求较高的传动,如机床主传动、发动机正时运动、石油机械以及重要的操纵机构等
成形链	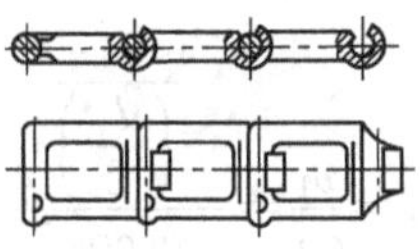	链节由可锻铸铁或钢制造,拆装方便	用于农业机械和链速在3m/s以下的传动

11.1.2　链传动的运动特性

(1)链传动运动的不均匀性

链传动虽然是啮合传动,但由于链的齿形与链轮的齿形不是共轭齿形,一般只能保证平均传动比是常数,而无法保证瞬时传动比为常数。

将链与链轮的啮合,视为链呈折线包在链轮上,形成一个局部正多边形。该正多边形的边长为链节距 p。链轮回转一周,链移动的距离为 zp,故链的平均速度 v 为

$$v = n_1 z_1 p = n_2 z_2 p \tag{11-1}$$

式中,p 为链节距;z_1、z_2 为主、从动链轮的齿数;n_1、n_2 为主、从动链轮的转速。

由上式可得链的平均传动比 i 为

$$i = \frac{n_1}{n_2} = \frac{z_1}{z_2} \tag{11-2}$$

链传动的瞬时链速和瞬时传动比可作如下分析。

设链的紧边工作时处于水平位置,如图 11-2 所示。主动链轮以等角速度 ω_1 传动,其分度圆圆周速度为 v_1,$v_1 = \dfrac{d_1 \omega_1}{2}$。链水平运动的瞬时速度 v 等于链轮圆周速度 v_1 水平分量,

链垂直运动的瞬时速度 v'_1 等于链轮圆周速度 v_1 的垂直分量。

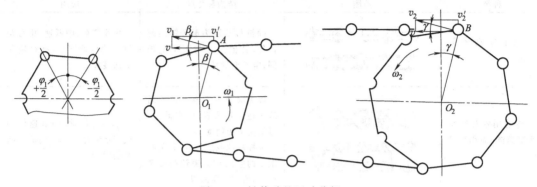

图 11-2　链传动的运动分析

$$v = v_1 \cos\beta = \frac{d_2}{2} \omega_1 \cos\beta \tag{11-3}$$

$$v'_1 = v_1 \sin\beta = \frac{d_1}{2} \omega_1 \sin\beta$$

式中，β 为 A 点圆周速度与水平线速度的夹角。β 的变化范围在 $\pm \frac{\varphi_1}{z}$ 之间，$\varphi_1 = \frac{360°}{z_1}$。

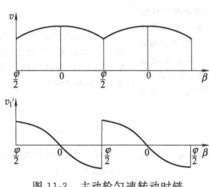

图 11-3　主动轮匀速转动时链速的变化规律

显然，当主动轮匀速转动时，链速即是变化的，其变化规律如图 11-3 所示，而且每转过一个链节，链速就按此规律重复一次。

同样，从动链轮 B 点速度 v_2 为

$$v_2 = \frac{v}{\cos\gamma} = \frac{v_1 \cos\beta}{\cos\gamma} = \frac{d_2}{2} \omega_2 \tag{11-4}$$

瞬时传动比 i_t 为

$$i_t = \frac{\omega_1}{\omega_2} = \frac{\dfrac{v_1}{\left(\dfrac{d_1}{2}\right)}}{\dfrac{v_1 \cos\beta}{\left(\dfrac{d_2}{2}\cos\gamma\right)}} = \frac{d_2 \cos\gamma}{d_1 \cos\beta} \tag{11-5}$$

由上式可知，尽管 ω_1 为常数，但 ω_2 随 γ、β 的变化而变化，瞬时传动比 i_t 也随时间变化，所以链传动工作不平稳，只有在 $z_1 = z_2$ 及链紧边长恰好是节距的整数倍时，瞬时传动比才是常数。适当选择参数可减小链传动的运动不均匀性。

（2）链传动的动载荷

链和从动链轮均作周期性的加、减速运动，必然引起动载荷，加速度越大动载荷越大。加速度为

$$a = \frac{\mathrm{d}y}{\mathrm{d}x} = -\frac{d_1}{2} \omega_1 \sin\beta \frac{\mathrm{d}\beta}{\mathrm{d}t} = -\frac{d_1}{2} \omega_1^2 \sin\beta$$

当 $\beta = \pm \frac{\varphi_1}{2}$ 时，其最大加速度为

$$a_{\max} = \pm \frac{d_1}{2} \omega_1^2 \sin\frac{\varphi_1}{2} = \pm \frac{d_1}{2} \omega_1^2 \sin\frac{180°}{z_1} = \pm \frac{\omega_1^2 p}{2} \tag{11-6}$$

可见链轮转速愈高，链节距愈大，链的加速度也愈大，动载荷就愈大。

同理，v'_1 变化使链产生上、下抖动，也产生动载荷。

另外，链节进入链轮的瞬时，链节与链轮齿以一定的相对速度啮合，链与链轮将受到冲击，并产生附加动载荷。这种现象，随着链轮转速的增加和链节距的加大而加剧，使传动产生振动和噪声。

动载荷效应使链传动不宜用于高速。

11.1.3 链传动的受力分析

不考虑动载荷，链传动中的主要作用力如下。

有效拉力 F：

$$F = \frac{P}{v}$$

式中，P 为传递功率；v 为链速。

离心拉力 F_c：

$$F_c = qv^2$$

式中，q 为每米链长质量。当 $v < 7\text{m/s}$ 时 F_c 可以忽略。

悬垂拉力 F_y，水平传动（见图 11-4）时，

$$F_y \approx \frac{1}{f} \times \frac{qga}{2} \times \frac{a}{4} = \frac{qga}{8\left(\frac{f}{a}\right)} = K_f qga$$

$$K_f = \frac{1}{8\left(\frac{f}{a}\right)}$$

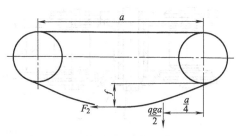

图 11-4 链的悬垂拉力

式中，f 为链条垂度；g 为重力加速度；a 为中心距；K_f 为垂度系数。

当两链轮中心连线与水平面有倾斜角时，同样用上式计算悬垂拉力，只是给出的 K_f 不同。各种倾斜角下的 K_f 值见表 11-2。

表 11-2 不同倾斜角的 K_f 值

中心连线与水平面倾斜角	0°	20°	40°	60°	80°	90°
K_f	6.0	5.9	5.2	3.6	1.6	1.0

不考虑动载时，链的紧边拉力 F_1 和松边拉力 F_2 分别为

$$F_1 = F + F_c + F_y$$
$$F_2 = F_c + F_y$$

链传动是啮合传动，作用在轴上的载荷 F_Q 不大，可近似按下式计算：

$$F_Q \approx 1.2 K_A F \tag{11-7}$$

式中，K_A 为工作情况系数，平稳载荷时取 $1.0 \sim 1.2$；中等冲击时取 $1.2 \sim 1.4$；严重冲击时取 $1.4 \sim 1.7$（动力机平稳、单班工作时取小值；动力机不平稳、三班工作时取大值）。

11.2 链传动的结构设计

11.2.1 滚子链的结构及尺寸

滚子链（见图 11-5）由内链板 1、外链板 2、销轴 3、套筒 4 和滚子 5 组成。外链板与销轴、内链板与套筒之间采用过盈配合，而销轴与套筒之间为间隙配合，可以作相对转动，以适应链条进入或退出链轮时的屈伸。滚子与套筒间采用间隙配合，以使链与链轮在进入和退出啮合时，滚子与轮齿为滚动摩擦，减少轮与轮齿的磨损。内外链板均为 8 字形，这样既可

保证链板各横截面等强度，又可减轻链的质量。

图 11-5 中 p 为链节距。链节距是链条的基本特性参数，滚子链的公称节距是指链条相邻两个铰链副理论中心之间的距离。p 愈大，链的各部分尺寸也愈大，承载能力也愈高，且在齿数一定时，链轮尺寸也随之增大。采用多排滚子链（图 11-6）可减小节距，其中的 p_t 为排距。排数愈多承载能力愈高，但由制造与安装误差引起的各排链受载不均匀现象愈严重。一般链的排数不超过 4 排。

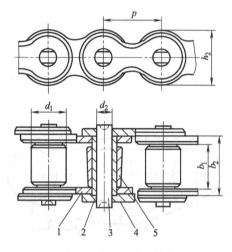

图 11-5　滚子链的结构

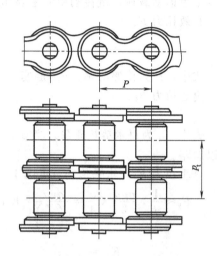

图 11-6　多排滚子链

链的接头形式见图 11-7。当链节数为偶数时采用的接头形状与链节相同，接头处用钢丝锁销 [见图 11-7 (a)]、弹簧卡片 [见图 11-7 (b)] 等止锁件将销轴与连接链板固定；当链节数为奇数时，则必须采用一个过渡链节 [见图 11-7 (c)]。过渡链节的链板在工作时有附加弯矩，不宜采用，故链节数以偶数为宜，但过渡链节在重载、冲击、反向等条件下工作时，能减轻冲击和振动。

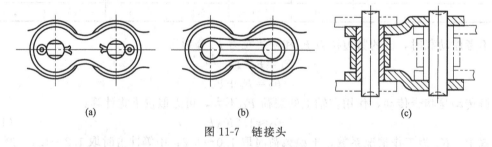

(a)　　　　　　　(b)　　　　　　　(c)

图 11-7　链接头

滚子链已经标准化，其主要尺寸、极限拉伸载荷见表 11-3。滚子链的标记为：

链号—排数×整链链节数　　标准编号

例如：08A—1×88　GB/T 6069—2002，表示：A 系列、节距 12.7mm、单排、88 节，标准编号为 GB/T 6069—2002 的滚子链。

11.2.2　链轮的结构及尺寸

（1）链轮材料

链轮材料应保证轮齿有足够的强度和耐磨性，故链轮齿面一般都经过热处理，达到一定的硬度要求。常用材料见表 11-4。传动过程中，小链轮轮齿的受载次数比大链轮齿轮多，磨损和冲击比较严重，因此小链轮的材料应较好，齿面硬度应较高。

表 11-3　滚子链主要尺寸和极限拉伸载荷（摘自 GB/T 6069—2002）

链号	节距 p/mm	排距 p_t/mm	滚子外径 d_1/mm	内节内宽 b_1/mm	销轴直径 d_2/mm	内链板高度 h_2/mm	拉伸载荷 Q/kN		单排每米质量 q/kg·m^{-1}
							单排	双排	
05B	8.00	5.64	5.00	3.00	2.31	7.11	4.40	7.80	0.18
06B	9.525	10.24	6.35	5.72	3.28	8.26	8.90	16.90	0.40
08A	12.70	14.38	7.92	7.85	3.98	12.07	13.80	27.60	0.60
08B	12.70	13.92	8.51	7.75	4.45	11.81	17.80	31.10	0.70
10A	15.875	18.11	10.16	9.40	5.09	15.09	21.80	43.60	1.00
10B	15.875	16.59	10.16	9.65	5.08	14.73	22.24	4.50	0.95
12A	19.05	22.78	11.91	12.57	5.96	18.08	31.16	2.30	1.50
12B	19.05	19.46	12.07	11.68	5.72	16.13	28.95	7.80	1.25
16A	25.40	29.29	15.88	15.75	7.94	24.13	55.60	111.20	2.60
16B	25.40	31.88	15.88	17.02	8.28	21.08	60.00	106.00	2.70
20A	31.75	35.76	19.05	18.90	9.54	30.18	86.70	173.50	3.80
20B	31.75	36.45	19.05	19.56	10.19	26.42	95.00	170.00	3.80
24A	38.10	45.44	22.23	25.22	11.11	36.20	124.60	249.10	5.60
24B	38.10	48.36	25.40	25.40	14.63	33.40	160.00	280.00	6.70
28A	44.45	48.87	25.40	25.22	12.71	42.24	169.00	338.10	7.50
28B	44.45	59.56	27.94	30.99	15.90	37.08	200.00	360.00	8.30
32A	50.80	58.55	28.58	31.55	14.29	48.26	222.40	444.80	10.10
32B	50.80	58.55	29.21	30.99	17.81	42.29	250.00	450.00	10.50

注：1. 使用过渡链节时，其极限拉伸载荷按表列数值的 80% 计算。

2. 节距超过 50mm 的链条参见 CB/T 6069—2002。

表 11-4　链轮材料及齿面硬度

材　料	热　处　理	齿面硬度	应 用 范 围
15、20	渗碳、淬火、回火	50～60HRC	$z \le 25$ 有冲击载荷的链轮
35	正火	160～200HBS	$z > 25$ 的链轮
45、45Mn、50	淬火、回火	40～50HRC	无剧烈冲击的链轮
15Cr、20Cr	渗碳、淬火、回火	55～60HRC	$z < 25$ 大功率传动链轮
40Cr、35SiMn、35CrMo	淬火、回火	40～50HRC	要求强度较高及耐磨损的重要链轮
Q235、Q275	焊后退火	140HBS	中速、中等功率、尺寸较大的链轮
不低于 HT150 的灰铸铁	淬火、回火	260～280HBS	$z > 50$ 的从动链轮
酚醛层压布板			$P < 6$kW、速度较高、传动平稳、噪声小的链轮

（2）链轮的齿槽形状

滚子链与链轮属非共轭啮合，故链轮的齿槽形状设计有较大的灵活性。链轮齿形必须保证链节能平稳自如地进入和退出啮合，尽量减小啮合时链节的冲击和接触应力，而且便于加工。

图 11-8 为常用的链轮端面齿形。它是由三段圆弧 $\overarc{aa}$、$\overarc{ab}$、$\overarc{ce}$（半径分别为 r_1、r_2、r_3）和一段直线 $\overline{bc}$ 组成，简称为三圆弧一直线齿形（或称凹齿形）。因齿形用标准刀具加工，所以在链轮工作图上不必绘制断面齿形，只需在图上注明"齿形按 GB/T 6069—2002 规定制造"即可。实际使用时允许齿形在一定的范围内变化。在链轮工作图中应绘制链轮的轴向齿形（见图 11-9），其尺寸参阅有关设计手册。

（3）链轮的基本参数和尺寸

GB/T 1243—2006 中规定了链轮的基本参数和主要尺寸，见表 11-5。链轮工作图中应注明节距 p、齿数 z、分度圆直径 d（链轮上链的各滚子中心所在的圆）、齿顶圆直径 d_a、齿根圆直径 d_f。

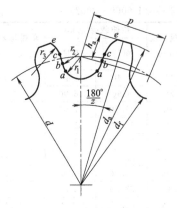

图 11-8　滚子链链轮端面齿形

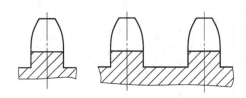

图 11-9　链轮的轴向齿形

表 11-5　链轮基本参数和主要尺寸（GB/T 1243—2006）

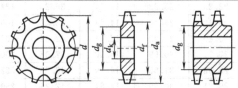

名　称		单位	计算公式
基本参数	链轮齿数 z		
	配用链条的节距 p	mm	
	配用链条的最大滚子直径 d_1	mm	
	配用链条的排距 p_t	mm	
主要尺寸	分度圆直径 d	mm	$d = \dfrac{p}{\sin\dfrac{180°}{z}}$
	齿顶圆直径 d_a	mm	$d_{amax} = d + 1.25p - d_1$ $d_{amin} = d + \left(1 - \dfrac{1.6}{z}\right)p - d_1$ 三圆弧-直线齿形 $d_a = p\left(0.54 + \cot\dfrac{180°}{z}\right)$
	齿根圆直径 d_f	mm	$d_f = d - d_1$
	分度圆弦齿高 h_a	mm	$h_{amax} = \left(0.625 + \dfrac{0.8}{z}\right)p - 0.5d_1$ $h_{amin} = 0.5(p - d_1)$ 三圆弧-直线齿形 $h_a = 0.27p$
	最大齿侧凸缘直径 d_g	mm	$d_g \leqslant p\cot\dfrac{180°}{z} - 1.04h_2 - 0.76$

注：1. 设计时可在 d_{amax}、d_{amin} 范围内任意选取，但选用 d_{amax} 时，应考虑采用展成法加工，有发生顶切的可能性。

2. h_a 是为简化放大齿形图绘制而引入的辅助尺寸（见图 11-8），h_{amax} 相应于 d_{amax}；h_{amin} 相应于 d_{amin}。

　　链轮按其结构不同可分为整体式钢制小链轮、腹板式单排铸造链轮及腹板式多排铸造链轮三种类型。这三种链轮的结构尺寸见表 11-6。

表 11-6 三种类型链轮的结构尺寸

名称	结 构 图	尺 寸 计 算			
整体式钢制小链轮		轮毂厚度 h	$h=K+\dfrac{d_k}{6}+0.01d$ 常数 K:		

轮毂厚度 h：$h=K+\dfrac{d_{\mathrm{k}}}{6}+0.01d$

常数 K：

d	<50	50~100	100~150	>150
K	3.2	4.8	6.4	9.5

轮毂长度 l：$l=3.3h$，$l_{\min}=2.6h$

轮毂直径 d_{h}：$d_{\mathrm{h}}=d_{\mathrm{k}}+2h$，$d_{\mathrm{hmax}}<d_{\mathrm{g}}$，$d_{\mathrm{g}}$ 见表 11-5

齿宽 b_{f}：

	$p\leqslant12.7$	$p>12.7$
单排链	$b_{\mathrm{f}}=0.93b_1$	$b_{\mathrm{f}}=0.95b_1$
双排链、三排链	$b_{\mathrm{f}}=0.91b_1$	$b_{\mathrm{f}}=0.93b_1$
四排链以上	$b_{\mathrm{f}}=0.88b_1$	$b_{\mathrm{f}}=0.93b_1$

其中，b_1—内节内宽，见表 11-3

腹板式单排铸造链轮

$p=9.525\sim15.875$ 　 $p\geqslant19.05$
$z\leqslant80$ 　 $z>80$ 　 z 不限

轮毂厚度 h：$h=9.5+\dfrac{d_{\mathrm{k}}}{6}+0.01d$

轮毂长度 l：$l=4h$

轮毂直径 d_{h}：$d_{\mathrm{h}}=d_{\mathrm{k}}+2h$，$d_{\mathrm{hmax}}<d_{\mathrm{g}}$，$d_{\mathrm{g}}$ 见表 11-5

齿侧凸缘宽度 b_{r}：$b_{\mathrm{r}}=0.625p+0.93b_1$　b_1—内节内宽，见表 11-3

轮缘部分尺寸：

$c_1=\dfrac{d-d_{\mathrm{g}}}{2}$

$c_2=0.9p$

$f=4+0.25p$

$g=2t$

圆角半径 R：$R=0.04p$

腹板厚度 t：

p/mm	9.525	15.875	25.4	38.1
	50.8	76.2	12.7	19.05
	31.75	44.5	63.5	
t/mm	7.9	10.3	12.7	15.9	22.2
	31.8	9.5	11.1	14.3	
	19.1	28.6			

腹板式多排铸造链轮

圆角半径 R：$R=0.5t$

轮毂长度 l：$l=4h$

腹板厚度 t：

p/mm	9.525	15.875	25.4	38.1
	50.8	76.2	12.7	19.05
	31.75	44.5	63.5	
t/mm	9.5	11.1	14.3	19.1	25.4
	38.1	10.3	12.7	15.9	
	22.2	31.8			

其余结构尺寸：见腹板式单排铸造链轮

11.3 链传动的设计及计算实例

11.3.1 滚子链传动的设计计算

（1）滚子链传动的失效形式

滚子链传动的主要失效形式如下。

① 链板疲劳断裂。

② 链条的各接合元件的相对位移是速度很小的摆动，由于不具备实现液体摩擦的条件，从而使套筒与销轴及套筒与滚子的接触表面产生磨损，导致实际节距 p 逐渐加大，链在链轮上的位置逐渐移向齿顶，引起脱链失效（见图 11-10）。

③ 套筒与滚子承受冲击载荷，经过一定次数的冲击产生冲击疲劳。

④ 高速或润滑不良的链传动，销轴与套筒的工作表面会因温度过高而胶合。

⑤ 低速重载或有较大瞬时过载的链传动，链条可能被拉断。

链传动中，一般链轮的寿命远大于链条的寿命。因此，链传动能力的设计主要针对链条进行。

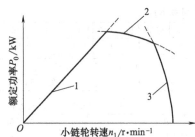

图 11-10　链传动各种失效形式限定的额定功率曲线

（2）额定功率曲线

在一定使用寿命和润滑良好的条件下，链传动各种失效形式限定的额定功率曲线如图 11-10 所示。图中 1 为链疲劳强度限定曲线，在润滑良好、中等速度的链传动中链的寿命由该曲线限定。随着转速的增高，链传动的运动不均匀性也增大，传动能力主要取决于由滚子、套筒冲击疲劳强度限定的曲线 2。转速再增加，链的传动能力明显降低，会出现胶合失效，3 为销轴和套筒胶合的限定曲线。

图 11-11 给出了滚子链在特定试验条件下的额定功率曲线。试验条件为：$z_1 = 19$、$L_p = 120$ 节、单排链水平布置、载荷平稳、工作环境正常、按推荐的润滑方式润滑、使用寿命 15000h、链条因磨损而引起的相对伸长量比 $\dfrac{\Delta P}{P} \leqslant 3\%$。使用时与上述条件不同时，需作适当修正。由此得链传动计算功率：

$$P_C = K_A P \leqslant K_z K_p K_L P_0 \tag{11-8}$$

式中，P 为传递功率；K_z 为小链轮齿数系数，见表 11-7；K_p 为多排链排数系数，见表 11-8；K_L 为链长系数，见表 11-7；P_0 为额定功率，见图 11-11。

表 11-7　小链轮齿数系数 K_z 和链长系数 K_L

链传动工作在图 11-11 中的位置	位于功率曲线顶点的左侧时 （链板疲劳）	位于功率曲线顶点的右侧时 （滚子、套筒冲击疲劳）
K_z	$\left(\dfrac{z_1}{19}\right)^{1.08}$	$\left(\dfrac{z_1}{19}\right)^{1.5}$
K_L	$\left(\dfrac{L_p}{100}\right)^{0.26}$	$\left(\dfrac{L_p}{100}\right)^{0.5}$

表 11-8　多排链排数系数 K_p

排数	1	2	3	4	5	6
K_p	1	1.7	2.5	3.3	4.0	4.6

对于 $v < 0.6\text{m/s}$ 的低速链传动，为防止过载拉断，应进行静强度校核。静强度安全因数应满足下式：

$$S = \frac{z_P Q}{K_A F + F_y} \geqslant 4 \sim 8 \tag{11-9}$$

式中，z_P 为链排数；Q 为单排链的极限拉伸载荷，见表 11-3。

（3）滚子链传动设计计算的内容和步骤

设计链传动时需要注意链轮与其他机件的协调问题。设计链传动时应确定链的节距、齿

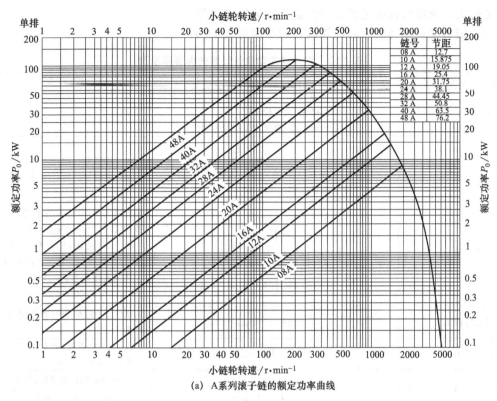

(a) A系列滚子链的额定功率曲线

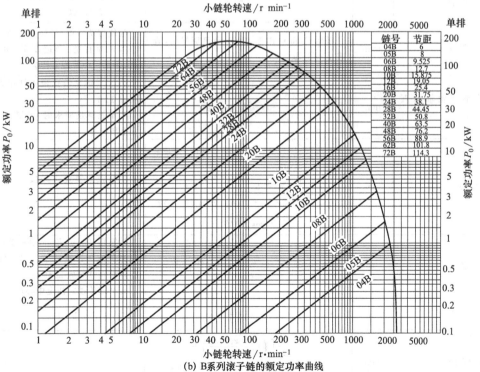

(b) B系列滚子链的额定功率曲线

图 11-11　滚子链的额定功率曲线 ($v > 0.6\text{m/s}$)

数、链轮直径、轮毂宽度、中心距以及作用在轴上的力。当选用单排链使传动尺寸过大时，应改用双排链。齿数最好取奇数或不能整除链节数的数，链节数最好取为偶数。为不使大链轮尺寸过大，速度较低的链传动的齿数不宜取得过多等。

滚子链传动设计时的一般计算内容和步骤见表 11-9。

表 11-9 滚子链传动设计计算的内容和步骤

计算项目	单位	公式及数据	说　明
已知条件		①传递功率 ②小链轮、大链轮转速 ③传动用途、载荷性质以及原动机种类	
传动比 i		$i=\dfrac{n_1}{n_2}=\dfrac{z_2}{z_1}$ 一般 $i\leqslant 7$，推荐 $i=2\sim3.5$；当 $v<2\mathrm{m/s}$、平稳载荷，i 可达 10	n_1—小链轮转速，$\mathrm{r/min}$ n_2—大链轮转速，$\mathrm{r/min}$
小链轮齿数 z_1		$z_1\geqslant z_{\min}=17$ 推荐 $z_1\approx 29-2i$ $\begin{array}{c\|c\|c\|c\|c\|c\|c} i & 1\sim2 & 2\sim3 & 3\sim4 & 4\sim5 & 5\sim6 & 6 \\ \hline z_1 & 31\sim27 & 27\sim25 & 25\sim23 & 23\sim21 & 21\sim17 & 17\sim15 \end{array}$	z_1 增大，链条总拉力下降，多边形效应减弱，但结构重量增大 z_1、z_2 取奇数，链节数 L_p 为偶数时，可使链条和链轮齿磨损均匀 优先选用齿数：17、19、21、23、25、38、57、76、95 和 114
大链轮齿数 z_2		$z_2=iz_1\leqslant z_{\max}=114$	增大 z_2，链传动的磨损使用寿命降低
设计功率 P_d	kW	$P_d=K_A P$	K_A—工况系数，见表 11-10 P—传递功率，kW
特定条件下单排链条传递的功率 P_0	kW	$P_0=\dfrac{P_d}{K_z K_p K_L}$	K_z—小链轮齿数系数，见表 11-7 K_p—排数系数，见表 11-8 K_L—链长系数，见表 11-7
链条节距 p	mm	根据 P_0 和 n_1 由图 11-11 确定链号后，查表 11-3 选取	为使传动平稳、结构紧凑，宜选用小节距单排链；当速度高、功率大时，则选用小节距多排链
验算小链轮轴孔直径 d_K	mm	$d_K\leqslant d_{K\max}$	$d_{K\max}$—链轮轴孔最大许用直径，见表 11-11 当不能满足要求时，可增大 z_1 或 p 重新验算
初定中心距 a_0	mm	一般取 $a_0=(30\sim50)p$ 脉动载荷、无张紧装置时 $a_0<25p$ $\begin{array}{c\|c\|c} i & <4 & \geqslant4 \\ \hline a_{0\min} & 0.2z_1(i+1)p & 0.33z_1(i-1)p \end{array}$ $a_{0\max}=80p$	当有张紧装置或托板时，a_0 可大于 $80p$
链条节数 L_p	节	$L_p=\dfrac{z_1+z_2}{2}+2\dfrac{a_0}{p}+\left(\dfrac{z_2-z_1}{2\pi}\right)^2\dfrac{p}{a_0}$	计算得到的 L_p 值，应圆整为偶数，以避免使用过渡链节，否则其极限拉伸载荷须降低 20% a_0—链传动的初定中心距
链条长度 L	m	$L=\dfrac{L_p p}{1000}$	
实际中心距 a	mm	$a=\dfrac{p}{4}\left[\left(L_p-\dfrac{z_1+z_2}{2}\right)+\sqrt{\left(L_p-\dfrac{z_1+z_2}{2}\right)^2-8\left(\dfrac{z_2-z_1}{2\pi}\right)^2}\right]$	
链条速度 v	m/s	$v=\dfrac{z_1 n_1 p}{60\times1000}$	$v\leqslant0.6\mathrm{m/s}$ 时，为低速链传动；$v>0.6\sim0.8\mathrm{m/s}$ 时，为中速链传动；$v>0.8\mathrm{m/s}$ 时，为高速链传动

续表

计算项目	单位	公式及数据	说　明
有效圆周力 F_t	N	$F_t = \dfrac{1000p}{v}$	
作用在轴上的力 F_Q	N	水平或倾斜的传动：$F_Q \approx (1.15 \sim 1.20) K_A F_t$ 接近垂直的传动：$F_Q \approx 1.05 K_A F_t$	
润滑		参考图 11-14 合理确定	

表 11-10　工况系数 K_A

载荷种类	工　作　机	原动机		
		电动机、汽轮机、燃气轮机、带液力偶合器的内燃机	内燃机（≥6缸）、频繁启动电动机	带机械联轴器的内燃机（<6缸）
平稳载荷	液体搅拌机、离心式泵和压缩机、风机、均匀给料的带式输送机、印刷机械、自动扶梯	1.0	1.1	1.3
中等冲击	固液比大的搅拌机、不均匀负载的输送机、多缸泵和压缩机、滚筒筛	1.4	1.5	1.7
较大冲击	电铲、轧机、橡胶机械、压力机、剪床、石油钻机、单缸或双缸泵和压缩机、破碎机、矿山机械、振动机械、锻压机械、冲床	1.8	1.9	2.1

表 11-11　链轮轴孔的最大许用直径 d_{Kmax}　　　　mm

齿数 z	节距 p									
	9.525	12.70	15.875	19.05	25.40	31.75	38.10	44.45	50.80	63.50
11	11	18	22	27	38	50	60	71	80	103
13	15	22	30	36	51	64	79	91	105	132
15	20	28	37	46	61	80	95	111	129	163
17	24	34	45	53	74	93	112	132	152	193
19	29	41	51	62	84	108	129	153	177	224
21	33	47	59	72	95	122	148	175	200	254
23	37	51	65	80	109	137	165	196	224	278
25	42	57	73	88	120	152	184	217	249	310

11.3.2　滚子链传动的设计计算实例

例：设计螺旋输送机用的链传动。已知：电动机功率 $P = 4 \text{kW}$、转速 $n_1 = 720 \text{r/min}$，$n_2 = 240 \text{r/min}$，单班工作，水平布置，中心距可以调节。

计算与说明	主要结果
1. 选择链轮齿数 　估计链速 $v = 3 \sim 8 \text{m/s}$，取 $z_1 = 21$ 　传动比 $i = \dfrac{n_1}{n_2} = \dfrac{720}{240} = 3$ 　$z_2 = i z_1 = 63$ **2. 初定中心距** 　$a_0 = 40p$	$z_1 = 21$ $z_2 = 63$

续表

计算与说明	主要结果
3. 链节数 $$L_p = \frac{z_1 + z_2}{2} + 2\frac{a_0}{p} + \left(\frac{z_2 - z_1}{2\pi}\right)^2 \frac{p}{a_0}$$ $$= \frac{21 + 63}{2} + 2\frac{40p}{p} + \left(\frac{63 - 21}{2\pi}\right)^2 \frac{p}{40p} = 123.12$$	取 $L_p = 124$ 节
4. 计算功率 $K_A = 1$(平稳载荷) 工作点估计在图 11-11 某功率曲线顶点的左侧,故由表 11-7 知,小链轮齿数系数为: $$K_z = \left(\frac{z_1}{19}\right)^{1.08} = \left(\frac{21}{19}\right)^{1.08} = 1.11$$ $K_p = 1$(单排链)(表 11-8) 由式(11-8), $$P_0 = \frac{PK_A}{K_z K_p} = \frac{4 \times 1}{1.11 \times 1} = 3.6 \text{kW}$$	
5. 链节距 根据 $P_0 = 3 \sim 4 \text{kW}$,由图 11-11 选用 08A 的滚子链,查表 11-3 得 $p = 12.70 \text{mm}$	$p = 12.70 \text{mm}$
6. 确定实际中心距 $$a = \frac{p}{4}\left[\left(L_p - \frac{z_1 + z_2}{2}\right) + \sqrt{\left(L_p - \frac{z_1 + z_2}{2}\right)^2 - 8\left(\frac{z_2 - z_1}{2\pi}\right)^2}\right]$$ $$= \frac{12.7}{4}\left[\left(124 - \frac{21 + 63}{2}\right) + \sqrt{\left(124 - \frac{21 + 63}{2}\right)^2 - 8\left(\frac{63 - 21}{2\pi}\right)^2}\right] \text{mm}$$ $$= 512.68 \text{mm}$$ 为保证安装垂度,中心距可略小,取 $a = 513 \text{mm}$	取 $a = 513 \text{mm}$
7. 验算链速 $$v = \frac{n_1 z_1 p}{60 \times 1000} = \frac{720 \times 21 \times 12.70}{60 \times 1000} \text{m/s} = 3.2 \text{m/s}$$ 与原假设相符	
8. 有效拉力 $$F = \frac{P}{v} = \frac{1000 \times 4}{3.2} \text{N} = 1250 \text{N}$$	$F = 1250 \text{N}$
9. 作用在轴上的载荷 $$F_Q \approx 1.2 K_A F = 1.2 \times 1 \times 1250 \text{N} = 1500 \text{N}$$	$F_Q = 1500 \text{N}$
10. 润滑方式 根据 $p = 12.70 \text{mm}$、$v = 3.2 \text{m/s}$,由图 11-14 查出宜用滴油润滑	

11.4 链传动的安装、使用和维护

11.4.1 链传动的合理布置

链传动的合理布置应该考虑以下几个问题。

① 两链轮的回转平面应在同一平面内,否则易使链条脱落,或不正常磨损。

② 两链轮的连心线最好在水平面内,若需要倾斜布置时,倾斜角也应避免大于 45°[图 11-12 (a)]。应避免垂直布置 [图 11-12 (b)],因为过大的下垂量会影响链轮与链条的正确啮合,降低传动能力。

③ 链传动最好紧边在上、松边在下,以防松边下垂量过大使链条与链轮轮齿发生干涉 [图 11-12 (c)] 或松边与紧边相碰。

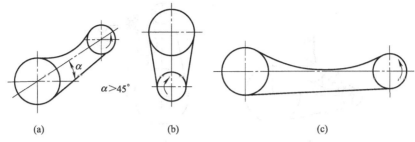

图 11-12　应避免的链传动布置

根据传动比和中心距的不同，链传动采用的合理布置形式见表 11-12。

表 11-12　链传动的布置

传动参数	正确布置	不正确布置	说　　明
$i=2\sim3$ $a=(30\sim50)p$			传动比和中心距中等大小 　两轮轴线在同一水平面，紧边在上较好
$i>2$ $a<30p$			中心距较小 　两轮轴线不在同一水平面，松边应在下面，否则松边下垂量增大后，链条易与链轮卡死
$i<1.5$ $a>60p$			传动比小，中心距较大 　两轮轴线在同一水平面，松边应在下面，否则经长时间使用，下垂量增大后，松边会与紧边相碰，需经常调整中心距
i、a 为任意值			两轮轴线在同一铅垂面内，经使用，链节距加大，链下垂量增大，会减少下链轮的有效啮合齿数，降低传动能力。为此，可采取的措施有： 　①中心距可调 　②设张紧装置 　③上、下两轮偏置，使两轮的轴线不在同一铅垂面内

11.4.2　链传动的张紧装置

张紧的主要目的是保证链条有稳定的从动边拉力以控制松边的垂度，使啮合良好，防止链条过大的振动。当两轮的连心线倾斜角大于 60°时，通常应该设有张紧装置。

常用移动链轮增大中心距的方法张紧。当中心距不可调时，可用张紧轮定期张紧或自动张紧［见图 11-13 (a)、(b)］，这两种张紧方式的调整形式及简图分别见表 11-13。张紧轮应装在靠近小链轮的松边上。张紧轮可为有齿与无齿两种，其分度圆直径要与小链轮分度圆直径相近。无齿的张紧轮可以用酚醛层压布板制成，宽度应比链宽约宽 5mm。用压板、托板张紧［见图 11-13 (c)］，特别是中心距大的链传动，用托板控制垂度更合理。

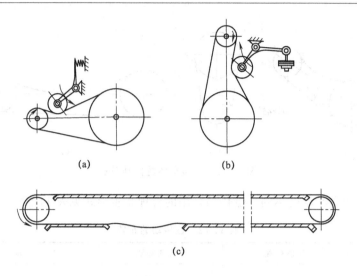

(a)   (b)

(c)

图 11-13 链的张紧装置

表 11-13 链传动的张紧方式

类型	张紧调整形式	简 图	说 明
定期张紧	螺纹调节		调节螺钉可采用细牙螺纹并带锁紧螺母
	偏心调节		
自动张紧	弹簧调节		张紧轮一般布置在链条松边,根据需要可以靠近小链轮或大链轮,或者布置在中间位置。张紧轮可以是链轮或辊轮。张紧链轮的齿数常等于小链轮齿数。张紧辊轮常用于垂直或接近于垂直的链传动,其直径可取为 $(0.6 \sim 0.7)d$,d 为小链轮直径
	挂重调节		
	液压调节		采用液压块与导板相结合的形式,减震效果好,适用于高速场合,如发动机的链传动
承托装置	托板和托架		适用于中心距较大的场合,托板上可衬以软钢、塑料或耐油橡胶,滚子可在其上滚动,更大中心距时,托板可以分成两段,借中间 6~10 节链条的自重下垂张紧

11.4.3 链传动的润滑

链传动的良好润滑能缓和冲击、减小摩擦、减轻磨损，不良的润滑就会降低链传动使用寿命。链传动的润滑方法可根据图 11-14 选取，每种润滑方式的简图及采用的润滑方法见表 11-14。润滑时应设法在链传动关节的缝隙中注入润滑油，并应均匀分布在链宽上。润滑油应加在松边，因为链节处于松弛状态时润滑油容易进入摩擦面。

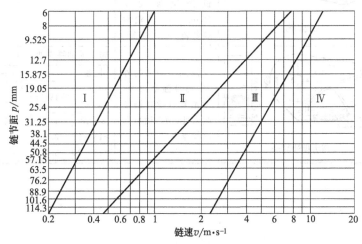

图 11-14 推荐的润滑方法

Ⅰ—人工定期润滑；Ⅱ—滴油润滑；Ⅲ—油浴或飞溅润滑；Ⅳ—压力喷油润滑

表 11-14 链传动的润滑方法

润滑方式	简图	说 明	供 油 量
人工定期润滑	人工定期润滑	用刷子或油壶定期在链条松边内、外链板间隙中注油	每班注油一次
滴油润滑	滴油润滑	装有简单外壳，用滴油壶或滴油器在从动边的内外链板间隙处滴油	单排链，每分钟供油 5～20 滴，速度高时取大值
油浴供油润滑	油浴供油润滑	采用不漏油的外壳，使链条从油槽中通过	一般浸油深度为 6～12mm。链条浸入油面过深，搅油损失大，油易发热变质，浸入过浅，润滑不可靠

润滑方式	简图	说　明	供　油　量			
飞溅润滑	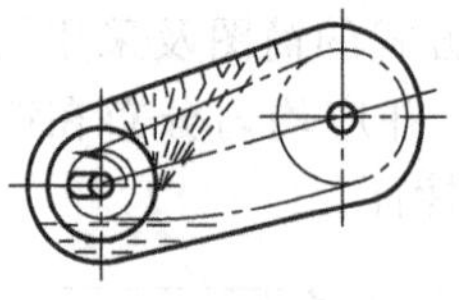 飞溅润滑	采用不漏油的外壳,在链轮侧边安装甩油盘,甩油盘圆周速度 $v > 3\text{m/s}$。当链条宽度大于125mm时,链轮两侧各装一个甩油盘	甩油盘浸油深度为12~35mm			
压力供油润滑	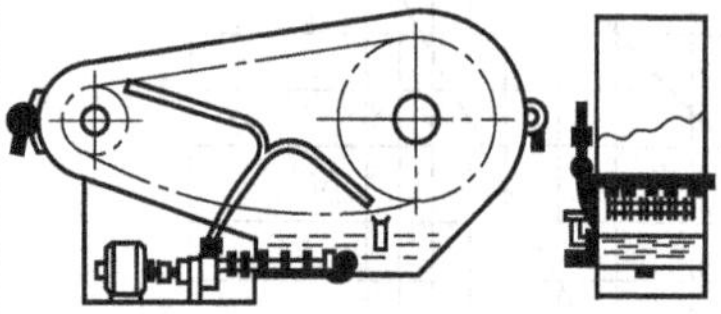 压力供油润滑	采用不漏油的外壳,油泵强制供油,喷油管口设在链条啮入处,循环油可起冷却作用	每个喷油嘴供油量/L·min⁻¹			

链速 $v/\text{m}\cdot\text{s}^{-1}$	节距 p/mm			
	≤19.05	25.4~31.75	38.1~44.45	≥50.8
8~13	1.0	1.5	2.0	2.5
>13~18	2.0	2.5	3.0	3.5
>18~24	3.0	3.5	4.0	4.5

第12章　齿轮传动

12.1　齿轮传动概述

12.1.1　齿轮传动的类型

齿轮传动的类型很多,有不同的分类方法。

按照工作条件,齿轮传动可分为闭式传动和开式传动两种。闭式传动的齿轮封闭在刚性的箱体内,因而能保证良好的润滑和工作条件。重要的齿轮传动都采用闭式传动。开式传动的齿轮是外露的,不能保证良好的润滑,而且易落入灰尘、杂质,故齿面易磨损,只宜用于低速传动。

按两轴的相对位置和齿向,齿轮机构的分类见表12-1。

12.1.2　轮齿的失效形式

轮齿的失效形式主要有:轮齿折断、齿面点蚀、齿面胶合、齿面磨损和塑性变形。

表 12-1　齿轮机构的类型及其特性

类型		简　图	特　性
圆柱齿轮副	直齿轮		1. 两传动轴平行,转动方向相反 2. 承载能力较低 3. 传动平稳性较差 4. 工作时无轴向力,可轴向运动 5. 结构简单,加工制造方便 6. 这种齿轮机构应用最为广泛,主要用于减速、增速及变速,或用来改变转动方向
	斜齿轮	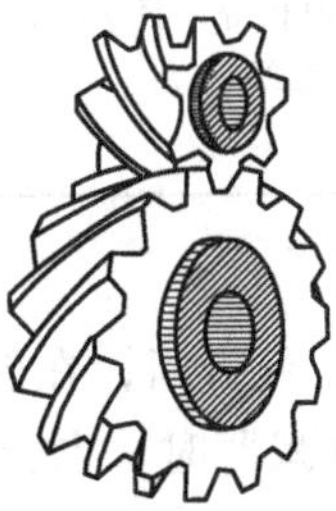	1. 两传动轴平行,转动方向相反 2. 承载能力比直齿圆柱齿轮机构高 3. 传动平稳性好 4. 工作时有轴向力,不宜作滑移变速机构 5. 轴承装置结构复杂 6. 加工制造较直齿圆柱齿轮困难 7. 这种齿轮机构应用较广,适用于高速、重载的传动,也可用来改变转动方向
	人字齿轮	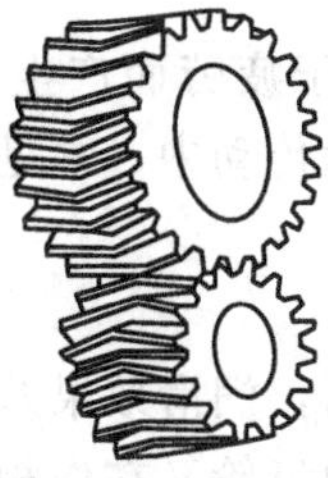	1. 两传动轴平行,转动方向相反 2. 每个人字齿轮相当于由两个尺寸相同而齿向相反的斜齿轮组成 3. 加工制造较困难 4. 承载能力高 5. 轴向力可以互相抵消,这种齿轮机构常用于重载传动

类型		简　图	特　性
圆锥齿轮副	直齿圆锥齿轮	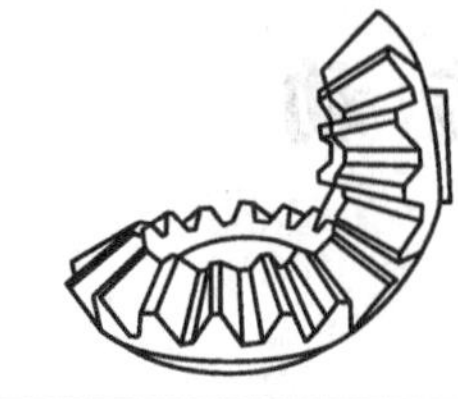	1. 两传动轴相交,一般机械中轴交角为 90°,用于传递两垂直相交轴之间的运动和动力 2. 承载能力强 3. 轮齿分布在截圆锥体上 4. 直齿圆锥齿轮的设计、制造及安装较容易,所以应用最广
	曲齿圆锥齿轮		1. 由一对曲齿圆锥齿轮组成,两轮轴线交错,交错角为 90° 2. 齿轮螺旋线切向相对滑动较大 3. 承载能力低 4. 这种机构常用来传递交错轴之间的运动或载荷很小的场合
蜗轮蜗杆		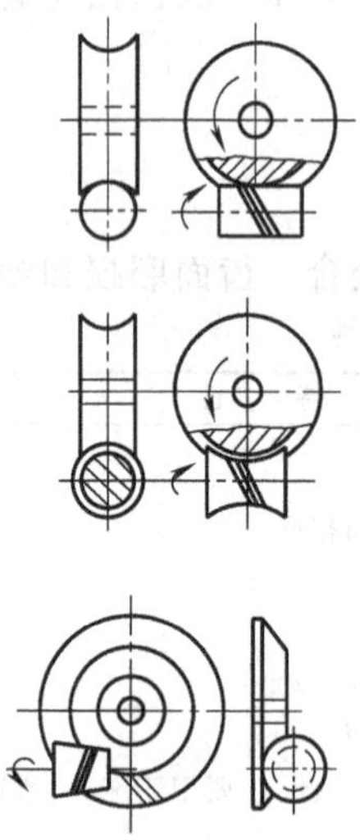	1. 用于传递空间交错轴之间的回转运动和动力,通常两轴交错角成90°。传动中蜗杆为主动件,蜗轮为从动件,广泛应用于各种机器和仪器中 2. 传动比大,结构紧凑 3. 传动平稳,噪声小 4. 具有自锁功能 5. 传动效率低,磨损较严重 6. 蜗杆的轴向力较大,使轴承摩擦损失较大
齿轮齿条			1. 齿廓上各点的压力角相等,是等于齿廓的倾斜角(齿形角),标准值为 20° 2. 齿廓在不同高度上的齿距均相等。且 $p=\pi m$ 但齿厚和槽宽各不相同,其中 $s=e$ 处的直线称为分度线 3. 几何尺寸与标准齿轮相同

（1）轮齿折断

轮齿折断有多种形式。在正常情况下，主要是齿根弯曲疲劳折断；在轮齿突然过载时，也可能出现过载折断或剪断；在轮齿经过严重磨损后齿厚过分减薄时，也会在正常载荷作用下发生折断。

（2）齿面点蚀

所谓点蚀就是齿面材料在变化着的接触应力作用下，由于疲劳而产生的麻点状损伤现象。点蚀是齿面疲劳损伤的现象之一。在润滑良好的闭式齿轮传动中，常见的齿面失效形式多为点蚀。

（3）齿面胶合

对于高速重载的齿轮传动，齿面间的压力大，瞬时温度高，润滑效果差。当瞬时温度过高时，相啮合的两齿面就会发生黏在一起的现象，由于此时两齿轮又在作相对滑动，相黏结的部位即被撕破，于是在齿面上沿相对滑动的方向形成伤痕，称为胶合。有些低速重载的重型齿轮传动，由于齿面间的油膜遭到破坏，也会产生胶合失效。

（4）齿面磨损

在齿轮传动中，齿面随着工作条件的不同会出现多种不同的磨损形式。例如当啮合齿面间落入磨料性物质（如砂粒、铁屑）时，齿面即被逐渐磨损而致报废。这种磨损称为磨粒磨损，它是开式齿轮传动的主要失效形式之一。

（5）塑性变形

塑性变形属于轮齿永久变形一大类的失效形式，它是在过大的应力作用下，轮齿材料处于屈服状态而产生的齿面或齿体塑性流动所形成的。塑性变形一般发生在硬度低的齿轮上；但在重载作用下，硬度高的齿轮上也会出现。

开式及闭式齿轮传动的失效形式见表 12-2。

表 12-2 齿轮传动的失效形式

齿轮传动类型	闭式齿轮传动		开式齿轮传动
	硬齿面	软齿面	
主要失效形式	折断	点蚀、胶合	折断、磨损

12.1.3 齿轮的材料选择

常用的齿轮材料是各种牌号的优质碳素钢、合金结构钢、铸钢和铸铁等，一般多采用锻件或轧制钢材。当齿轮较大（例如直径大于 $400\sim600\text{mm}$）而轮坯不易锻造时，可采用铸钢；开式低速传动可采用灰铸铁；球墨铸铁有时可代替铸钢。常用的齿轮材料见表 12-3。

12.1.4 齿轮的热处理方法

齿轮常用的热处理方法有以下几种。

（1）表面淬火

一般用于中碳钢和中碳合金钢，例如 45 钢、40Cr 等。表面淬火后轮齿变形不大，可不磨齿，齿面硬度可达 $52\sim56\text{HRC}$。由于齿面接触强度高，耐磨性好，而齿芯部未淬硬仍有较高的韧性，故能承受一定的冲击载荷。表面淬火的方法有高频淬火和火焰淬火等。

（2）渗碳淬火

渗碳钢为含碳量 $0.15\%\sim0.25\%$ 的低碳钢和低碳合金钢，例如 20 钢、20Cr 等。渗碳淬火后齿面硬度可达 $56\sim62\text{HRC}$，齿面接触强度高，耐磨性好，而齿芯部仍保持有较高的韧性，常用于受冲击载荷的重要齿轮传动。通常渗碳淬火后要磨齿。

（3）调质

一般用于中碳钢和中碳合金钢，例如 45 钢、40Cr、35SiMn 等。调质处理后齿面硬度一般为 $220\sim260\text{HBS}$。因硬度不高，故可在热处理以后精切齿形，且在使用中易于跑合。

（4）正火

正火能消除内应力、细化晶粒、改善力学性能和切削性能。机械强度要求不高的齿轮可用中碳钢正火处理。大直径的齿轮可用铸钢正火处理。

（5）渗氮

渗氮是一种化学热处理。渗氮后不再进行其他热处理，齿面硬度可达 $60\sim62\text{HRC}$，因氮化处理温度低，齿的变形小，因此适用于难以磨齿的场合，例如内齿轮。

上述五种热处理中，调质和正火两种处理后的齿面硬度较低（$\text{HBS}\leqslant350$），为软齿面；其他三种处理后的齿面硬度较高，为硬齿面。软齿面的工艺过程较简单，适用于一般传动。当大小齿轮都是软齿面时，考虑到小齿轮齿根较薄，弯曲强度较低，且受载次数较多，故在选择材料和热处理时，一般使小齿轮齿面硬度比大齿轮高 $20\sim50\text{HBS}$。硬齿面齿轮的承载能力较高，但需专门设备磨齿，常用于要求结构紧凑或生产批量大的齿轮。当大小齿轮都是硬齿面时，小齿轮的硬度应略高于大齿轮，也可和大齿轮相等。

表 12-3 列出了常用的齿轮材料及其力学性能。

表 12-3　常用的齿轮材料及其力学性能

材料牌号	热处理方式	硬度	接触疲劳极限 σ_{Hlim}/MPa	弯曲疲劳极限 σ_{FE}/MPa
45 钢	正火	156～217HBS	350～400	280～340
	调质	197～286HBS	550～620	410～480
	表面淬火	40～50HRC	1120～1150	680～700
40Cr	调质	217～286HBS	650～750	560～620
	表面淬火	48～55 HRC	1150～1210	700～740
35SiMn	调质	207～286HBS	650～760	550～610
	表面淬火	45～50HRC	1130～1150	690～700
40MnB	调质	241～286HBS	680～760	580～610
	表面淬火	45～55HRC	1130～1210	690～720
20CrMnTi	渗碳淬火回火	56～62HRC	1500	850
20Cr	渗碳淬火回火	56～62HRC	1500	850
ZG310-570	正火	l63～197HBS	280～330	210～250
ZG340-640	正火	179～207HBS	310～340	240～270
ZG35SiMn	调质	241～269HBS	590～640	500～520
	表面淬火	45～53HRC	1130～1190	690～720
HT300	时效	187～255HBS	330～390	100～150
QT500-7	正火	170～230HBS	450～540	260～300
QT600-3	正火	190～270HBS	490～580	280～310

注：表中的 σ_{Hlim}、σ_{FE} 数值是根据 GB/T 3480 提供的线图，依材料的硬度值查得，它适用于材质和热处理质量达到中等要求时。

12.1.5　齿轮传动的精度

国家标准 GB 10095—2008 对圆柱齿轮及齿轮副规定了 12 个精度等级，其中 1 级的精度最高，12 级的精度最低，常用的是 6～9 级精度。

按照误差的特性及它们对传动性能的主要影响，将齿轮的各项公差分成三个组，分别反映传递运动的准确性、传动的平稳性和载荷分布的均匀性。此外，考虑到齿轮制造误差以及工作时轮齿变形和受热膨胀，同时为了便于润滑，需要有一定的合适的传动侧隙。

表 12-4 列出精度等级的荐用范围，供设计时参考。

表 12-4　齿轮传动精度等级

精度等级	圆周速度/(m/s)			应　　用
	直齿圆柱齿轮	斜齿圆柱齿轮	直齿圆锥齿轮	
6 级	≤15	≤25	≤9	高速重载的齿轮传动，如飞机、汽车和机床中的重要齿轮；分度机构的齿轮传动
7 级	≤10	≤17	≤6	高速中载或中速重载的齿轮传动，如标准系列减速器中的齿轮，汽车和机床中的齿轮
8 级	≤5	≤10	≤3	机械制造中对精度无特殊要求的齿轮
9 级	≤3	≤3.5	≤2.5	低速及对精度要求低的齿轮

12.2　圆柱齿轮传动的设计计算

12.2.1　渐开线直齿圆柱齿轮的设计计算

圆柱齿轮传动设计的主要步骤为：①选择齿轮的材料及确定许用应力；②圆柱直齿轮强

度的设计计算；③齿轮的基本尺寸计算；④齿轮的强度验算；⑤绘制齿轮的工件图。

（1）渐开线直齿圆柱齿轮的几何尺寸计算

直齿圆柱齿轮的模数、各部分名称及几何尺寸计算见表 12-5。

齿轮分度圆上的齿距对无理数 π 的比值称为模数，模数是齿轮几何尺寸的主要参数，齿轮的主要几何尺寸都与模数成正比，模数越大，齿距越大，轮齿也越大，轮齿抗弯能力就越强，所以模数 m 又是轮齿抗弯能力的重要标志。我国已规定了渐开线圆柱齿轮的标准模数系列，见表 12-6。

表 12-5　标准直齿圆柱齿轮传动的几何尺寸计算公式

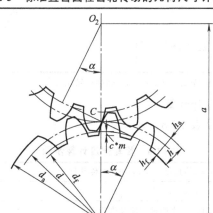

名　称	代　号	直 齿 轮
模数	m	由强度计算或结构设计确定,按表 12-6 取为标准值
压力角	α	$\alpha = 20°$
分度圆直径	d	$d = mz$
齿顶高	h_a	$h_a = h_a^* m$
齿根高	h_f	$h_f = h_a + c = (h_a^* + c^*)m$
齿全高	h	$h = h_a + h_f = (2h_a^* + c^*)m$
齿顶圆直径	d_a	$d_a = d + 2h_a$
齿根圆直径	d_f	$d_f = d - 2h_f$
中心距	a	$a = \dfrac{d_1 + d_2}{2} = \dfrac{m}{2}(z_1 + z_2)$
齿数比	u	$u = \dfrac{z_2}{z_1}$
标准齿轮系数	齿顶高系数 h_a^* 顶隙系数 c^*	正常齿:$h_a^* = 1, c^* = 0.25$ 短　齿:$h_a^* = 0.8, c^* = 0.3$

表 12-6　渐开线圆柱齿轮的模数（GB/T 1357—2008）

第一系列	1	1.25	1.5		2		2.5		3			
第二系列				1.75		2.25		2.75		(3.25)	3.5	(3.75)
第一系列	4		5		6			8		10		50
第二系列		4.5		5.5		(6.5)	7		9		(11)	
第一系列		16		20		25		32		40		50
第二系列	14		18		22		28		36		45	

注：1. 对于斜齿圆柱齿轮是指法向模数。

2. 优先选用第一系列，括号内数值尽量不用。

（2）直齿圆柱齿轮传动的作用力计算

直齿圆柱齿轮传动的作用力计算见表 12-7。

表 12-7 直齿圆柱齿轮传动的作用力计算公式

作 用 力	计 算 公 式	直齿圆柱齿轮传动的作用力
圆周力 F_t/N	$F_t = \dfrac{2T_1}{d_1}$	
径向力 F_r/N	$F_r = F_t \tan\alpha$	
法向力 F_n/N	$F_n = \dfrac{F_t}{\cos\alpha}$	
转矩 T / N·mm	$T_1 = 9.55 \times 10^6 \dfrac{P}{n_1}$	

说明：P—传递功率，kW；n_1—小轮转速，r/min；α—标准齿轮压力角。

（3）圆柱直齿轮强度的设计计算

① 齿轮强度计算步骤 见表 12-8。

表 12-8 齿轮强度计算步骤

已知条件	工作情况、传递功率 P、转速 n_1、传动比 i
待定设计参数	z_1、z_2、m、a、d_1、d_2、b
设计步骤	1. 确定材料、热处理方法及许用应力 2. 分析失效形式，确定计算准则与公式 3. 初选参数，求出所需的计算值

② 齿轮传动强度计算公式 齿轮的强度设计及校核就是根据其工作情况及失效形式，来确定计算准则与公式。但对于齿面磨损、塑性变形等，由于尚未建立起广为工程实际使用而且行之有效的计算方法及设计数据，所以目前设计一般使用的齿轮传动时，通常只按保证齿根弯曲疲劳强度及保证齿面接触疲劳强度两准则进行计算。闭式传动可按齿面接触强度估算，开式传动按齿根弯曲强度估算。表 12-9 中所列公式为齿面接触强度和齿根弯曲强度的设计公式和验算公式，可用表中所列公式估算，必要时作校核验算。

表 12-9 圆柱直齿轮设计公式

公式用途	齿面接触强度	齿根弯曲强度
强度设计公式	$d_1 \geqslant \sqrt[3]{\dfrac{2KT_1}{\phi_d} \times \dfrac{u \pm 1}{u} \times \left(\dfrac{Z_E Z_H}{[\sigma_H]}\right)^2}$	$m \geqslant \sqrt[3]{\dfrac{2KT_1}{\phi_d z_1^2} \cdot \dfrac{Y_{Fa} Y_{Sa}}{[\sigma_F]}}$
传动验算公式	$\sigma_H = Z_E Z_H \sqrt{\dfrac{2KT_1}{bd_1^2} \times \dfrac{u \pm 1}{u}} \leqslant [\sigma_H]$	$\sigma_F = \dfrac{2KT_1 Y_{Fa} Y_{Sa}}{bm^2 z_1} \leqslant [\sigma_F]$
许用应力计算公式	$[\sigma_H] = \dfrac{\sigma_{Hlim}}{S_H}$	$[\sigma_F] = \dfrac{\sigma_{FE}}{S_F}$

③ 齿轮强度计算公式使用方法 齿轮传动设计时，应首先按主要失效形式进行强度计算，确定其主要尺寸，然后对其进行必要的校核。

软齿面闭式传动常因齿面点蚀而失效，故通常先按齿面接触强度设计公式确定传动的尺寸，然后验算轮齿弯曲强度。硬齿面闭式齿轮传动抗点蚀能力较强，故可先按弯曲强度设计公式确定模数等尺寸，然后验算齿面接触强度。

齿轮强度计算公式使用方法见表 12-10。

表 12-10　齿轮强度计算公式使用方法

齿轮传动类型	失效形式	设 计 公 式	校 核 公 式
闭式软齿面	点蚀	按接触强度设计 比较许用接触应力 $[\sigma_{H1}]$ 和 $[\sigma_{H2}]$ 两者大小,取小值代入公式	按弯曲强度校核 两轮都校核,即 $\dfrac{\sigma_{F1}}{Y_{Fa1}Y_{Sa1}}=\dfrac{\sigma_{F2}}{Y_{Fa2}Y_{Sa2}}$
闭式硬齿面	折断	按弯曲强度设计 比较 $\dfrac{Y_{Fa1}Y_{Sa1}}{[\sigma_{F1}]}$ 与 $\dfrac{Y_{Fa2}Y_{Sa2}}{[\sigma_{F2}]}$ 大小,将大值代入设计公式	按接触强度校核 取 $[\sigma_{H1}]$ 和 $[\sigma_{H2}]$ 中小值代入公式
开式齿轮	折断、磨损	按弯曲强度设计	不用校核接触强度,但考虑磨损,m 应加大 $10\%\sim15\%$

④ 强度计算公式符号说明

σ_F——最大弯曲应力,MPa;

σ_H——最大接触应力,MPa;

$[\sigma_H]$——许用接触应力,MPa,计算时取 $[\sigma_{H1}]$ 和 $[\sigma_{H2}]$ 两者之一中的小值代入公式;

$[\sigma_F]$——许用弯曲应力,MPa;

σ_{Hlim}——试验齿轮接触疲劳强度极限值,MPa,查表 12-3;

σ_{FE}——试验齿轮的齿根弯曲疲劳极限,MPa,查表 12-3,对于长期双侧工作的齿轮传动,因齿根弯曲应力为对称循环变应力,故应将图中数据乘以系数 0.7;

T_1——主动轮转矩,N·mm;

z_1——小齿轮齿数;

m——齿轮模数,计算后要根据表 12-6 圆整到标准值;

$u\pm1$——u 为两轮齿数比,"$+$"用于外啮合;"$-$"用于内啮合;

ϕ_d——齿宽系数 $\phi_d=\dfrac{b}{d_1}$,其经验值查表 12-11;

b——齿轮工作宽度,mm;

d_1——小齿轮分度圆直径,mm;

K——载荷系数,查表 12-12;

Z_E——弹性系数,其数值与材料有关,查表 12-13;

Z_H——区域系数,标准齿轮 $Z_H=2.5$;

S_H——齿面接触疲劳安全系数,查表 12-14;

S_F——轮齿弯曲疲劳安全系数,查表 12-14;

Y_{Fa}——齿形系数,查图 12-1;

Y_{Sa}——齿根应力集中系数,查图 12-2;

⑤ 强度计算使用的图表　表 12-11 为齿宽系数 ϕ_d;表 12-12 为载荷系数 K;表 12-13 为弹性系数 Z_E;表 12-14 为安全系数 S_H 和 S_F。图 12-1 和图 12-2 分别为齿形系数 Y_{Fa} 和外齿轮齿根应力集中系数 Y_{Sa}。

表 12-11　齿宽系数 ϕ_d

齿轮相对于轴承的位置	齿面硬度	
	软齿面	硬齿面
对称布置	$0.8\sim1.4$	$0.4\sim0.9$
非对称布置	$0.2\sim1.2$	$0.3\sim0.6$
悬臂布置	$0.3\sim0.4$	$0.2\sim0.25$

注:轴及其支座刚性较大时取大值,反之取小值。

表 12-12 载荷系数 *K*

原动机	工作机械的载荷特性		
	均 匀	中等冲击	大的冲击
电动机	1～1.2	1.2～1.6	1.6～1.8
多缸内燃机	1.2～1.6	1.6～1.8	1.9～2.1
单缸内燃机	1.6～1.8	1.8～2.0	2.2～2.4

注：斜齿、圆周速度低、精度高、齿宽系数小时取小值；直齿、圆周速度高、精度低、齿宽系数大时取大值。

齿轮在两轴承之间并对称布置时取小值，齿轮在两轴承之间不对称布置及悬臂布置时取大值。

表 12-13 弹性系数 Z_E $\sqrt{N/mm^2}$

材料	灰铸铁	球墨铸铁	铸钢	锻钢	夹布胶木
锻钢	162.0	181.4	188.9	189.8	56.4
铸钢	161.4	180.5	188.0	—	—
球墨铸铁	156.6	173.9	—	—	—
灰铸铁	143.7	—	—	—	—

表 12-14 最小安全系数 S_H、S_F 的参考值

使用要求	S_{Hmin}	S_{Fmin}
高可靠度(失效概率≤1/10000)	1.5	2.0
较高可靠度(失效概率≤1/1000)	1.25	1.6
一般可靠度(失效概率≤1/100)	1.0	1.25

注：对于一般工业用齿轮传动，可用一般可靠度。

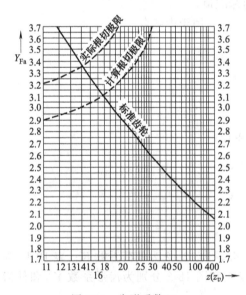

图 12-1 齿形系数 Y_{Fa}

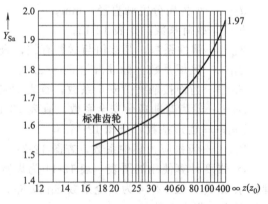

图 12-2 齿根应力集中系数 Y_{Sa}

12.2.2 渐开线直齿圆柱齿轮的设计计算实例

(1) 开式齿轮传动的计算实例

① 设计概述 设计齿轮传动所需的已知条件有：传递的功率（或转矩）、转速、传动比、工作条件及尺寸限制等。

设计计算的内容包括：选择齿轮材料及热处理方式；确定齿轮传动参数（如中心距、齿数、模数、螺旋角、变位系数、齿宽等）；设计齿轮的结构和其他几何尺寸。

在设计计算时，开式齿轮传动和闭式齿轮传动应分别对待。

② 注意事项　设计开式齿轮传动应注意以下几个问题。

a. 开式齿轮传动的主要失效形式为轮齿的弯曲疲劳折断和磨损，因此开式齿轮传动设计时一般只需计算轮齿弯曲疲劳强度。考虑齿面磨损的存在，应将强度所求得的模数加大 $10\%\sim20\%$。

b. 开式齿轮常用于低速传动，为使支承结构简单，一般采用直齿。由于工作环境较差、灰尘较多、润滑不良，因此磨损较严重，故选择齿轮材料时应注意材料的配对，使其具有减摩和耐磨性能。

c. 大齿轮要考虑其毛坯尺寸和制造方法；选取小齿轮齿数时，应尽量取得少些，使模数适当加大，提高抗弯曲和抗磨损能力。

d. 开式齿轮一般都在轴的悬臂端，支撑刚性较差，为减轻轮齿载荷集中，齿宽系数应选小些，一般取 $\phi_d=0.2\sim0.4$。

e. 检查传动中心距是否合适或是否与其他零部件发生干涉。

③ 开式齿轮传动的设计实例

例：在图 9-4 所示的带运输机传动装置中，电动机单向运转，载荷有中等冲击。已知Ⅲ轴传递功率 $P_{\text{Ⅲ}}=2.38\text{kW}$，转矩 $T_{\text{Ⅲ}}=166.34\text{N}\cdot\text{m}$，转速 $n_{\text{Ⅲ}}=136\text{r/min}$，传动比 $i=5$。要求设计Ⅲ轴上开式齿轮传动。

a. 选择材料及确定许用应力。

查表 12-3，小齿轮 z_1 用 ZG35SiMn 调质处理，齿面硬度为 $241\sim269\text{HBS}$，弯曲疲劳极限 $\sigma_{\text{FE}_1}=510\text{MPa}$；大齿轮 z_2 用 QT600-3 正火处理，齿面硬度为 $190\sim270\text{HBS}$，弯曲疲劳极限 $\sigma_{\text{FE}_2}=300\text{MPa}$。

查表 12-14，取轮齿弯曲疲劳安全系数 $S_F=1.25$，则大小齿轮的许用应力：

$$[\sigma_{\text{F1}}]=\frac{\sigma_{\text{FE1}}}{S_F}=\frac{510}{1.25}=408\text{MPa}$$

$$[\sigma_{\text{F2}}]=\frac{\sigma_{\text{FE2}}}{S_F}=\frac{300}{1.25}=240\text{MPa}$$

b. 按轮齿弯曲强度设计。

查表 12-4，该齿轮按 9 级精度制造；

查表 12-11，取齿宽系数 $\phi_d=1.0$，

查表 12-12，取载荷系数 $K=1.5$；

取 $z_1=26$，则 $z_2=iz_1=5\times26=130$；

查图 12-1，齿形系数 $Y_{\text{Fa1}}=2.68$，$Y_{\text{Fa2}}=2.21$；

查图 12-2，齿根应力集中系数 $Y_{\text{Sa1}}=1.6$，$Y_{\text{Sa2}}=1.82$。

因为 $\dfrac{Y_{\text{Fa1}}Y_{\text{Sa1}}}{[\sigma_{\text{F1}}]}=\dfrac{2.68\times1.6}{408}=0.0105<\dfrac{Y_{\text{Fa2}}Y_{\text{Sa2}}}{[\sigma_{\text{F2}}]}=\dfrac{2.21\times1.82}{240}\approx0.0168$，

所以取 $\dfrac{Y_{\text{Fa2}}Y_{\text{Sa2}}}{[\sigma_{\text{F2}}]}=0.0168$ 代入公式进行设计。

c. 齿轮基本尺寸计算。

齿轮模数　　$m\geqslant\sqrt[3]{\dfrac{2KT_{\text{Ⅲ}}}{\phi_d z_1^2}\times\dfrac{Y_{\text{Fa2}}Y_{\text{Sa2}}}{[\sigma_{\text{F2}}]}}=\sqrt[3]{\dfrac{2\times1.5\times166.34\times10^3}{1\times26^2}\times0.0168}\approx2.3147$

考虑磨损，模数要加大 12%，$m=2.3147\times1.12=2.5925$

查表 12-6，取模数 $m=3\text{mm}$

中心距：　　　　　　　$a=\dfrac{m}{2}(z_1+z_2)=\dfrac{3}{2}(26+130)=234\text{mm}$

齿宽：　　　　　　　$b=\phi_d d_1=\phi_d mz_1=1\times3\times26=78\text{mm}$

因为 $b_2\approx b$，所以取 $b_2=75\text{mm}$，$b_1=80\text{mm}$

分度圆直径：　　　　　　$d_1=mz_1=3\times26=78\text{mm}$

　　　　　　　　　　　　$d_2=mz_2=3\times130=390\text{mm}$

齿顶高：
$$h_a = m = 3mm$$

齿根高：
$$h_f = 1.25m = 1.25 \times 3 = 3.75mm$$

齿顶圆直径：
$$d_{a1} = d_1 + 2h_a = 78 + 2 \times 3 = 84mm$$
$$d_{a2} = d_2 + 2h_a = 390 + 2 \times 3 = 396mm$$

齿根圆直径：
$$d_{f1} = d_1 - 2h_f = 78 - 2 \times 3.75 = 70.5mm$$
$$d_{f2} = d_2 - 2h_f = 390 - 2 \times 3.75 = 382.5mm$$

d. 齿轮结构图（略）。

e. 开式齿轮传动计算结果：

参数	齿数 z	模数	分度圆直径 d/mm	齿顶圆直径 d_a/mm	齿宽 b/mm	传动比	中心距/mm
齿轮 1	$z_1 = 26$	$m = 3$	$d_1 = 78$	$d_{a1} = 84$	$b_1 = 80$	$i = 5$	$a = 234$
齿轮 2	$z_2 = 130$		$d_2 = 390$	$d_{a2} = 396$	$b_2 = 75$		

（2）闭式直齿圆柱齿轮传动的计算实例

① 设计概述　设计闭式圆柱齿轮传动时的已知条件和设计内容与开式齿轮传动相同。

闭式齿轮传动工作状况比开式传动的工作状况好得多，磨损已不是其选材的主要依据。齿轮材料及其热处理方式的选择，应按对齿轮工作性能是否有特殊要求、传动尺寸的要求、制造设备条件等综合考虑。对于初学者来说，齿轮传动的选材显得格外重要，材料选用不当，直接影响齿轮的结构尺寸，继而可能导致整个传动系统的结构不协调。

② 注意事项　设计闭式圆柱齿轮传动应注意以下几个问题。

a. 齿轮材料及热处理方法的选择，应考虑传递功率和齿轮毛坯的制造方法。若传递功率大，且要求尺寸紧凑，应选用合金钢，并采用表面淬火或渗碳淬火、碳氮共渗等热处理手段；若对齿轮的尺寸没有严格的要求，则可采用普通碳钢或铸铁，采用正火或调质等热处理方式。

b. 齿轮的结构形状与所采用的材料、尺寸大小及制造方法有关。齿轮结构按其毛坯制造方法不同可分为锻造、铸造和焊接三大类。

当齿轮顶圆直径 $d_a \leqslant 400 \sim 500mm$ 时，可采用锻造或铸造毛坯；当 $d_a > 500mm$ 时，受锻造设备能力的限制，应选用铸铁或铸钢制造。

当锻造齿轮直径与轴径相差不大，如圆柱齿轮的齿根至键槽的距离 $x < 2.5m_n$（m_n 为齿轮法向模数）时，则齿轮应和轴做成一体，即齿轮轴（见图 12-3），其优点是提高了齿轮轴的刚度和强度，而且省去了键槽，不需与其他零件装配。但其缺点是如果轮齿损坏，必须连同轴一起更换。还有齿轮轴在选材时，一定要兼顾轴对材料的要求。

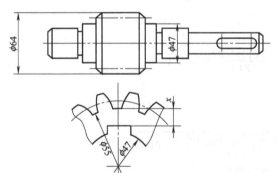

图 12-3　齿轮与轴制成一体

同一减速器中的各级小齿轮（或大齿轮）的材料应尽可能选用一致，以减少材料牌号数目和简化工艺要求。

c. 齿轮强度计算公式中，载荷和几何参数是用小齿轮的输出转矩 T_1 和直径 d_1（或用 mz_1）表示的。因此，计算齿轮强度时，不管是针对大齿轮还是小齿轮，公式中的转矩、直径、齿数应按小齿轮参数代入。考虑到补偿装配时大小两个齿轮的轴向位置误差，通常小齿轮齿宽 b_1 比大齿轮齿宽 b_2 多 5～10mm，因此计算齿面接触疲劳强度时，齿宽 $b = \phi_d d_1$ 指的是大齿轮的齿宽；计算齿根弯曲疲劳强度时，应按各自的齿宽代入计算公式。

d. 齿轮传动的几何参数和尺寸有严格的要求，应分别进行标准化、圆整或计算其精确值。对于大批生产的减速器，其齿轮中心距应参考标准减速器的中心距；对于中、小批生产或专用减速器，为了制造、安装方便，其中心距应圆整，尾数最好为 0 或 5mm。模数取标准值，齿宽也应圆整。而分度圆直径、齿顶圆直径、齿根圆直径、变位系数等则不允许圆整，应精确计算到"微米"；螺旋角、等角度尺寸应精确计算到"秒"。

若想将中心距圆整到尾数为 0 或 5mm 时，对于直齿轮可以调整模数 m 和齿数 z，或采用角变位方法来实现；对于斜齿轮传动可调整螺旋角 β 来实现。

齿轮的结构尺寸调整为整数，可以便于制造和测量。如轮毂直径和长度、轮辐厚度和孔径、轮缘长度和内径等，按设计资料给定的经验公式计算后，都应尽量进行调整。

e. 验算总传动比，使其在设计任务书要求范围之内，否则还应重新调整齿轮参数。

③ 直圆柱齿轮计算实例

例：在图 9-4 所示的带运输机传动装置中，电动机单向运转，载荷有中等冲击，已知 Ⅱ 轴传递功率 $P=2.48\text{kW}$，转矩 $T_1=43.36\text{N}\cdot\text{m}$，高速轴转速 $n_1=546\text{r/min}$，传动比 $i=4$，采用软齿面，试设计此闭式齿轮传动。

a. 选择材料及确定许用应力。

查表 12-3，小齿轮用 40MnB，调质处理，齿面硬度为 241～286HBS，接触疲劳极限 $\sigma_{\text{Hlim1}}=730\text{MPa}$，弯曲疲劳极限 $\sigma_{\text{FE1}}=600\text{MPa}$。

大齿轮用 ZG35SiMn 调质处理，齿面硬度为 241～269HBS，接触疲劳极限 $\sigma_{\text{Hlim2}}=620\text{MPa}$，弯曲疲劳极限 $\sigma_{\text{FE2}}=510\text{MPa}$。

查表 12-14，取齿面接触疲劳安全系数 $S_H=1.1$，轮齿弯曲疲劳安全系数 $S_F=1.25$，则大小齿轮许用应力为

$$[\sigma_{H1}]=\frac{\sigma_{\text{Hlim1}}}{S_H}=\frac{730}{1.1}=664\text{MPa}$$

$$[\sigma_{H2}]=\frac{\sigma_{\text{Hlim2}}}{S_H}=\frac{620}{1.1}=564\text{MPa}$$

$$[\sigma_{F1}]=\frac{\sigma_{\text{FE1}}}{S_F}=\frac{600}{1.25}=480\text{MPa}$$

$$[\sigma_{F2}]=\frac{\sigma_{\text{FE2}}}{S_F}=\frac{510}{1.25}=408\text{MPa}$$

b. 按齿面接触强度设计。

查表 12-4，该齿轮按 8 级精度制造；

小齿轮上的转矩 $T_1=T_{\text{II}}=43.36\text{N}\cdot\text{m}$，查表 12-11 取齿宽系数 $\phi_d=0.8$；

查表 12-12 取载荷系数 $K=1.5$；

查表 12-13 取弹性系数 $Z_E=188.9$；

标准齿轮的区域系数 $Z_H=2.5$；

由于 $[\sigma_{H1}]=\frac{\sigma_{\text{Hlim1}}}{S_H}=\frac{730}{1.1}=664\text{MPa}$ 大于 $[\sigma_{H2}]=\frac{\sigma_{\text{Hlim2}}}{S_H}=\frac{620}{1.1}=564\text{MPa}$，所以取小值 $[\sigma_{H2}]=564\text{MPa}$ 代入公式。

c. 齿轮基本尺寸计算。

最小齿轮分度圆直径

$$d_1\geqslant\sqrt[3]{\frac{2KT_1}{\phi_d}\times\frac{u\pm1}{u}\times\left(\frac{Z_EZ_H}{[\sigma_H]}\right)^2}=\sqrt[3]{\frac{2\times1.5\times43.36\times10^3}{0.8}\times\frac{4+1}{4}\times\left(\frac{188.9\times2.5}{564}\right)^2}=52\text{mm}$$

依据经验值小齿轮齿数 $z_1=20\sim40$，取 $z_1=30$，则大齿轮齿数 $z_2=z_1i=30\times4=120$，取 $z_2=120$。

模数：
$$m=\frac{d_1}{z_1}=\frac{52}{30}=1.7333\text{mm}$$

按表 12-6 取标准模数 $m=2$。

齿宽：
$$b=\phi_dd_1=\phi_dmz=0.8\times2\times30=48\text{mm}$$

因为 $b_2\approx b$，所以取 $b_2=50\text{mm}$，$b_1=55\text{mm}$

中心距：
$$a = \frac{m}{2}(z_1 + z_2) = \frac{2}{2}(30 + 120) = 150\text{mm}$$

分度圆直径：
$$d_1 = mz_1 = 2 \times 30 = 60\text{mm}$$
$$d_2 = mz_2 = 2 \times 120 = 240\text{mm}$$

齿顶高：
$$h_a = m = 2\text{mm}$$

齿根高：
$$h_f = 1.25m = 1.25 \times 2 = 2.5\text{mm}$$

齿顶圆直径：
$$d_{a1} = d_1 + 2h_a = 60 + 2 \times 2 = 64\text{mm}$$
$$d_{a2} = d_2 + 2h_a = 240 + 2 \times 2 = 244\text{mm}$$

齿根圆直径：
$$d_{f1} = d_1 - 2h_f = 60 - 2 \times 2.5 = 55\text{mm}$$
$$d_{f2} = d_2 - 2h_f = 240 - 2 \times 2.5 = 235\text{mm}$$

d. 验算齿根弯曲强度。

查图 12-1，取齿形系数 $Y_{Fa1} = 2.6$，$Y_{Fa2} = 2.2$；

查图 12-2，取齿根应力集中系数 $Y_{Sa1} = 1.63$，$Y_{Sa2} = 1.82$。

所以齿根的弯曲强度为

$$\sigma_{F1} = \frac{2KT_1 Y_{Fa1} Y_{Sa1}}{bm^2 z_1} = \frac{2 \times 1.5 \times 43.36 \times 10^3 \times 2.6 \times 1.63}{50 \times 2^2 \times 30}\text{MPa} = 91.88\text{MPa} \leqslant [\sigma_{F1}] = 480\text{MPa}$$

$$\sigma_{F2} = \sigma_{F1}\frac{Y_{Fa2} Y_{Sa2}}{Y_{Fa1} Y_{Sa1}} = 91.88 \times \frac{2.2 \times 1.82}{2.6 \times 1.63}\text{MPa} = 86.81\text{MPa} \leqslant [\sigma_{F2}] = 408\text{MPa}$$

所以两轮弯曲强度均满足要求。

e. 齿轮的圆周速度。

$$v = \frac{\pi d_1 n_1}{60 \times 1000} = \frac{\pi \times 60 \times 546}{60 \times 1000}\text{ m/s} = 1.72\text{ m/s}，满足齿轮 8 级制造精度要求。$$

f. 闭式齿轮计算结果：

参数	齿数 z	模数 $/\text{mm}$	分度圆直径 d/mm	齿根圆直径 d_f/mm	齿顶圆直径 d_a/mm	齿宽 b/mm	传动比	中心距 $/\text{mm}$
齿轮 1	$z_1 = 30$	$m = 2$	$d_1 = 60$	$d_{f1} = 55$	$d_{a1} = 64$	$b_1 = 55$	$i = 4$	$a = 150$
齿轮 2	$z_2 = 120$		$d_2 = 240$	$d_{f2} = 235$	$d_{a2} = 244$	$b_2 = 50$		

g. 齿轮的工作图。

根据图 12-3，由设计计算可知，小齿轮齿根圆 $d_{f1} = \phi 55$，若按齿轮处轴径 $d = \phi 47$ 计算，则齿根圆至键槽底的距离 $x = 2$，不能满足 $x > 2.5m = 2.5 \times 2 = 5$ 的要求，所以该齿轮应设计成为齿轮轴。图 12-4 为该闭式减速器主动齿轮（齿轮轴）的工作图。

12.2.3 渐开线斜齿圆柱齿轮传动的设计计算

（1）渐开线斜齿圆柱齿轮的尺寸计算

渐开线斜齿圆柱齿轮的模数系列同直齿圆柱齿轮，见表 12-6；斜齿圆柱齿轮尺寸计算见表 12-15。

表 12-15 标准斜齿圆柱齿轮传动的几何尺寸计算公式

名 称	代号	计 算 公 式
模数	m_n	由强度计算或结构设计确定，按表 12-6 取为标准值端面模数 $m_t = m_n/\cos\beta$
压力角	α_n	$\tan\alpha_t = \tan\alpha_n/\cos\beta$
分度圆直径	d	$d = m_n z/\cos\beta$
齿顶高	h_a	$h_a = h_{an}^* m_n，(h_{an}^* = 1)$
齿根高	h_f	$h_f = h_{an} + c = (h_a^* + c_n^*)m_n，(h_{an}^* = 1, c_n^* = 0.25)$
齿全高	h	$h = h_a + h_f = (2h_a^* + c^*)m_n，(h_{an}^* = 1, c_n^* = 0.25)$
齿顶圆直径	d_a	$d_a = d + 2h_a$
齿根圆直径	d_f	$d_f = d - 2h_f$
中心距	a	$a = \dfrac{d_1 + d_2}{2} = \dfrac{m_n(z_1 + z_2)}{2\cos\beta}$
齿数比	u	$u = \dfrac{z_2}{z_1}$

模数	m	2	齿廓总偏差允许值	F_α	0.017
齿数	z_1	30	螺旋线总偏差允许值	F_β	0.020
标准压力角	GB/T 1356—2001, $\alpha_n=20°$		跨齿数	K	3
变位系数	x_2	0	法向公法线长度 公称值及极限偏差	$W_n{}^{+Ews}_{+Ewi}$	$15.601^{-0.128}_{-0.172}$
精度等级	8-8-7 GB/T 10095.1—2008		配偶齿轮的齿数	z_2	120
齿距累积总偏差允许值	F_p	0.052	中心距及其偏差	$a\pm f_a$	153 ± 0.0315
单个齿距偏差允许值	$\pm f_{pt}$	±0.015			

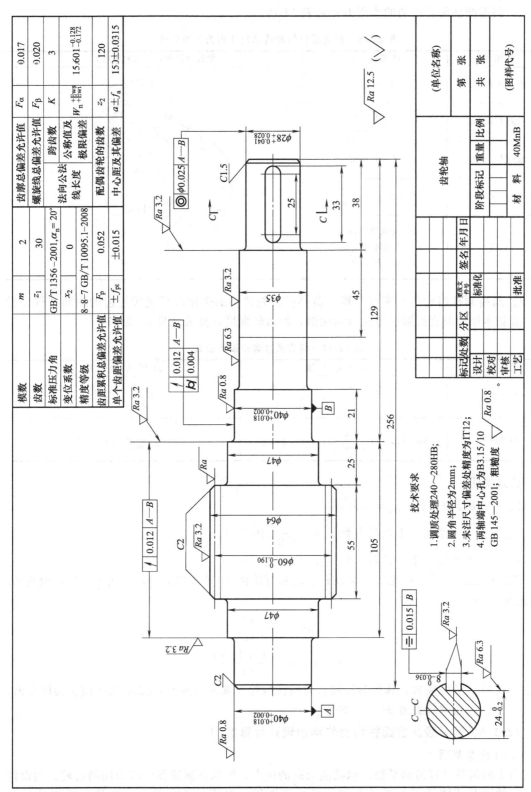

技术要求

1. 调质处理240~280HB;
2. 圆角半径为2mm;
3. 未注尺寸处偏差为精度为IT12;
4. 两轴端中心孔为B3.15/10 GB 145—2001; 粗糙度 $\sqrt{Ra\,0.8}$。

齿轮轴

材料　40MnB

图 12-4　齿轮轴工作图

（2）斜齿圆柱齿轮的强度计算

① 斜齿圆柱齿轮传动的作用力　见表 12-16。

表 12-16　斜齿圆柱齿轮传动的作用力计算公式

作 用 力	计 算 公 式	斜齿圆柱齿轮传动的作用力
圆周力 F_t/N	$F_t = \dfrac{2T_1}{d_1}$	
径向力 F_r/N	$F_r = \dfrac{F_t \tan\alpha_n}{\cos\beta}$	
轴向力 F_a/N	$F_a = F_t \tan\beta$	
转矩 T/N·mm	$T_1 = 9.55 \times 10^6 \dfrac{P}{n_1}$	
说明	P—传递功率,kW; n_1—小轮转速,r/min; α_n—压力角	

② 斜齿圆柱齿轮传动强度计算　斜圆柱齿轮传动的强度计算是按轮齿的法面进行分析的,其基本原理与直齿圆柱齿轮传动相似,斜齿轮强度计算公式见表 12-17。

表 12-17　斜齿圆柱齿轮设计公式

公式用途	齿面接触强度	齿根弯曲强度
传动设计	$d_1 \geqslant \sqrt[3]{\dfrac{2KT_1}{\phi_d} \times \dfrac{u\pm1}{u}\left(\dfrac{Z_E Z_H Z_\beta}{[\sigma_H]}\right)^2}$	$m_n \geqslant \sqrt[3]{\dfrac{2KT_1}{\phi_d z_1^2} \times \dfrac{Y_{Fa}Y_{Sa}}{[\sigma_F]}\cos^2\beta}$
传动验算	$\sigma_H = Z_E Z_H Z_\beta \sqrt{\dfrac{2KT_1}{bd_1} \times \dfrac{u\pm1}{u}} \leqslant [\sigma_H]$	$\sigma_F = \dfrac{2KT_1}{bd_1 m_n}Y_{Fa}Y_{Sa} \leqslant [\sigma_F]$

公式说明：

Z_β——螺旋角系数，$Z_\beta = \sqrt{\cos\beta}$;

Y_{Fa}——齿形系数，由当量齿数 $z_v = \dfrac{z}{\cos^3\beta}$ 查图 12-1;

Y_{Sa}——齿根应力集中系数，由 z 查图 12-2。

求出中心距 a 后，可先选定齿数 z_1、z_2 和螺旋角 β（或模数 m_n），再按下式计算模数 m_n（或螺旋角 β）；

$$m_n = \frac{2a\cos\beta}{z_1 + z_2}$$

$$\beta = \arccos\frac{m_n(z_1 + z_2)}{2a}$$

式中　m_n——法向模数；其他参数同直齿圆柱齿轮。求得的模数应按表 12-6 圆整为标准值，通常螺旋角 $\beta = 8° \sim 20°$。

12.2.4　渐开线斜齿圆柱齿轮传动的设计计算实例

（1）注意事项

由于斜齿轮具有传动平稳、承载能力高的优点，所以在减速器中多采用斜齿轮。当设计两级三轴展开式圆柱齿轮减速器时，至少应选用一对齿轮为斜齿，一般选高速级齿轮为斜齿。

除与直齿圆柱齿轮设计计算以及结构设计相同之外，斜齿圆柱齿轮传动设计应注意以下几个问题。

若想将中心距圆整到尾数为 0 或 5mm 时，可调整螺旋角 β 来实现，螺旋角等角度尺寸应精确计算到"秒"。

验算总传动比，应使其在设计任务书要求范围之内，否则还应重新调整齿轮参数。

计算完成后，以表格形式列出计算结果，包括：齿数、模数、螺旋角、齿的旋向、分度圆直径、齿顶圆直径、齿宽、中心距等。

（2）计算实例

例：某斜齿圆柱齿轮减速器，传递的功率 $P=40$kW，齿数比 $u=3.3$，主动轴转速 $n_1=1470$r/min，用电机驱动，长期工作，双向传动，载荷有中等冲击，要求结构紧凑，试计算此高速级齿轮传动。

① 选择材料及确定许用应力

因要求结构紧凑故采用硬齿面的组合；

查表 12-3，小齿轮用 20CrMnTi 渗碳淬火，齿面硬度为 56～62HRC，接触疲劳极限 $\sigma_{Hlim1}=1500$MPa，弯曲疲劳极限 $\sigma_{FE_1}=850$MPa；

大齿轮用 20Cr 渗碳淬火，齿面硬度为 56～62HRC，$\sigma_{Hlim2}=1500$ MPa，$\sigma_{FE2}=850$MPa。

查表 12-14，取轮齿弯曲疲劳安全系数 $S_F=1.25$，齿面接触疲劳安全系数 $S_H=1$；

依据经验，标准齿轮的区域系数 $Z_H=2.5$；

查表 12-13，选弹性系数 $Z_E=189.8$；

所以该对啮合齿轮的许用弯曲应力和许用接触应力为

$$[\sigma_{F1}]=[\sigma_{F2}]=\frac{0.7\sigma_{FE1}}{S_F}=\frac{0.7\times850}{1.25}\text{MPa}=476\text{MPa}$$

$$[\sigma_{H1}]=[\sigma_{H2}]=\frac{\sigma_{Hlim1}}{S_H}=\frac{1500}{1}\text{MPa}=1500\text{MPa}$$

② 按齿轮弯曲强度设计计算

根据表 12-4，齿轮按 8 级精度制造；

查表 12-12，取载荷系数 $K=1.3$，查表 12-11，取齿宽系数 $\phi_d=0.8$。

a. 小齿轮上的转矩：

$$T_1=9.55\times10^6\frac{P}{n_1}=9.55\times10^6\times\frac{40}{1470}\text{N}\cdot\text{mm}=2.6\times10^5\text{N}\cdot\text{mm}$$

b. 初选螺旋角：

螺旋角初步按 $\beta=15°$。

c. 齿数：

若小齿轮齿数取 $z_1=19$，则大齿轮齿数 $z_2=3.3\times19\approx63$，取 $z_2=63$，所以实际齿数比为 $u=\frac{63}{19}=3.32$，与设定的传动比接近。

d. 齿形系数：

查图 12-1 得齿形系数 $Y_{Fa1}=2.88$，$Y_{Fa2}=2.27$；

查图 12-2 得齿根应力集中系数 $Y_{Sa1}=1.57$，$Y_{Sa2}=1.75$。

e. 当量齿数 $z_v=\frac{z}{\cos^3\beta}$，$z_{v1}=\frac{19}{\cos^315°}=21.08$，$z_{v2}=\frac{63}{\cos^315°}=69.9$

f. 比对参数：

$$\frac{Y_{Fa1}Y_{Sa1}}{[\sigma_{F1}]}=\frac{2.88\times1.57}{476}=0.0095>\frac{Y_{Fa2}Y_{Sa2}}{[\sigma_{F2}]}=\frac{2.27\times1.75}{476}=0.0083$$

故应对小齿轮进行弯曲强度计算。

③ 齿轮基本尺寸计算

法向模数

$$m_n\geqslant\sqrt[3]{\frac{2KT_1}{\phi_d z_1^2}\times\frac{Y_{Fa1}Y_{Sa1}}{[\sigma_{F1}]}\cos^2\beta}=\sqrt[3]{\frac{2\times1.3\times2.6\times10^5}{0.8\times19^2}\times0.0095\times\cos^215°}\text{mm}=2.75\text{mm}$$

由表 12-6，取 $m_n=3$mm。

中心距

$$a=\frac{m_n(z_1+z_2)}{2\cos\beta}=\frac{3\times(19+63)}{2\cos15°}\text{mm}=127.34\text{mm}$$

取中心距 $a=130$mm。

确定螺旋角

$$\beta=\arccos\frac{m_n(z_1+z_2)}{2a}=\arccos\frac{57+189}{2\times130}=18°53'16'',\text{符合}\beta=8°\sim20°\text{要求}。$$

根据 $\beta=18°53'16''$，可得螺旋角系数 $Z_\beta=\sqrt{\cos\beta}=\sqrt{\cos18°53'16''}$

齿轮分度圆直径

$$d_1=m_nz_1/\cos\beta=3\times19/\cos18°53'16''\text{mm}=60.249\text{mm}$$

齿宽

$$b=\phi_d d_1=0.8\times60.249\text{mm}=48.2\text{mm}$$

故取大齿轮齿宽 $b_2=50$mm，小齿轮齿宽 $b_1=55$mm。

分度圆直径：

$$d_1=\frac{m_nz_1}{\cos\beta}=\frac{3\times19}{\cos18°53'16''}=60.249\text{mm}$$

$$d_2=\frac{m_nz_2}{\cos\beta}=\frac{3\times63}{\cos18°53'16''}=199.756\text{mm}$$

齿顶高
$$h_a=m_n=3\text{mm}$$

$$h_f=1.25m_n=3.75\text{mm}$$

齿顶圆直径
$$d_{a1}=d_1+2h_a=60.249+6=66.249\text{mm}$$

$$d_{a2}=d_2+2h_a=199.756+6=205.756\text{mm}$$

齿根圆直径
$$d_{f1}=d_1-2h_f=60.249-7.5=52.749\text{mm}$$

$$d_{f2}=d_2-2h_f=199.756-7.5=192.256\text{mm}$$

④ 验算齿面接触强度

$$\sigma_H=Z_EZ_HZ_\beta\sqrt{\frac{2KT_1}{bd_1{}^2}\times\frac{u\pm1}{u}}=189.8\times2.5\times\sqrt{\cos18°53'16''}\sqrt{\frac{2\times1.3\times2.6\times10^3}{50\times60.249^2}\times\frac{4.32}{3.32}}\text{MPa}$$

$$\approx917\text{MPa}<[\sigma_{H1}]=1500\text{MPa}$$

该齿轮是安全的。

⑤ 齿轮的圆周速度

$$v=\frac{\pi d_1n_1}{60\times1000}=\frac{\pi\times60.249\times1470}{60000}\text{m/s}=4.6\text{m/s}$$

对照表 12-4，选 8 级制造精度是合适的。

⑥ 齿轮工作图（图略）。

⑦ 斜齿轮计算结果：

参数	齿数 z	模数	分度圆直径 d/mm	齿顶圆直径 d_a/mm	齿宽 b/mm	传动比	中心距/mm	螺旋角 β	旋向
齿轮 1	$z_1=19$	$m=3$	$d_1=60.249$	$d_{a1}=66.249$	$b_1=55$	$i=3.32$	$a=130$	$18°53'16''$	右
齿轮 2	$z_2=63$		$d_2=199.756$	$d_{a2}=205.756$	$b_2=50$				左

12.2.5　圆柱齿轮的结构

圆柱齿轮的结构见表 12-18。

表 12-18　圆柱齿轮的结构

序号	齿坯	结 构 图	结 构 尺 寸/mm
1	齿轮轴	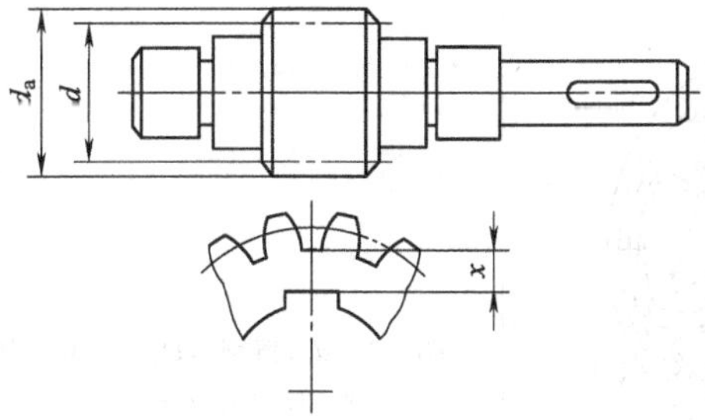	当 $d_a < 2d$ 或 $x \leqslant 2.5m_t$ 时,应将齿轮做成齿轮轴
2	锻造齿轮	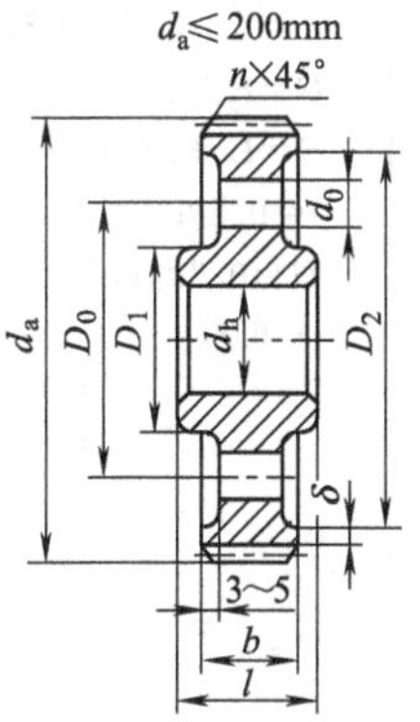 $d_a \leqslant 200mm$ 	$D_1 = 1.6d_h$; $l = (1.2 \sim 1.5)d_h, l \geqslant b$; $\delta = 2.5m_n$,但不小于 $8 \sim 10mm$; $n = 0.5m_n$; $D_0 = 0.5(D_1 + D_2)$; $d_0 = 10 \sim 29mm$,当 d_a 较小时不钻孔
3	锻造齿轮	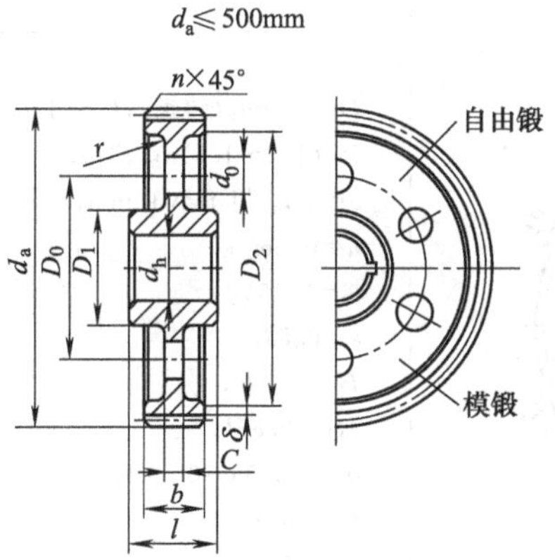 $d_a \leqslant 500mm$ 	$D_1 = 1.6d_h$; $l = (1.2 \sim 1.5)d_h, l \geqslant b$; $\delta = (2.5 \sim 4)m_n$,但不小于 $8 \sim 10mm$; $n = 0.5m_n$; $r \approx 0.5C$; $D_0 = 0.5(D_1 + D_2)$; $d_0 = 15 \sim 25mm$; 模锻:$C = (0.2 \sim 0.3)b$,自由锻:$C = 0.3b$
4	铸造齿轮	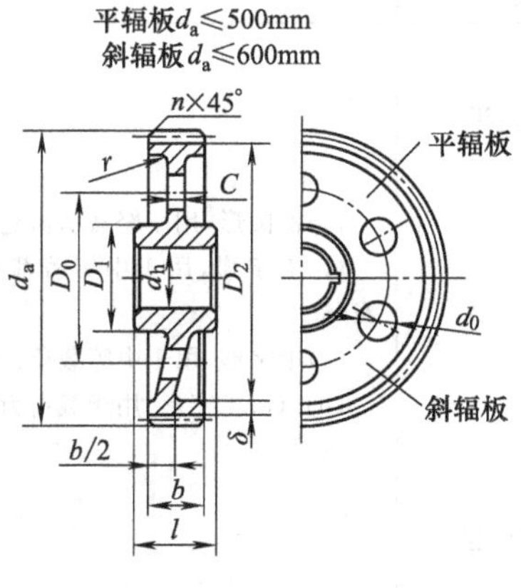 平辐板 $d_a \leqslant 500mm$ 斜辐板 $d_a \leqslant 600mm$ 	$D_1 = 1.6d_h$(铸钢),$D_1 = 1.8d_h$(铸铁); $l = (1.2 \sim 1.5)d_h, l \geqslant b$; $\delta = (2.5 \sim 4)m_n$,但不小于 $8 \sim 10mm$; $n = 0.5m_n$; $r \approx 0.5C$; $D_0 = 0.5(D_1 + D_2)$; $d_0 = 0.25(D_2 - D_1)$; $C = 0.2b$,但不小于 $10mm$

序号	齿坯	结 构 图	结构尺寸/mm
5	铸造齿轮	$b \leqslant 200mm$ 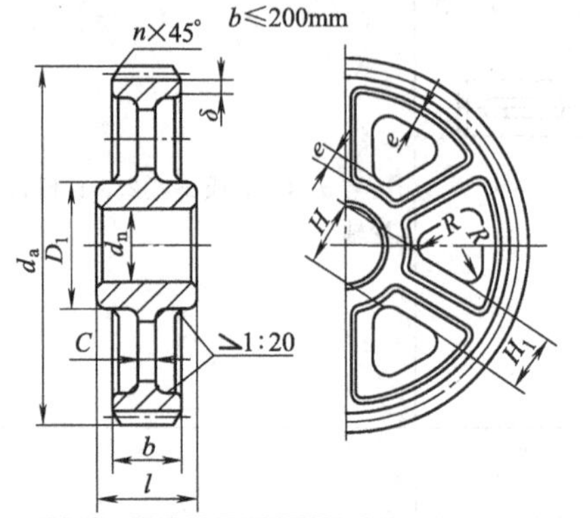 	
6		$d_a > 1000$，$b = 200 \sim 450mm$（上半部）$b > 450mm$（下半部） 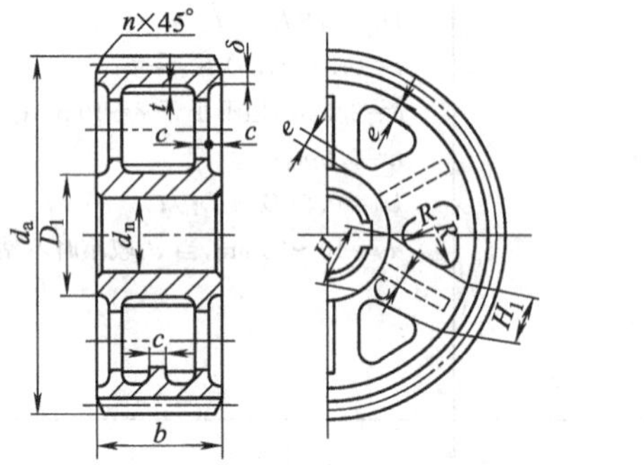	$D_1 = 1.6d_h$（铸钢），$D_1 = 1.8d_h$（铸铁）； $l = (1.2 \sim 1.5)d_h$，$l > b$； $\delta = 4m_n$，但不小于 15mm； $n = 0.5m_n$，$r \approx 0.5C$； $C = H/5$； $S = H/6$；但不小于 15mm； $e = 0.8\delta$； $H = 0.8d_h$；$H_1 = 0.8H$； $t = 0.8e$
7	镶套齿轮	$d_a > 600mm$ 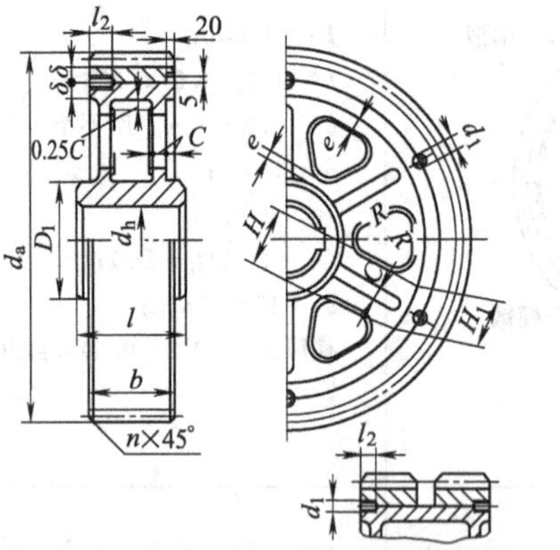 	$D_1 = 1.6d_h$（铸钢），$D_1 = 1.8d_h$（铸铁）； $l = (1.2 \sim 1.5)d_h$，$l > b$； $\delta = 4m_n$，但不小 15mm； $n = 0.5m_n$； $C = 0.15b$； $e = 0.8\delta$； $H = 0.8d_h$； $H_1 = 0.8H$； $d_1 = (0.05 \sim 0.1)d_h$； $l_2 = 3d_1$； $t = 0.8e$
8	铸造轮辐剖面	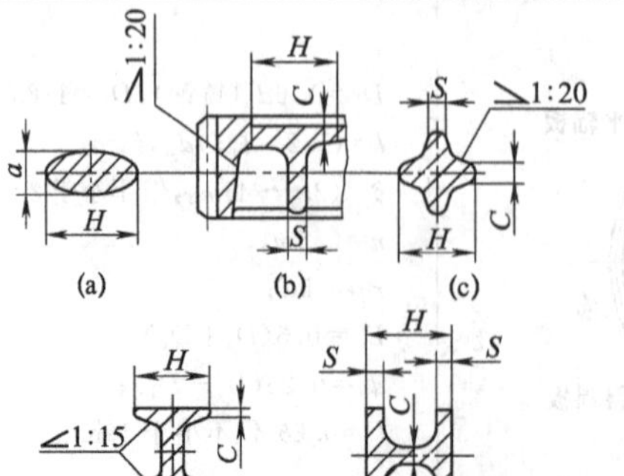	(a)椭圆形，用于轻载荷齿轮，$a = (0.4 \sim 0.5)H$ (b) T 字形，用于中等载荷齿轮，$C = H/5$，$S = H/6$ (c)十字形，用于中等载荷齿轮，$C = S = H/6$ (d)、(e)工字形，用于载荷齿轮，$C = S = H/5$

续表

序号	齿坯	结 构 图	结构尺寸/mm
9	焊接齿轮	$d_a<1000mm$　$b<240mm$	$D_1=1.6d_h$; $l=(1.2\sim1.5)d_h,l\geqslant b$; $\delta=2.5m_n$,但不小于 8mm; $n=0.5m_n$; $C=(0.1\sim0.15)b$,但不小于 8mm; $S=0.8C$; $D_0=0.5(D_1+D_2)$; $d_0=0.2(D_2-D_1)$

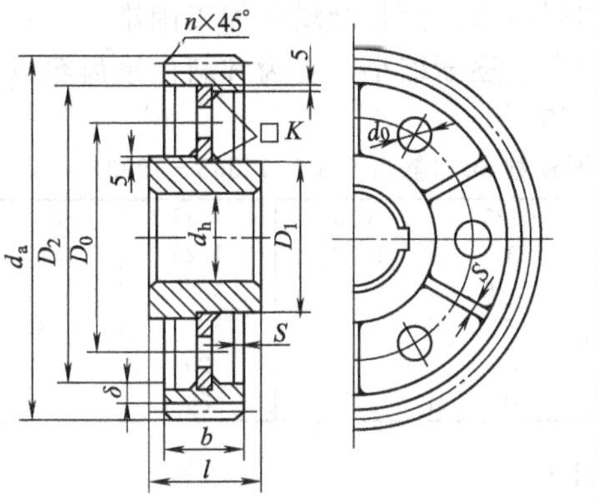

12.3　直齿圆锥齿轮传动的设计计算

直齿圆锥齿轮传动设计的主要内容为：选择齿轮的材料及热处理方式；确定圆锥齿轮传动的参数（分度圆直径、大端模数、分度圆锥角、外锥距、分度圆锥角、顶锥角、齿数和齿宽等）；设计圆锥齿轮的结构和几何尺寸。

12.3.1　直齿圆锥齿轮尺寸计算

（1）圆锥齿轮的基本齿制
我国常用的几种圆锥齿轮的基本齿制见表 12-19。

表 12-19　我国常用的几种基本齿制

齿线种类	齿　制	基准齿制参数			
		a_n	h_a^*	c^*	β_m
直齿斜齿	GB/T 12369—1990	20°	1	0.2	直齿为0°,斜齿由计算确定
	格利森 (Gleason)	20°,14.5°,25°	1	$0.188+\frac{0.05}{m_e}$	
	埃尼姆斯 (ЗНИМС)	20°	1	0.2	
弧齿	格利森	20°	0.85	0.188	35°
	埃尼姆斯	20°	0.82	0.2	>35°
零度	格利森	20° 重载可用 22.5°或 25°	1	$0.188+\frac{0.05}{m_e}$	0°
摆线齿	奥利康 (Oerlikon)	20°,17.5°	1	0.15	$\beta_P、\beta_m$ $=30°\sim45°$
	克林根贝尔各 (Klingelnberg)	20°	1	0.25	

注：1. GB/T 12369—1990 基本齿廓的齿根圆角 $\beta_f=0.3m_{ne}$（m_{ne} 指大端法向模数），在啮合条件允许下，可取 $\beta_f=0.35m_{ne}$，齿廓可修缘，齿顶最大修缘量：齿高方向 $0.6m_n$，齿厚方向 $0.02m_n$；齿型角也可采用 14.5°及 25°。与齿高相关的各参数为大端法向值。

2. 在一般传动中，格利森和埃尼姆斯齿制可互相代用。

3. 对格利森齿制，当中点法向模数 $m_{nm}>2.5mm$ 时，全齿高在粗切时，应加深 0.13mm，以免在精切时发生刀齿顶部切削。

（2）圆锥齿轮的模数

由于圆锥体有大端和小端，大端尺寸较大，计算和测量的相对误差较小，且便于确定齿轮机构的外廓尺寸，所以直齿锥齿轮的几何尺寸计算以大端为标准。齿宽 b 不宜太大，齿宽过大则小端的齿很小，不仅对提高强度作用不大，而且会增加加工困难。

锥齿轮的模数是一个变量，有大端向小端逐渐缩小。直齿和斜齿锥齿轮以大端端面模数 m_e 为准，并取为标准轮系列值，见表 12-20。

表 12-20　锥齿轮大端端面模数 m_e（摘自 GB/T 12368—1990）

0.1	0.12	0.15	0.2	0.25	0.3	0.35	0.4	0.5
0.6	0.7	0.8	0.9	1	1.125	1.25	1.375	1.5
1.75	2	2.25	2.5	2.75	3	3.25	3.5	3.75
4	4.5	5	5.5	6	6.5	7	8	9
10	11	12	14	16	18	20	22	25
28	30	32	36	40	45	50		

（3）锥齿轮的最少齿数　（见表 12-21）

表 12-21　锥齿轮的最少齿数 z_{min}

α_n	直齿锥齿轮		弧齿锥齿轮		零度锥齿轮	
	小轮	大轮	小轮	大轮	小轮	大轮
20°	16,15,14,13	16,17,20,31	17,16,15,14,13,12	17,18,19,20,22,26	17,16,15	17,20,25
22.5°	13	13	14	14	14,13	14,15
25°	12	12	12	12	13	13

设计直齿圆锥传动的已知条件与圆柱齿轮传动相同。

（4）直齿圆锥齿轮传动的设计计算

当轴交角 $\Sigma = 90°$ 时，一对标准直齿圆锥齿轮传动各部分名称及几何尺寸计算公式见表 12-22。

表 12-22　$\Sigma = 90°$ 标准直齿圆锥齿轮传动的几何尺寸计算

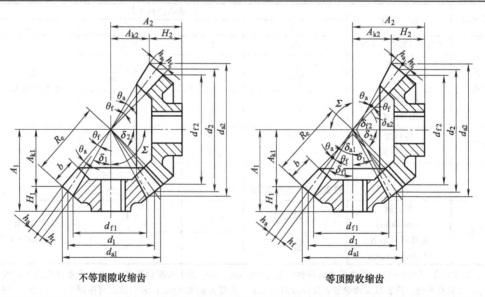

不等顶隙收缩齿　　　　　　　　等顶隙收缩齿

名　称	代　号	计算公式及参数选择
齿数比	u	$u = \dfrac{z_2}{z_1} = \tan\delta_2$

续表

名　称	代　号	计算公式及参数选择
大端模数	m_e	按表 12-20 选取标准值
齿数	z	一般 $z_1 = 16 \sim 30$
分度圆锥角	δ_1, δ_2	$\delta_1 = \arctan \dfrac{z_1}{z_2}, \delta_2 = 90° - \delta_1$
分度圆直径	d_1, d_2	$d_1 = m_e z_1, d_2 = m_e z_2$
齿顶高	h_a	$h_a = m_e$
齿根高	h_f	$h_f = 1.2 m_e$
全齿高	h	$h = 2.2 m_e$
顶隙	c	$c = 0.2 m_e$
齿顶圆直径	d_{a1}, d_{a2}	$d_{a1} = d_1 + 2 m_e \cos\delta_1, d_{a2} = d_2 + 2 m_e \cos\delta_2$
齿根圆直径	d_{f1}, d_{f2}	$d_{f1} = d_1 - 2.4 m_e \cos\delta_1, d_{f2} = d_2 - 2.4 m_e \cos\delta_2$
外锥距	R_e	$R_e = \sqrt{r_1^2 + r_2^2} = \dfrac{m_e}{2}\sqrt{z_1^2 + z_2^2}$
安装距	A	按结构确定
外锥高	A_k	$A_{k1} = \dfrac{d_2}{2} - h_{a1}\sin\delta_1, A_{k2} = \dfrac{d_1}{2} - h_{a2}\sin\delta_2$
支承端距	H	$H_1 = A_1 - A_{k1}, H_2 = A_2 - A_{k2}$
齿宽	b	$b \leqslant \dfrac{R_e}{3}, b \leqslant 10 m_e$
齿顶角	θ_a	$\theta_a = \arctan \dfrac{h_a}{R_e}$ (不等顶隙齿)；$\theta_a = \theta_f$ (等顶隙齿)
齿根角	θ_f	$\theta_f = \arctan \dfrac{h_f}{R_e}$
顶锥角	δ_{a1}, δ_{a2}	$\delta_{a1} = \delta_1 + \theta_a, \delta_{a2} = \delta_2 + \theta_a$
根锥角	δ_{f1}, δ_{f2}	$\delta_{f1} = \delta_1 - \theta_f, \delta_{f2} = \delta_2 - \theta_f$

由上述公式可知，等顶隙齿与不等顶隙齿几何尺寸计算的主要区别在于齿顶角 θ_a，等顶隙齿 $\theta_a = \theta_f$，不等顶隙齿 $\theta_a = \arctan \dfrac{h_a}{R_e}$，其余计算公式相同。

12.3.2　圆锥齿轮传动的强度计算

锥齿轮传动的强度设计可以先进行强度估算，闭式传动按齿面接触强度估算，开式传动按齿根弯曲强度估算，必要时作校核验算。锥齿轮传动的强度设计公式见表 12-23。

表 12-23　直齿锥齿轮传动的强度设计公式

公式用途	齿面接触强度	齿根弯曲强度
传动设计	$d_1 \geqslant \sqrt[3]{\dfrac{4KT_1}{\phi_R u (1 - 0.5\phi_R)^2}\left(\dfrac{Z_E Z_H}{[\sigma_H]}\right)^2}$	$m_e \geqslant \sqrt[3]{\dfrac{4KT_1}{\phi_R z_1^2 (1 - 0.5\phi_R)^2 \sqrt{u^2 + 1}} \times \dfrac{Y_{Fa} Y_{Sa}}{[\sigma_H]}}$
传动验算	$\sigma_H = Z_E Z_H \sqrt{\dfrac{KF_{t1}}{bd_1 (1 - 0.5\phi_R)} \times \dfrac{\sqrt{u^2 + 1}}{u}} \leqslant [\sigma_H]$	$\sigma_F = \dfrac{KF_{t1} Y_{Fa} Y_{Sa}}{bm_e (1 - 0.5\phi_R)} \leqslant [\sigma_F]$

公式说明：

K——载荷系数，当原动机为电动机、汽轮机时，一般可取 $K = 1.2 \sim 1.8$。当载荷平稳、传动精度较高、速度较低、斜齿、曲线齿以及大小轮皆两侧布置轴承时 K 取较小值。如采用多缸内燃机驱动时，K 应增大 1.2 倍左右。

齿宽系数 $\phi_R = \dfrac{b}{R}$，b 为齿宽，R 为锥距，一般取 $\phi_R = 0.25 \sim 0.3$；

齿数比 $u = \dfrac{z_2}{z_1}$，对于一级直齿圆锥齿轮传动，取 $u \leqslant 5$；

m_e——大端模数，查表 12-20；

Y_{Fa}——齿形系数，按当量齿数 $z_v = \dfrac{z}{\cos\delta}$ 由图 12-1 查取；

Y_{Sa}——齿根应力集中系数，由 z 由图 12-2 查取；

$[\sigma_F]$——设计齿轮的许用弯曲应力，$[\sigma_F] = \dfrac{\sigma_{FE}}{S_F}$；

σ_{FE}——材料抗弯强度基本值，查表 12-3；

S_F——抗弯强度的安全系数，查表 12-24，对模数较小、精度较高、设备不甚重要及计算载荷较准时，取低值；

$[\sigma_H]$——齿轮许用接触应力，$[\sigma_H] = \dfrac{\sigma_{Hlim}}{S_{Hmin}}$；

σ_{Hlim}——试验齿轮的接触疲劳极限，查表 12-3；

S_{Hmin}——齿面接触强度安全系数，见表 12-24；

Z_E——弹性系数，见表 12-13；

Z_H——节点区域系数，查图 12-5。

表 12-24 齿面接触强度和齿根弯曲强度安全系数 S_{Hmin} 和 S_{Fmin}

安全系数	软齿面	硬齿面	重要的传动、渗碳淬火齿轮或铸造齿轮
S_{Hmin}	1.0～1.1	1.1～1.2	1.3
S_{Fmin}	1.3～1.4	1.4～1.6	1.6～2.2

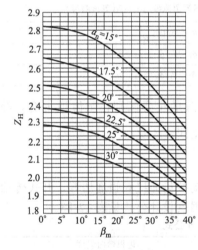

图 12-5 节点区域系数 Z_H

圆锥齿轮传动的设计计算方法可参见有关手册。

12.3.3 直齿圆锥齿轮传动的计算实例

（1）设计概述

直齿圆锥齿轮传动设计计算的内容包括：选择齿轮材料及热处理方式；确定齿轮传动参数（如中心距、齿数、模数、锥距、节锥角、顶锥角、根锥角等）；设计齿轮的结构和其他几何尺寸。

（2）注意事项

直齿圆锥齿轮传动设计除了参考圆柱齿轮传动设计注意问题外，还应注意如下事项。

① 直齿圆锥齿轮传动的锥距 R、分度圆直径 d（大端）等几何尺寸，均应以大端模数来计算，且算至小数点后 3 位，不得圆整。

② 齿轮传动的几何参数和尺寸应分别进行标准化、圆整或计算其精确值。两轴交角为 90° 时，分度圆锥角 δ_1 和 δ_2 可以由齿数比 $u = z_2/z_1$ 算出，其中小锥齿轮的齿数 z_1 可取 17～25；传动比、锥齿轮的锥距等应精确计算到"微米"；节锥角、顶锥角、根锥角等角度尺寸应精确计算到"秒"。

③ 大、小锥齿轮的齿宽应相等，按齿宽系数 $\phi_R = b/R$ 计算出的数值应圆整。

④ 当锻造齿轮直径与轴径相差不大，如直齿锥齿轮 $x < 1.6m$ 时（x 见图 12-3），则齿轮应和轴做成一体（即齿轮轴），见图 12-6。

（3）直齿圆锥齿轮传动的计算实例

例： 设计某机床传动用 6 级直齿锥齿轮传动。已知：小轮传动的转矩 $T_1 = 140\text{N}\cdot\text{m}$，小轮转速 $n_1 = 960\text{r/min}$；大轮转速 $n_2 = 325\text{r/min}$。两轮轴线相交成 90°，小轮悬臂支撑，大轮两端支撑。大小轮均采用 20Cr 渗碳、淬火，齿面硬度 58～63HRC。采用 100 号润滑油，齿轮长期工作。

① 确定其许用应力

查表 12-3，得 20Cr 圆锥齿轮的接触疲劳强度为 1500MPa，弯曲疲劳强度为 850MPa；查表 12-24 得最小安全系数 $S_{Hmin}=1.25$，$S_{Fmin}=1.4$，则

许用接触应力 $\qquad [\sigma_{H1}]=[\sigma_{H2}]=\dfrac{\sigma_{H\,lim}}{S_{Hmin}}=\dfrac{1500}{1.25}MPa=1200MPa$

许用弯曲应力 $\qquad [\sigma_{F1}]=[\sigma_{F2}]=\dfrac{\sigma_{F\,Hmin}}{S_{Fmin}}=\dfrac{850}{1.4}MPa=607.1MPa$

② 几何尺寸计算

齿数比 $\qquad u=i=\dfrac{z_2}{z_1}=\dfrac{n_1}{n_2}=\dfrac{192}{65}=2.954$

齿数 取 $\qquad z_1=21, z_2=uz_1=2.945\times21=62$

分度圆锥角 $\quad \delta_1=\arctan\dfrac{z_1}{z_2}=\arctan 2.954=18.7117°$；$\delta_2=90-\delta_1=71.2883°$

载荷系数 取 $K=1.5$ （查表 12-12）

弹性系数 查表 12-13 得 $Z_E=189.8\ \sqrt{N/mm^2}$

节点区域系数 查图 12-5 得 $Z_H=2.5$

齿宽系数 取 $\phi_R=0.3$ （查表 12-11）

分度圆直径 $\qquad d_1\geqslant\sqrt[3]{\dfrac{4KT_1}{\phi_R u(1-0.5\phi_R)^2}\left(\dfrac{Z_E Z_H}{[\sigma_H]}\right)^2}$

$$=\sqrt[3]{\dfrac{4\times1.5\times140000}{0.3\times2.945\times(1-0.5\times0.3)^2}\left(\dfrac{189.8\times2.5}{1200}\right)^2}mm=59.04mm$$

齿顶圆直径 $\quad d_{a1}=d_1+2m_e\cos\delta_1=63+2\times3\times\cos18.7117°=68.68mm$，

$\qquad\qquad d_{a2}=d_2+2m_e\cos\delta_2=186+2\times3\times\cos71.2883°=187.92mm$

大端模数 $\quad m_e=\dfrac{d_1}{z_1}\geqslant\dfrac{59.04}{21}=2.81$，查表 12-6 取 $m_e=3$

分度圆直径 $\quad d_1=m_e z_1=3\times21=63mm, d_2=m_e z_2=3\times62=186mm$

齿顶高 $\qquad h_a=m_e=3mm$

外锥距 $\qquad R_e=\sqrt{r_1{}^2+r_2{}^2}=\dfrac{m_e}{2}\sqrt{z_1{}^2+z_2{}^2}=98.19mm$

齿宽 $\qquad b\leqslant\dfrac{R_e}{3}, b\leqslant10m_e$，取 $b=30mm$

齿宽中点分度圆直径 $\quad d_{m1}=d_1(1-0.5\phi_R)=63\times0.85=53.55mm$

当量齿数 $\qquad z_{V1}=\dfrac{z_1}{\cos\delta_1}=\dfrac{21}{\cos18.7117°}=22.172$

$\qquad\qquad z_{V2}=\dfrac{z_2}{\cos\delta_2}=\dfrac{62}{\cos71.288°}=193.263$

③验算齿面接触疲劳强度

圆周力 $\qquad F_{t1}=F_{t2}=\dfrac{2T_1}{d_{m1}}$

齿面接触应力

$$\sigma_H=Z_E Z_H\sqrt{\dfrac{2KT_1}{bd_1 d_{m1}(1-0.5\phi_R)}\times\dfrac{\sqrt{u^2+1}}{u}}$$

$$=189.8\times2.5\sqrt{\dfrac{2\times1.5\times140000}{30\times60\times53.55(1-0.5\times0.3)}\times\dfrac{\sqrt{2.945^2+1}}{2.945}}MPa$$

$$=1086.08MPa$$

$$\leqslant[\sigma_{H1}]=[\sigma_{H2}]，通过。$$

④ 验算轮齿弯曲疲劳强度

齿形系数：查图 12-1，得 $Y_{Fa1}=2.83$，$Y_{Fa2}=2.20$

齿根应力修正系数:查图 12-2,得 $Y_{Sa1}=1.57$, $Y_{Sa2}=1.85$

轮齿弯曲应力

$$\sigma_{F1}=\frac{2KT_1Y_{Fa1}Y_{Sa1}}{bm_e(1-0.5\phi_R)d_{m1}}=\frac{2\times1.5\times140000\times2.83\times1.57}{30\times3\times(1-0.5\times0.3)\times53.55}MPa=455.53MPa\leqslant[\sigma_{F1}]$$

$$\sigma_{F2}=\frac{2KT_1Y_{Fa2}Y_{Sa2}}{bm_e(1-0.5\phi_R)d_{m1}}=\frac{2\times1.5\times140000\times2.20\times1.85}{30\times3\times(1-0.5\times0.3)\times53.55}MPa=417.28MPa\leqslant[\sigma_{F2}]$$

通过计算,该齿轮是安全的。

直齿圆锥齿轮轴及圆锥齿轮工作图见图 12-6、图 12-7。

12.3.4 圆锥齿轮的结构

圆锥齿轮的结构见表 12-25。

表 12-25 圆锥齿轮结构

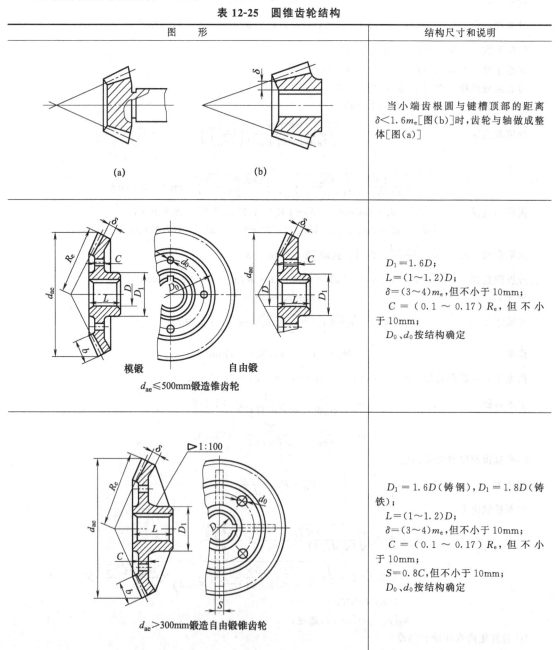

图 形	结构尺寸和说明
(a)　　　　(b)	当小端齿根圆与键槽顶部的距离 $\delta<1.6m_e$[图(b)]时,齿轮与轴做成整体[图(a)]
模锻　　　自由锻 $d_{ae}\leqslant500mm$锻造锥齿轮	$D_1=1.6D$; $L=(1\sim1.2)D$; $\delta=(3\sim4)m_e$,但不小于10mm; $C=(0.1\sim0.17)R_e$,但不小于10mm; D_0、d_0按结构确定
$d_{ae}>300mm$锻造自由锻锥齿轮	$D_1=1.6D$(铸钢),$D_1=1.8D$(铸铁); $L=(1\sim1.2)D$; $\delta=(3\sim4)m_e$,但不小于10mm; $C=(0.1\sim0.17)R_e$,但不小于10mm; $S=0.8C$,但不小于10mm; D_0、d_0按结构确定

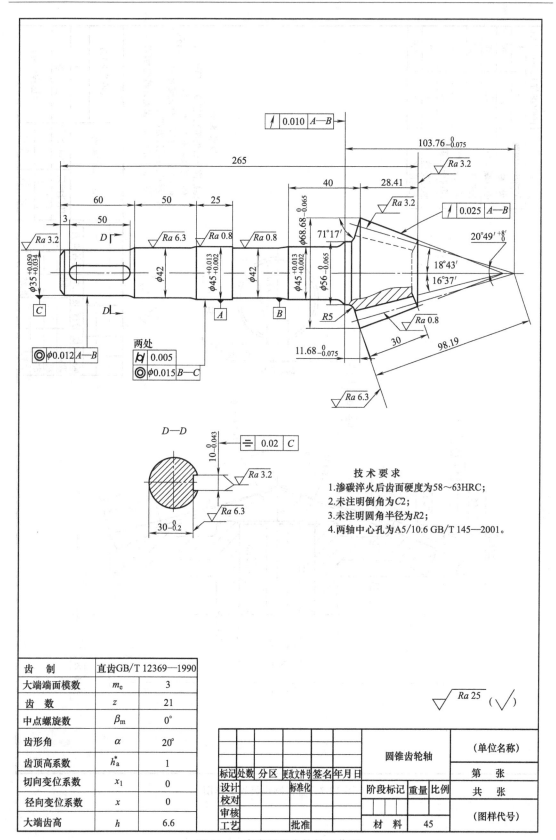

齿　制	直齿GB/T 12369—1990	
大端端面模数	m_e	3
齿　数	z	21
中点螺旋数	β_m	0°
齿形角	α	20°
齿顶高系数	h_a^*	1
切向变位系数	x_1	0
径向变位系数	x	0
大端齿高	h	6.6

技术要求
1.渗碳淬火后齿面硬度为58～63HRC；
2.未注明倒角为C2；
3.未注明圆角半径为R2；
4.两轴中心孔为A5/10.6 GB/T 145—2001。

标记	处数	分区	更改文件号	签名	年月日		圆锥齿轮轴	（单位名称）
设计			标准化					第　张
校对						阶段标记	重量	比例	共　张
审核								（图样代号）
工艺			批准			材　料	45	

图 12-6　直齿圆锥齿轮轴工作图

齿 制		直齿GB/T 12369—1990	
大端端面模数	m_e	3	
齿 数	z	62	
中点螺旋角	β_m	0°	
齿形角	α	20°	
齿顶高系数	h_a^*	1	
切向变位系数	x_t	0	
变位系数	x	0	
大端齿高	h	6.6	

技术要求

1. 渗碳淬火后齿面硬度为58~63HRC;
2. 未注明圆角半径为R3~5;
3. 未注明倒角为C2, 粗糙度为 $\sqrt{Ra\ 12.5}$;
4. 模锻尺寸精度为IT16;
5. 机械加工未注尺寸偏差处精度为IT12。

$\sqrt{}\ (\sqrt{})$

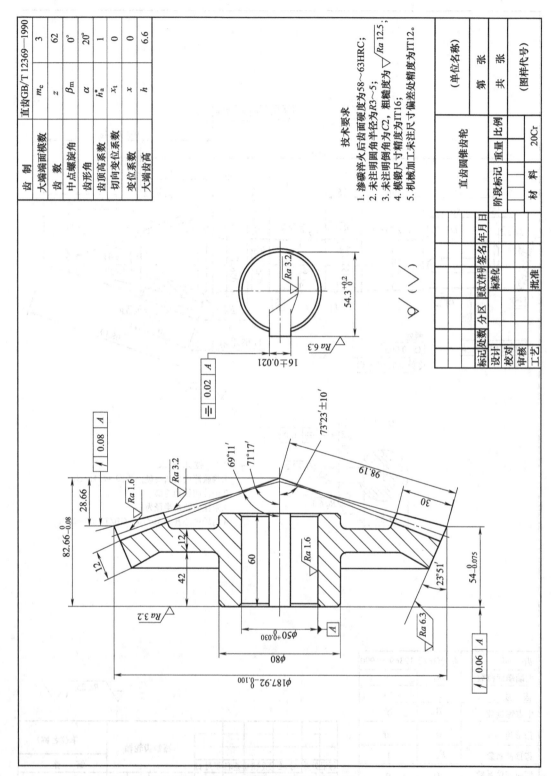

图 12-7 直齿圆锥齿轮工作图

							(单位名称)	
							第 张	
							共 张	
							(图样代号)	
直齿圆锥齿轮			阶段标记	重量	比例			
						材 料	20Cr	
标记	处数	分区	更改文件号	签名	年月日			
设计						标准化		
校对								
审核						批准		
工艺								

第13章 螺旋传动

螺旋传动是利用螺杆和螺母组成的螺旋副来实现传动要求的。它主要用于将回转运动转变为直线运动，同时传递运动和力。

13.1 螺旋传动的工作原理及类型

13.1.1 螺旋机构的工作原理

螺旋机构是利用螺旋副传递运动和动力的机构。如图 13-1 所示为最简单的三构件螺旋机构，其中构件 1 为螺杆，构件 2 为螺母，构件 3 为机架。在图 13-1 (a) 中，B 为旋转副，其导程为 l；A 为转动副，C 为移动副。当螺杆 1 转动 φ 角时，螺母 2 的位移 s 为

$$s = l \frac{\varphi}{2\pi}$$

如果将图 13-1 (a) 中的转动副 A 也换成螺旋副，便得到图 (b) 所示螺旋机构。设 A、B 段螺旋的导程分别为 l_A、l_B，则当螺杆 1 转过 φ 角时，螺母 2 的位移为

$$s = (l_A \pm l_B) \frac{\varphi}{2\pi}$$

式中，"－"号用于两螺旋旋向相同时，"＋"号用于两螺旋旋向相反时。

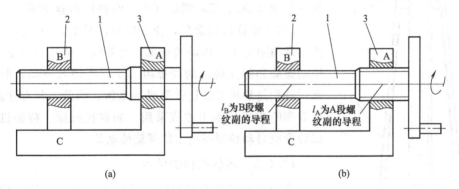

图 13-1 螺旋机构

由上式可知，当两螺旋旋向相同时，若 l_A 与 l_B 相差很小，则螺母 2 的位移可以很小，这种螺旋机构称为差动螺旋机构（又称微动螺旋机构）；当两螺旋旋向相反时，螺母 2 可产生快速移动，这种螺旋机构称为复式螺旋机构。

螺纹机构是利用螺杆和螺母组成的螺旋副来实现传动要求的。通常由螺杆、螺母、机架及其他附件组成。它主要用于将回转运动变为直线运动，或将直线运动变为回转运动，同时传递运动或动力，应用十分广泛。

13.1.2 螺旋传动的类型和应用

根据螺杆和螺母的相对运动关系，螺旋传动的常用运动形式，主要有以下三种。

① 螺杆轴向固定、转动，螺母运动。常用于图 13-2 (a) 所示的机床进给机构中。

② 螺母固定，螺杆转动并移动。多用于螺旋压力机 [图 13-2 (b)] 和螺旋起重器（千斤顶，图 13-3) 中。

③ 螺母原位转动，螺杆移动，常用于升降机构。

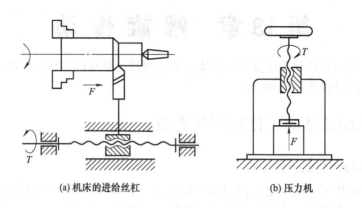

(a) 机床的进给丝杠　　　　　(b) 压力机

图 13-2　螺旋传动的运动形式

螺旋传动按其用途不同，可分为以下三种类型。

① 传力螺旋。如举重器、千斤顶、加压螺旋。

② 传导螺旋。如机床进给机构。

③ 调整螺旋。一般用于调整并固定零件或部件之间的相对位置，要求自锁性能好，有时也有较高的调节精度要求。如车床尾座调整螺旋机构。

螺旋传动按其螺旋副的摩擦性质不同，又可分为滑动螺旋（滑动摩擦）、滚动螺旋（滚动摩擦）和静压螺旋（流体摩擦）。滑动螺旋机构简单，便于制造，易于自锁，但其主要缺点是摩擦阻力大，传动效率低，磨损快，传动精度低。相反，滚动螺旋和静压螺旋的摩擦阻力小，传动效率高，但结构复杂，特别是静压螺旋还需要供油系统。因此，只有在高精度、高效率的重要传动中才宜采用，如数控机床、精密机床、测试装置或自动控制系统中的螺旋传动等。

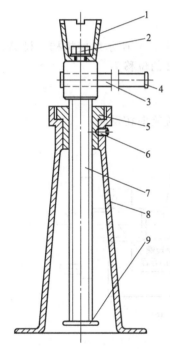

图 13-3　螺旋起重器
1—托杯；2—螺钉；3—手柄；
4,9—挡环；5—螺母；
6—紧定螺钉；7—螺杆；8—底座

13.1.3　螺旋机构的特点

螺旋机构与其他将回转运动变为直线运动的机构（如曲柄滑块机构）相比，具有以下特点。

① 结构简单，仅需内、外螺纹组成螺旋副即可；

② 传动比很大，可以实现微调和降速传动；

③ 省力，可以以很小的力，完成需要很大力才能完成的工作；

④ 能够自锁；

⑤ 工作连续、平稳、无噪声；

⑥ 由于螺纹之间产生较大的相对滑动，因而磨损大，效率低，特别是若用于机构要有自锁作用时，其效率低于 50%。这是螺旋机构的最大缺点。

螺旋机构是常见的机构，在各工业部门都获得广泛应用，从精密的仪器到轧钢机加载装置中的重载传动均可采用这种机构。

下面仅对滑动螺旋传动的设计和计算进行讨论。

13.2　滑动螺旋传动的设计及计算

13.2.1　滑动螺旋的结构和材料

（1）滑动螺旋的结构

滑动螺旋的结构主要是指螺杆、螺母的固定和支承的结构形式。螺旋传动的工作刚度与精度等和支承结构有直接关系。

当螺杆短而粗且垂直布置时，如起重及加压装置的传力螺旋，可利用螺母本身作为支承（见图 13-3）；当螺杆细长且水平布置时，如机床的传导螺旋（丝杠）等，应在螺杆两端或中间附加支承，以提高螺杆的工作刚度。此外，对于轴向尺寸较长的螺杆，应采用对接的组合结构代替整体结构，以减少制造工艺上的困难。

螺母结构有整体螺母、组合螺母和剖分螺母等形式。其中，整体螺母结构简单，但由磨损产生的轴向间隙不能补偿，只适合在精度要求较低的螺旋中使用。对于经常双向传动的传导螺旋，为了消除轴向间隙和补偿旋合螺纹的磨损，避免反向传动时的空行程，常采用组合螺母或剖分螺母。图 13-4 是利用调整楔块来定期调整螺旋副的轴向间隙的一种组合螺母的结构形式。

滑动螺旋采用的螺纹类型有矩形、梯形和锯齿形，其中以梯形和锯齿形螺纹应用最广。螺杆常用右旋螺纹，只有在某些特殊的场合，如车床横向进给丝杠，为了符合操作习惯，才采用左旋螺纹。

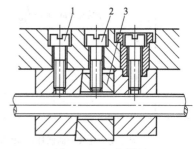

图 13-4　组合螺母
1—固定螺母；2—调整螺钉；3—调整楔块

（2）螺杆和螺母的材料

螺杆的材料要有足够的强度和耐磨性。螺母的材料除了要有足够的强度外，还要求在与螺杆材料相配合时摩擦因数小和耐磨。螺旋传动常用的材料见表 13-1。

表 13-1　螺旋传动常用的材料

螺旋副	材料牌号	应用范围
螺杆	Q235、Q275、45、50	材料不经热处理,适用于经常运动,受力不大,转速较低的传动
	40Cr、65Mn、T12、40WMn、20CrMnTi	材料需经热处理,以提高其耐磨性,适用于重载、转速较高的重要传动
	9Mn2V、CrWMn、38CrMoAl	材料需经热处理,以提高其尺寸的稳定性,适用于精密传导螺旋传动
螺母	ZCuSn10Pl、ZCuSn5Pb5Zn5(铸锡青铜)	材料耐磨性好,适用于一般传动
	ZCuAl9Fe4Ni4Mn2(铸铝青铜)、ZCuZn25Al6Fe3Mn3(铸铝黄铜)	材料耐磨性好,强度高,适用于重载、低速的传动。对于尺寸较大或高速传动,螺母可采用钢或铸铁制造,内孔浇注青铜或巴式合金

13.2.2　滑动螺旋传动的设计计算

滑动螺旋工作时，主要承受转矩及轴向拉力（或压力）的作用，同时在螺杆和螺母的旋合螺纹间有较大的相对滑动。其失效形式主要是螺纹磨损。因此，滑动螺旋的基本尺寸（即螺杆直径与螺母高度），通常是根据耐磨性条件确定的。对于受力较大的传力螺旋，还应校核螺杆危险截面以及螺母螺纹牙的强度，以防止发生塑性变形或断裂；对于要求自锁的螺杆应校核其自锁性；对于长径比很大的螺杆，应校核其稳定性，以防止螺杆受压后失稳等。

表 13-2 是滑动螺旋传动的磨损性计算和几项常用的校核计算方法。

表 13-2　径向滑动轴承的设计计算步骤

设计计算	计算公式	符号意义
耐磨性计算	滑动螺旋的耐磨性计算,主要是限制螺纹工作面上的压力 p,其强度校核公式为: $$p = \frac{F}{A} = \frac{F}{\pi d_2 h u} = \frac{FP}{\pi d_2 h H} \leqslant [p]$$ 设计计算公式为:$d_2 \geqslant \sqrt{\dfrac{FP}{\pi h \phi [p]}}$ 依据计算出的螺纹中径,按螺纹国家标准选择相应的公称直径 d 和螺距 P。螺纹工作圈数不宜超过 10 圈 对有自锁性要求的螺旋传动,应校核自锁条件: $$\psi \leqslant \varphi_v = \arctan \frac{f}{\cos\beta} = \arctan f_v$$	 F —螺杆所受的轴向力,N; A —螺纹的承压面积,mm^2; d_2—螺纹中径,mm; h —螺纹工作高度,mm; P —螺纹螺距,mm; H—螺母高度,mm; u —螺纹工作圈数,$u = H/P$; ϕ —$\phi = H/d_2$,一般,$\phi = 1.2 \sim 3.5$; ψ —螺纹升角; φ_v—当量摩擦角; f_v—螺旋副的当量摩擦因数; f —摩擦因数
螺杆的强度计算	对于受力比较大的螺杆,需根据第四强度理论求出危险截面的计算应力: $$\sigma_{ca} = \sqrt{\sigma^2 + 3\tau^2} = \frac{4}{\pi d_1^2}\sqrt{F^2 + 3\left(\frac{4T}{d_1}\right)^2} \leqslant [\sigma]$$	F—螺杆所受的轴向力,N; d_1—螺杆螺纹小径,mm; T—螺杆所受的转矩; σ—螺杆材料的拉应力; z—螺杆材料的剪应力; $[\sigma]$—螺杆材料的许用应力,MPa,其值见表 13-3
螺母螺纹牙的强度计算	螺母螺纹牙上的平均压力为 F/u 其危险截面 $a-a$ 的剪切强度条件为: $$\tau = \frac{F}{\pi D b u} \leqslant [\tau]$$ 弯曲强度条件为: $$\sigma_b = \frac{6Fl}{\pi D b^2 u} \leqslant [\sigma_b]$$	 D—螺母的螺纹大径,mm; D_2—螺母的螺纹中径,mm; b—螺纹牙根部的厚度,mm; l—弯曲力臂,mm,$l = \dfrac{D - D_2}{2}$; $[\tau]$—螺母材料的许用切应力,MPa,其值见表 13-3; $[\sigma_b]$—螺母材料的许用弯曲应力,MPa,其值见表 13-3 其余符号的意义和单位同前
螺杆的稳定性计算	在正常条件下,螺杆承受的轴向力 F 要小于临界载荷 F_{cr},则螺杆的稳定性条件为: $$S_{sc} = \frac{F_{cr}}{F} \geqslant S_s$$	S_{sc}—螺杆稳定性的计算安全系数; S_s—螺杆稳定性安全系数,对于传动螺旋,$S_s = 3.5 \sim 5.0$;对于传导螺旋,$S_s = 2.5 \sim 4.0$;对于精密螺杆或水平螺杆,$S_s > 4.0$; F—螺杆承受的轴向力,N; F_{cr}—螺杆的临界载荷,N

表 13-3　滑动螺旋副材料的许用应力

螺旋副材料		许用应力/MPa		
		$[\sigma]$	$[\sigma_b]$	$[\tau]$
螺杆	钢	$\dfrac{\sigma_s}{3\sim5}$	$(1.0\sim1.2)[\sigma]$	$0.6[\sigma]$
螺母	青铜	—	$40\sim60$	$30\sim40$
	铸铁	—	$45\sim55$	40
	钢	$\dfrac{\sigma_s}{3\sim5}$	$(1.0\sim1.2)[\sigma]$	$0.6[\sigma]$

注：1. σ_s 为材料的屈服点。

2. 载荷稳定时，许用应力取大值。

第 14 章　轴

14.1　轴的类型及材料

14.1.1　轴的类型

轴是组成机械的一个重要零件，它支承其他回转件并传递转矩，同时它又通过轴承和机架连接。

轴一般由轧制圆钢或锻件经切削加工制造。轴的直径较小，可用圆钢棒制造；对于重要的、大直径或阶梯直径变化较大的轴，采用锻坯。为节约金属和提高工艺性，直径大的轴还可以制成空心的，并且带有焊接的或锻造的凸缘。

对于形状复杂的轴（如凸轮轴、曲轴）可采用铸造。

14.1.2　轴的材料

轴的材料种类很多，设计时主要根据对轴的强度、刚度、耐磨性等要求，以及为实现这些要求而采用的热处理方式，同时考虑制造工艺问题加以选用，力求经济合理。

轴的常用材料 35、45、50 优质碳素结构钢，最常用的是 45 钢。对于受载较小或不太重要的轴，也可用 Q235、Q275 等普通碳素结构钢。对于受力较大，轴的尺寸和重量受到限制，以及有某些特殊要求的轴，可采用合金钢。

根据工作条件要求，轴可在加工前或加工后经过整体或表面处理，以及表面强化处理（如喷丸、辊压等）和化学处理（如渗碳、渗氮、氮化等），以提高其强度（尤其疲劳强度）和耐磨、耐腐蚀等性能。

轴的常用材料及力学性能见表 14-1。

表 14-1　轴的常用材料及力学性能

材料牌号	热处理	毛坯直径 /mm	硬度 /HB	抗拉强度 σ_b	屈服点 σ_s	弯曲疲劳极限 σ_{-1}	扭转疲劳极限 τ_{-1}	备注
				MPa（不小于）				
Q235，Q235F				440	240	180	105	用于不重要或载荷不大的轴
35	正火	25	≤187	540	320	230	130	应用较广泛
	正火回火	≤100	149～187	520	270	210	120	
		>100～300		500	260	205	115	
		>300～500	143～187	480	240	190	110	
		>500～750		460	230	185	105	
		>750～1000	137～187	440	220	175	100	
	调质	≤100	156～207	560	300	230	130	
		>100～300		540	280	220	125	
45	正火	25	≤241	610	360	260	150	应用较广泛
	正火回火	≤100	170～217	600	300	240	140	
		>100～300	162～217	580	290	235	135	
		>300～500		560	280	225	130	
		>500～750	156～217	540	270	215	125	
	调质	≤200	217～255	650	360	270	155	

续表

材料牌号	热处理	毛坯直径 /mm	硬度 /HB	抗拉强度 σ_B	屈服点 σ_s	弯曲疲劳极限 σ_{-1}	扭转疲劳极限 τ_{-1}	备注
				MPa(不小于)				
40Cr	调质	25		1000	800	485	280	用于载荷较大,而无很大冲击的轴
		≤100	241～286	750	550	350	200	
		＞100～300	229～269	700	500	320	185	
		＞300～500		650	450	295	170	
		＞500～800	217～255	600	350	255	145	
40MnB	调质	25		1000	800	485	280	性能接近于40Cr,用于很重要的轴
		≤200	241～286	750	500	335	195	

注：1. 表中所列疲劳极限数值，均按下式计算：$\sigma_{-1} \approx 0.27(\sigma_B + \sigma_s)$，$\tau_{-1} \approx 0.156(\sigma_B + \sigma_s)$。

2. 其他性能，一般可取 $\tau_s \approx (0.55 \sim 0.62)\sigma_s$，$\sigma_0 \approx 1.4\sigma_{-1}$，$\tau_0 \approx 1.5\tau_{-1}$。

3. 球墨铸铁 $\sigma_{-1} \approx 0.36\sigma_b$，$\tau_{-1} = 0.31\sigma_b$。

4. 表中抗拉强度符号 σ_b 在 GB/T 228—2002 中规定为 R_m。

14.2　轴的设计

轴上的所有零件都围绕轴心线作回转运动，形成一个以轴为基准的组合体——轴系部件。所以，在轴的设计中，不能只考虑轴本身，还必须和轴系零、部件的整个结构密切联系起来。轴系零件包括轴、键、轴承。

轴设计的特点是：在轴系零、部件的具体结构未确定之前，轴上力的作用点和支点间的跨距无法精确确定，故弯矩大小和分布情况不能求出，因此在轴的设计中，必须把轴的强度计算和轴系零、部件结构设计交错进行，边画图、边计算、边修改。

通常轴设计的步骤是：
① 根据机械传动方案的整体布局，拟定轴上零件的布置和装配方案；
② 选择轴的合适材料；
③ 初步估算轴的直径；
④ 进行轴系零、部件的结构设计；
⑤ 进行强度设计；
⑥ 进行刚度设计；
⑦ 校核键的连接强度；
⑧ 验算轴承；
⑨ 根据计算结果修改设计；
⑩ 绘制轴的零件工作图。

对于一些不太重要的轴，上述程序中的某些内容可以省略。

14.2.1　轴的结构设计

轴的结构决定于受载情况，轴上零件的布置和固定方式，轴承的类型和尺寸、轴的毛坯、制造和装配工艺及安装与运输等条件。轴的结构应是尽量减小应力集中，受力合理，有良好工艺性，并使轴上零件定位可靠，装拆方便。对于要求刚度大的轴，还应在结构上考虑减小轴的变形。

轴的结构设计包括确定轴的形状、轴的径向尺寸和轴向尺寸。在确定轴的径向尺寸和结构时，要在初估直径的基础上，考虑轴承型号选择，轴的强度、轴上零件的定位与固定等，以便于加工装配。不同的装配方案，有不同的阶梯轴形式。在作图前，应初步确定装配方案，如图 14-1 所示的阶梯轴。

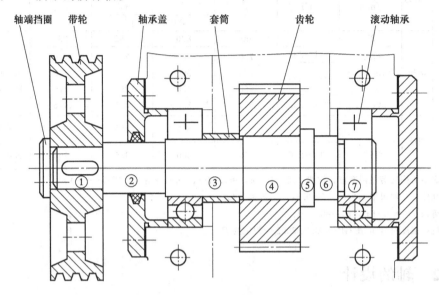

图 14-1　轴的结构

（1）轴结构设计的主要要求

轴的结构设计就是使轴的各部分具有合理的形状和尺寸，其主要要求是：

① 轴应便于加工，轴上零件要易于装拆（制造安装要求）；

② 轴和轴上零件要有准确的工作位置（定位）；

③ 各零件要牢固而可靠地相对固定（固定）；

④ 改善受力状况，减小应力集中。

为便于轴上零件的装拆，常将轴做成阶梯形。对于一般剖分式箱体中的轴，它的直径从轴端逐渐向中间增大。如图 14-1 所示，可依次将齿轮、套筒、左端滚动轴承、轴承盖和带轮从轴的左端装拆，另一滚动轴承从右端装拆。为使轴上零件易于安装，轴端及各轴段的端部应有倒角。

在满足使用要求的情况下，轴的形状和尺寸应力求简单，以便于加工。

（2）确定轴的结构尺寸

① 确定轴的径向尺寸

a. 轴的最小径向尺寸的确定。参见图 14-1，可以看出轴的最小尺寸一般是外伸轴段，按许用切应力的计算方法进行估算。但与外接零件（如联轴器）的孔径要相匹配，并应能保证键连接的强度要求，最小轴段尺寸应尽可能圆整为标准值，见《机械设计手册》。

b. 轴上其他各段轴径的确定。为了便于轴上零件的装配，常将轴做成阶梯轴，其径向尺寸逐段变化。

与轴上零件（齿轮、滚动轴承、联轴器、密封件等）相配合的各段轴径应符合有关标准和规范，并尽量取标准直径系列值，见《机械设计手册》。

轴上两个支点的轴承，应尽量采用相同的型号，便于轴承座孔的加工；为便于滚动轴承的拆卸，轴承处的轴肩高度要留有足够的拆卸高度。

c. 轴肩高度及圆角的确定。相邻轴段的直径不同即形成轴肩，当轴肩用于轴上零件定位和承受轴向力时，应具有一定的高度。如果相邻两轴段直径的变化仅是为了轴上零件的装拆方便或区分加工表面时，两直径略有差值，如取 $1\sim5$mm 即可；也可以采用相同公称直径而取不同的公差数值。

为了保证轴上零件紧靠定位面（轴肩），轴肩的圆角半径 r 必须小于相配零件孔的倒角 C 或圆角半径 R，轴肩高 h 必须大于 C 或 R，见图 14-2，定位轴肩高度见表 14-2。

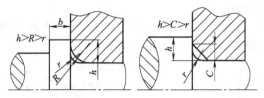

图 14-2　轴肩的圆角半径和轴上零件倒角的关系

表 14-2　轴肩和轴环尺寸（参考）　　　　　　　　　　　　　　mm

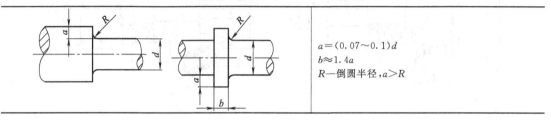

$a=(0.07\sim0.1)d$
$b\approx1.4a$
R—倒圆半径，$a>R$

为了降低应力集中，轴径过渡处的圆角应尽量大些，圆角、倒角推荐值见《机械设计手册》，一根轴上的圆角及倒角尺寸，应尽量一致，以便于加工；当轴肩面需要精加工、磨削或切削螺纹时，应留退刀槽。

② 确定轴的轴向尺寸　轴的轴向尺寸主要取决于轴上传动件及支承件的轴向宽度及轴向位置，并应考虑有利于提高轴的强度和刚度，设计要点有以下几个。

a. 保证传动件在轴上的固定可靠及便于装配。轴上各轴段的长度主要取决于轴上零件（传动件、轴承）的宽度以及相关零件（箱体轴承座、轴承端盖）的轴向位置和结构尺寸。

与传动件（以及联轴器）相配的轴段长度由与其配合的轮毂宽度决定。当传动件用其他零件顶住来实现其轴向定位时，该轴段的配合长度应比传动件的轮毂宽度短 $2\sim3$mm，以保证固定可靠。

当用平键连接传动件时，键应比配合长度稍短，并在轴向方向布置于偏向传动件装入一侧，以便于装配。

b. 滚动轴承轴段的轴向尺寸确定。安装滚动轴承处轴段的轴向尺寸由轴承的位置和宽度决定，而轴承在轴承座中的位置又与轴承的润滑方式（润滑脂、润滑油）有关。当采用润滑脂润滑时，常需在轴承旁设置挡油环；当采用润滑油润滑时，轴承应尽量靠近箱体，不需要太大的位置，详细尺寸见第 8 章。

c. 支承件的位置应尽量靠近传动件。为减小轴的弯矩，以提高轴的强度和刚度，轴承应尽量靠近传动件。当轴上的传动件都在两轴承之间时，两轴承支点跨距应尽量减小。若轴上有悬伸传动件时，则应使一轴承尽量靠近它，轴承支点跨距应适当增大。

d. 外伸轴长度的确定。外伸轴的长度取决于外伸轴段上安装的外接零件（如联轴器、齿轮、带轮等）以及轴承端盖的结构尺寸，见图 14-3（a）。

当采用弹性套柱销联轴器时，外伸轴段必须留有足够的装拆弹性套柱销的必要装配尺寸 A，A 尺寸至少要大于或等于轴承端盖连接螺钉的长度，此时轴的外伸尺寸 L 应根据 A 决定，A 则由联轴器型号确定，见图 14-3（b）。

当采用不同的轴承端盖结构时，箱体宽度不同，轴的外伸长度也不一样。当采用凸缘式轴承端盖时，如图14-4（a）所示，轴外伸长度必须考虑拆卸轴承端盖螺钉所需的长度 L，L 参考轴承端盖螺钉尺寸，以便不拆外接零件（如联轴器等）的情况下，拆开轴承盖螺钉，就可打开减速器箱盖。当外接零件的轮毂不影响螺钉的装拆，如图14-4（b）所示，或采用嵌入式轴承端盖时，如图14-4（c）所示，箱体外旋转零件至轴承盖外端面或轴承螺钉头顶面距离 L 一般不小于 $15\sim20$mm。

由此可知，箱外零件不应离轴承端盖过近，相应的外伸轴的轴向尺寸 L 也不可太小，对于中小型减速器，L 一般不应小于 $15\sim20$mm。

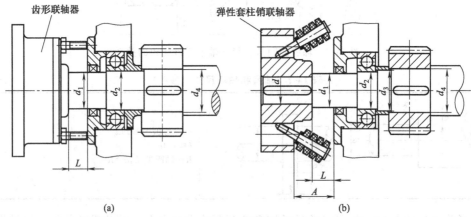

图 14-3　减速器输入轴各轴段长度与外界零件装配关系

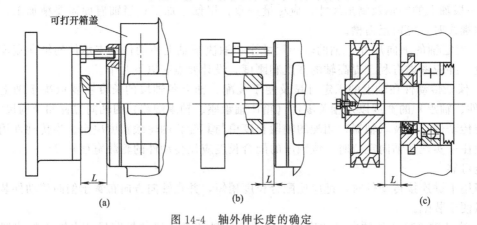

图 14-4　轴外伸长度的确定

（3）轴上零件的固定方法

① 轴上零件的轴向固定　轴上零件的轴向固定的方式很多，各具特点，其轴向固定方法见表14-3。

表 14-3　轴上零件的轴向固定方式

固定方法	简　图	特　点
轴肩、轴环、轴伸		结构简单、定位可靠，可承受较大的轴向力。常用于齿轮、链轮、带轮、联轴器和轴承等定位，为保证零件紧靠定位面，应使 $r<C_1$ 或 $r<R$。轴肩高度 a 应大于 R 或 C_1

续表

固定方法	简　图	特　点
套筒	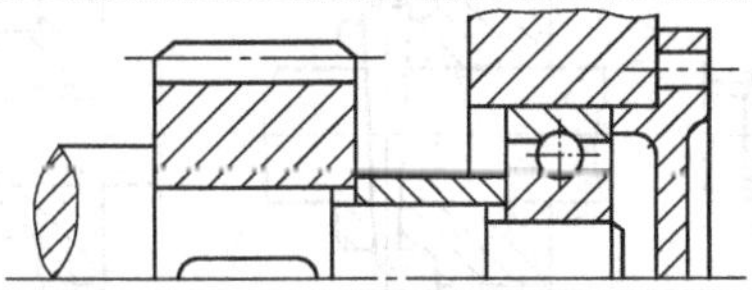	结构简单、定位可靠,轴上不需开槽、钻孔和切制螺纹,因而不影响轴的疲劳强度。一般用于零件间距较小场合,以免增加结构重量,轴的转速很高时不宜采用
锁紧挡圈	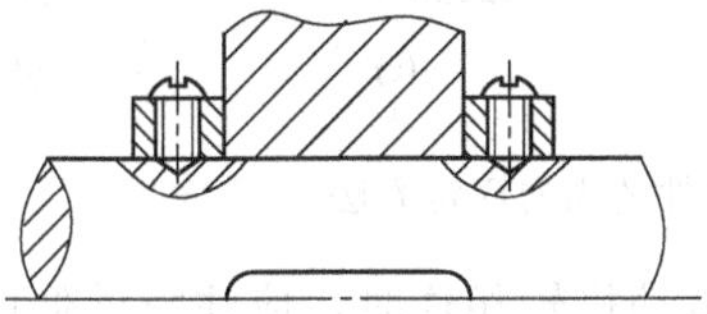	结构简单、不能承受大的轴向力,不宜用于高速。常用于光轴上零件的固定
圆锥面	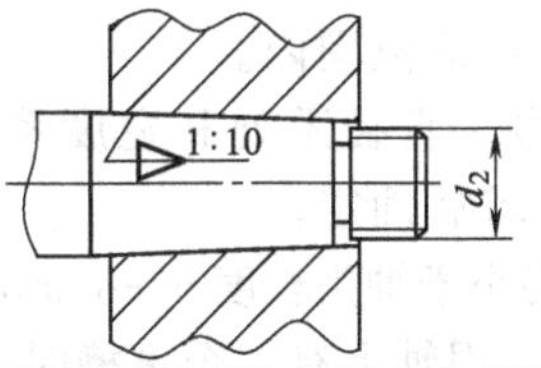 1:10　d_2	消除轴与毂间的径向间隙,装拆方便,可兼作周向固定,能承受冲击载荷。多用于轴端零件固定,常与轴端压板或螺母联合使用,使零件获得双向轴向固定
圆螺母	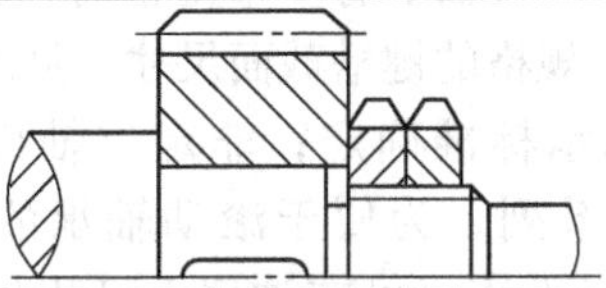	固定可靠,装拆方便,可承受较大轴向力。由于轴上切制螺纹使轴的疲劳强度降低,常用双圆螺母或圆螺母与止动垫圈固定轴端零件,当零件间距较大时,亦可用圆螺母代替套筒以减小结构重量
轴端挡圈	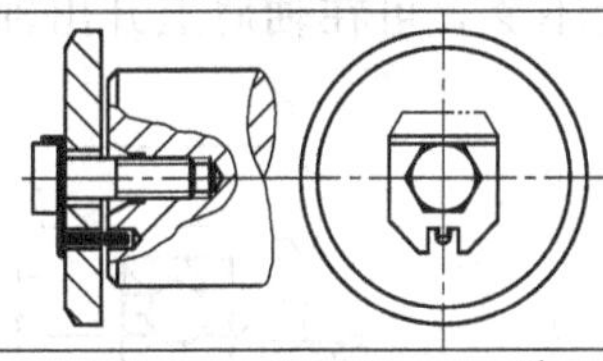	适用于固定轴端零件,可承受剧烈振动和冲击载荷 螺栓紧固轴端挡圈的结构尺寸见《机械设计手册》
轴端挡板	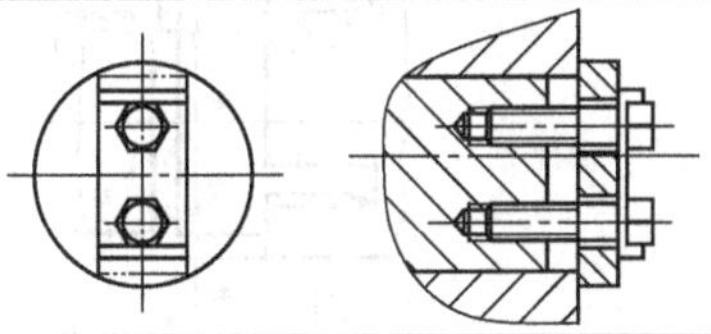	适用于心轴和轴端固定
弹性挡圈	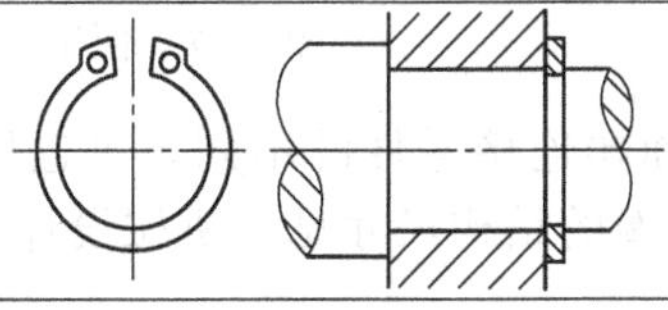	结构简单紧凑,只能承受很小的轴向力,常用于固定滚动轴承
紧定螺钉	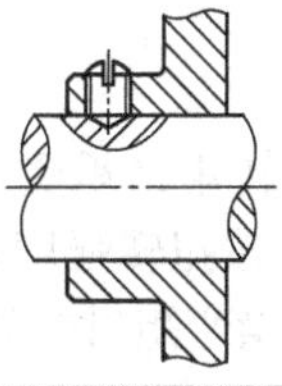	适用于轴向力很小,转速很低或仅为防止零件偶然沿轴向滑动的场合。为防止螺钉松动,可加锁圈 紧定螺钉同时亦起周向固定作用

② 轴上零件的周向固定　轴上零件的周向固定的方式主要有:键、销、紧定螺钉、过盈配合等,如图 14-5 所示。其中,图 (a) 是齿轮用平键周向固定,轴承用过盈配合的周向固定方式;图 (b) 是花键周向固定方式;图 (c) 是销周向固定方式;图 (d) 是紧定螺钉周向固定方式。

(4) 确定轴结构尺寸时的注意事项

① 初步计算的轴径可作为轴端最小直径,但与联轴器等零件孔的配合时,应考虑联轴

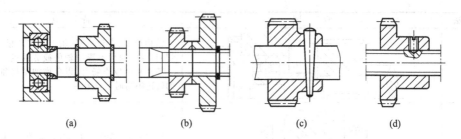

(a)　　　　　　　(b)　　　　　　　(c)　　　　　　　(d)

图 14-5　轴上零件的周向固定方法

器孔径的尺寸范围。当外伸轴段用联轴器与电动机轴相连时，应注意外伸段的直径与电动机轴的直径不能相差太大，均应在所选的联轴器孔径的范围内。

②按工作要求选择轴承类型，初选轴承型号。直径系列和宽度系列一般可先按照中等宽度选取，轴承内径则由初估直径并考虑结构要求后确定。

③当选用键连接实现周向固定时，注意键长要小于轴头长度 5～8mm，应取标准键长；轴上键槽应靠近零件装入一端，一般相距 2～5mm；同一根轴上有多个键槽时，为加工方便，各轴段的键槽应分布在同一母线上，并应尽可能采用同一规格的键槽截面尺寸，见图 14-6。

④注意用于滚动轴承的轴肩高度应按照轴承标准确定；非定位轴肩高度一般取为 1～3mm；配合段直径的选取应尽量采用标准直径系列。为便于滚动轴承的拆卸，应留有足够的拆卸高度，因而轴肩高度要适当。如拆卸高度不够，可在轴肩上开出轴槽，以便于安装拆卸器，见图 14-7。

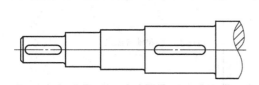

图 14-6　键槽应设计在同一加工直线上

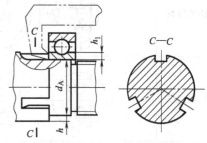

图 14-7　便于轴承拆卸的轴槽

⑤轴端挡圈。根据轴伸端的结构尺寸及轴端连接零件的不同，可选用不同结构形式的轴端挡圈及轴端连接零件的孔用挡圈，轴端挡圈的结构尺寸见《机械设计手册》。

14.2.2　轴的强度计算

（1）按扭转强度计算

①按扭转强度初步估算轴的最小直径　对于既传递转矩又承受弯矩的转轴，在设计轴的结构之前，先选择轴的材料和热处理工艺，确定许用应力，按扭转强度初步估算轴的最小直径。但必须把轴的许用扭切应力 $[\tau]$ 适当降低，见表 14-4，以补偿弯矩对轴的影响。其设计公式为

$$d \geqslant \sqrt[3]{\frac{9.55 \times 10^6}{0.2[\tau]}} \sqrt[3]{\frac{P}{n}} \geqslant C \sqrt[3]{\frac{P}{n}} \quad \text{mm}$$

式中　d——轴的直径，mm；

　　　P——轴的功率，kW；

　　　n——轴的转速，r/min；

　　　C——由轴的材料和承载情况确定的常数，见表 14-4。

公式中求出的 d 值，一般作为轴最细处的直径。

表 14-4　常用材料的 [τ] 值和 C 值

轴的材料	Q235,20	35	45	40Cr,35SiMn
$[\tau]$/MPa	12~20	20~30	30~40	40~52
C	160~135	135~118	118~107	107~98

注：当作用在轴上的弯矩比传递的转矩小或只传递转矩时，C 取较小值；否则取较大值。

② 采用经验公式来估算轴的直径　在一般减速器中，对于高速轴，若直接与电动机相连，最小直径应与电动机外伸轴直径相比较，两者不能相差过大，同时应在所选联轴器许用孔径范围内；即高速输入轴的最小直径可按与其相连的电动机轴的直径估算 $d=(0.8\sim1.2)D$；各级低速轴的最小轴径可按同级齿轮中心距估算，$d=(0.3\sim0.4)a$。

对于低速轴，最小直径视外伸轴段所连接的联轴器孔径范围或其他零件轮毂要求而定。当该直径处有键槽时，应将计算值增大 3%~5%，经圆整确定该轴的最小直径。

（2）按弯扭合成强度计算

① 弯扭合成强度条件　由于一般转轴的 σ_b 为对称循环变应力，而 τ 的循环特性往往与 σ_b 不同，考虑两者循环特性不同的影响，对式中的转矩 T 乘以折合系数 α，对于比较重要的钢制轴，其强度条件为

$$\sigma_e=\frac{M_e}{W}=\frac{1}{0.1d^3}\sqrt{M^2+(\alpha T)^2}\leqslant[\sigma_{-1b}]$$

式中　　　　　M_e——当量弯矩，$M_e=\sqrt{M^2+(\alpha T)^2}$，N·mm；

　　　　　　　W——轴的抗弯截面系数，mm^3，对圆截面轴，$W=\frac{\pi d^3}{32}\approx0.1d^3$；

　　　　　　　α——根据转矩性质而定的折合系数。对不变的转矩，$\alpha=[\sigma_{-1b}]/[\sigma_{+1b}]\approx0.3$；当转矩脉动变化时，$\alpha=[\sigma_{-1b}]/[\sigma_{0b}]\approx0.6$；对于频繁正反转的轴，$\tau$ 可作为对称循环变应力，$\alpha=1$。若转矩的变化规律不清楚，一般也按脉动循环处理；

$[\sigma_{-1b}]$、$[\sigma_{0b}]$、$[\sigma_{+1b}]$——分别为对称循环、脉动循环及静应力状态下的许用弯曲应力，见表 14-5。

表 14-5　轴的许用弯曲应力　　　　MPa

材料	$[\sigma_b]$	$[\sigma_{+1b}]$	$[\sigma_{0b}]$	$[\sigma_{-1b}]$
碳素钢	400	130	70	40
	500	170	75	45
	600	200	95	55
合金钢	800	270	130	75
	900	300	140	80
铸钢	400	100	50	30
	500	120	70	40

② 按弯扭合成强度计算轴径的一般步骤

a. 将外载荷分解到水平面和垂直面内。求垂直面支承反力 F_V 和水平面支承反力 F_H；

b. 作垂直面弯矩 M_V 图和水平面弯矩 M_H 图；

c. 作合成弯矩 M 图，$M=\sqrt{M_H^2+M_V^2}$；

d. 作转矩 T 图；

e. 弯扭合成，作当量弯矩 M_e 图，$M_e=\sqrt{M^2+(\alpha T)^2}$；

f. 危险截面轴径计算公式：

$$d\geqslant\sqrt[3]{\frac{M_e}{0.1[\sigma_{-1b}]}}\quad mm$$

对于有键槽的截面，应将计算出的轴径加大 4% 左右。若计算出的轴径大于结构设计初

步估算的轴径，则表明结构图中轴的强度不够，必须修改结构设计；若计算出的轴径小于结构设计的估算轴径，且相差不很大，一般就以结构设计的轴径为准。

（3）轴强度计算时的注意事项

① 对于外伸轴，由公式 $d \geqslant \sqrt[3]{\dfrac{P}{n}}$ 求出的直径，为外伸轴段的最小直径；对于非外伸轴，计算时应取较大的 C 值，估算的轴径可作为安装齿轮处的直径。

② 计算轴径处有键槽时，应适当增大轴径以补偿键槽对轴强度的削弱。

③ 在强度计算时，一般选择 2～3 个当量弯矩大或直径较小的剖面作为危险截面进行计算。若计算出的轴径大于结构设计初步估算的轴径，则表明结构图中轴的强度不够，必须修改结构设计或重新选择材料；若强度富裕很多，应综合考虑轴的刚度、结构要求以及轴承和键连接的工作能力决定是否修改；若计算出的轴径小于结构设计的估算轴径，且相差不很大，一般就以结构设计的轴径为准。

④ 传动件的载荷可认为作用在其轮毂的中点；深沟球轴承的支反力可认为作用在轴承宽度的中点；角接触轴承和圆锥滚子轴承的支反力位置见图 15-2 角接触轴承的载荷作用中心，设计时查《机械设计手册》。

14.3　轴的设计计算实例

对既传递转矩又承受弯矩的重要轴，常采用阶梯轴，阶梯轴的设计包括结构和尺寸设计。其设计过程需要先估算最小轴径，再根据轴上零件的固定和定位方式，设计轴的结构和尺寸（即轴径和轴各段长度），最后校核轴的强度。

例： 在图 9-4 所示的带输送机传动装置中，减速器输出轴（Ⅲ轴）传递功率 $P_{\text{Ⅲ}}=2.38\text{kW}$，转矩 $T_{\text{Ⅲ}}=166.34\text{N} \cdot \text{m}$，转速 $n_{\text{Ⅲ}}=137\text{r/min}$，轴上闭式大齿轮 $d_2=240\text{mm}$，轮毂宽 $b_2=50\text{mm}$，中心距 $a=150\text{mm}$；开式小齿轮 $d_3=78\text{mm}$，轮毂宽 $b_3=80\text{mm}$，减速器轴承采用轻型深沟向心球轴承，试设计输出轴（Ⅲ轴）的结构及尺寸，并要求确定轴及轴上零件的位置，各段轴径、轴长。

（1）选择材料，确定许用应力

材料选用 45 钢，正火处理。

查表 14-5，材料强度极限 $[\sigma_b]=600\text{MPa}$；

查表 14-5，对称循环状态下许用应力 $[\sigma_{-1b}]=55\text{MPa}$。

（2）计算基本直径 $d_{\min}$

查表 14-4，当轴端弯矩较小时，轴的材料及载荷系数为 $C=110$。

$$d \geqslant C\sqrt[3]{\dfrac{P_{\text{Ⅲ}}}{n_{\text{Ⅲ}}}} = 110 \times \sqrt[3]{\dfrac{2.38}{137}} \text{ mm} = 28.49\text{mm}$$

由于安装开式齿轮处有键，故轴需加大 4%～5%。则

$$d \geqslant 28.49 \times 1.05 \text{mm} = 29.91\text{mm}$$

故取该轴的基本轴径 $d_{\min}=35\text{mm}$。

（3）绘制结构简图，见图 14-8。

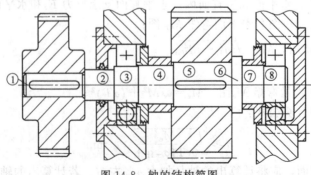

图 14-8　轴的结构简图

（4）各零件装配方案及固定方式

零件	装配方案	轴向固定		周向固定
		左	右	
齿轮	从左装入	轴套	轴环	键
右轴承	从右装入	轴肩	轴承盖	过盈
左轴承	从左装入	轴承盖	轴套	过盈
开式齿轮	从左装入	轴端挡板	轴肩	键

（5）确定各轴段尺寸，见图 14-9。

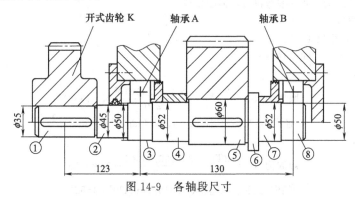

图 14-9　各轴段尺寸

确定各轴段直径：

① 段：$d_1 = \phi 35$mm，依据公式的估算值；

② 段：$d_2 = \phi 45$mm，根据油封标准选取；

③ 段：$d_3 = \phi 50$mm，与轻系列深沟球轴承 6210 配合；

④ 段：$d_4 = \phi 52$mm，大于 $\phi 50$mm，减少加工量；

⑤ 段：$d_5 = \phi 60$mm，大于 $\phi 52$mm，安装齿轮处的尺寸尽量圆整；

⑥ 段：$d_6 = \phi 80$mm，$d_6 = d_5 + 2h = \phi 60 + 20 = \phi 80$mm，

式中 h 为轴肩高，$h = (0.07d + 3)$mm ～ $(0.1d + 5)$mm $= (7.2 \sim 11)$mm。

所以取轴肩高 $h = 10$mm，轴肩宽 $b = 1.4h = 14$mm。

⑦段：$d_7 = \phi 52$mm；与 4 段相同，大于 $\phi 50$mm，减少加工量；

⑧段：$d_8 = \phi 50$mm；轴承成对使用，与 3 段相同。

确定箱体内宽：

箱体内宽：由于有旋转件，两侧留 10～20mm；考虑铸造不精确，要将箱体内宽度圆整到整数。因为齿轮宽度 $b_2 = 50$mm，则取 $b_1 = 55$mm。故箱体内宽度

$$W = 55 + 2 \times (10 \sim 20) = 75 \sim 95\text{mm}，取箱体内宽 W = 90\text{mm}。$$

确定轴上各轴段长：

① 段：$l_1 = 82$mm，开式齿轮宽度 85mm，l_1 要小于毂长 2～3mm。

② 段：$l_2 = 70$mm，包括外露尺寸 30mm、轴承端盖厚 12mm 及箱体 60mm 的总和，再减去挡油环伸向箱体 10mm、轴承宽 20mm 及轴承外伸 2mm。

③ 段：$l_3 = 24$mm，包括伸向挡油环 2mm、轴承宽 20mm 及外伸 2mm。

④ 段：$l_4 = 30$mm，包括齿轮与箱体内壁间隙 20mm、伸向齿轮 2mm 及挡油环 10mm 的总和，再减去伸向挡油环 2mm。

⑤ 段：$l_5 = 48$mm，小于轮毂 b_2（2～3）mm，便于定位可靠。

⑥ 段：$l_6 = 14$mm，$l_6 = 1.4h = 1.4 \times 10 = 14$mm。

⑦ 段：$l_7 = 14$mm，为齿轮与箱体内壁间隙 20mm 减去轴肩宽 14mm，再加上挡油环伸向箱体的尺寸 10mm，再减去伸向挡油环 2mm。

⑧ 段：$l_8 = 24\text{mm}$，包括伸向挡油环 2mm、轴承宽 20mm 及外伸 2mm。

总轴长：$L = l_1 + l_2 + l_3 + l_4 + l_5 + l_6 + l_7 + l_8$

$$= (82 + 70 + 24 + 30 + 48 + 14 + 14 + 24)\text{mm} = 306\text{mm}$$

各支承点间距：

轴承间距：$l_{AB} = W + 2 \times \dfrac{20}{2} + 2 \times 10 = (90 + 20 + 20)\text{mm} = 130\text{mm}$

开式齿轮与左轴承距离：

$$l_K = \frac{b_3}{2} + l_2 + \frac{20}{2} + 3 = \left(\frac{80}{2} + 70 + \frac{20}{2} + 3\right)\text{mm} = 123\text{mm}。$$

各段轴直径、长度确定后，即轴的结构尺寸设计完成。但是否能用，还需再校核危险截面，最后做结论。主要依据设计的结构尺寸，按弯扭组合强度校核。

(6) 校核轴的强度

① 受力分析，见图 14-10（a）

Ⅲ轴上的转矩：$T_{\text{III}} = 166.34\text{N} \cdot \text{m}$

闭式齿轮受力：

$$\text{圆周力：} F_{t2} = \frac{2T_{\text{III}}}{d_2} = \frac{2 \times 166.34 \times 10^3}{240}\text{N} = 1386\text{N}$$

$$\text{径向力：} F_{r2} = F_{t2}\tan\alpha = 1386 \times \tan 20°\text{N} = 504\text{N}$$

开式齿轮受力：

$$\text{圆周力：} F_{t3} = \frac{2T_{\text{III}}}{d_3} = \frac{2 \times 166.34 \times 10^3}{78}\text{N} = 4265\text{N}$$

$$\text{径向力：} F_{r3} = F_{t3}\tan\alpha = 3199 \times \tan 20° = 1552\text{N}$$

AB 轴承垂直面支反力：

$$F_{BV} = \frac{F_{r2} \times l_{AB}/2 + F_{r3} \times l_K}{130} = \frac{504 \times 130/2 + 1552 \times 123}{130}\text{N} = 1720\text{N}$$

$$F_{AV} = F_{BV} + F_{r3} - F_{r2} = (1720 + 1552 - 504)\text{N} = 2768\text{N}$$

AB 轴承水平面支反力：

$$F_{BH} = \frac{F_{t2} \times l_{AB}/2 - F_{t3} \times l_K}{130} = \frac{1386 \times 130/2 - 4265 \times 123}{130}\text{N} = -3342\text{N}$$

$$F_{AH} = F_{t3} + F_{t2} - F_{BH} = (1386 + 4265 + 3342)\text{N} = 8993\text{N}$$

② 求危险截面弯矩，并绘制弯矩图

垂直面弯矩，见图 14-10（b）

$$M_{aV} = F_{BV}\frac{l_{AB}}{2} = 1720 \times \frac{130}{2} = 111.8 \times 10^3\text{N} \cdot \text{mm} = 111.8\text{N} \cdot \text{m}$$

$$M_{AV} = F_{r3}l_K = 1552 \times 123 = 190.9 \times 10^3\text{N} \cdot \text{mm} = 190.9\text{N} \cdot \text{m}$$

水平面弯矩，见图 14-10（c）

$$M_{aH} = F_{BH}\frac{l_{AB}}{2} = 3342 \times \frac{130}{2} = 217.2 \times 10^3\text{N} \cdot \text{mm} = 217.2\text{N} \cdot \text{m}$$

$$M_{AH} = F_{t3}l_K = 4265 \times 123 = 524.6 \times 10^3\text{N} \cdot \text{mm} = 524.6\text{N} \cdot \text{m}$$

③ 合成弯矩，见图 14-10（d）

a—a 截面合成弯矩：

$$M_a = \sqrt{M_{aV}^2 + M_{aH}^2} = \sqrt{111.8^2 + 217.2^2}\text{N} \cdot \text{m} = 244.3\text{N} \cdot \text{m}$$

轴承 A 处合成弯矩：

$$M_A = \sqrt{M_{AV}^2 + M_{AH}^2} = \sqrt{190.9^2 + 524.6^2}\text{N} \cdot \text{m} = 558.3\text{N} \cdot \text{m}$$

④ 作扭矩图，见图 14-10（e）

$$T_{\text{III}} = 166.34\text{N} \cdot \text{m}$$

⑤ 计算危险截面的当量弯矩：

取折合系数 $\alpha = 0.6$（脉动转矩，常启动停车），则当量弯矩为：

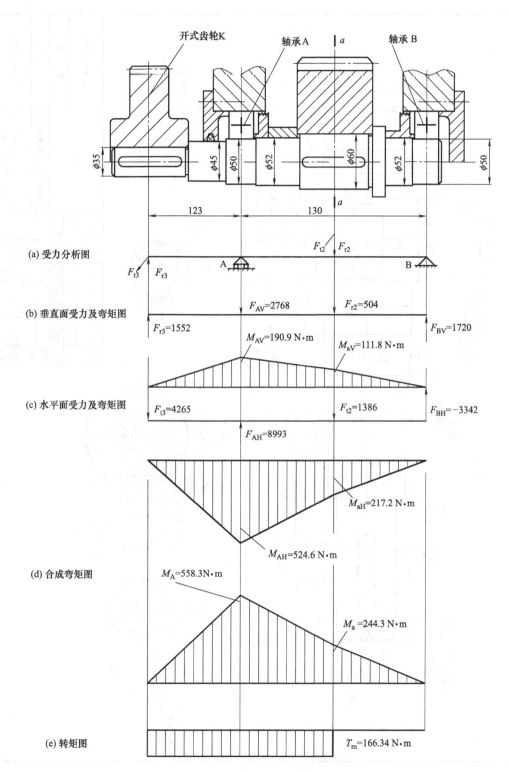

图 14-10　轴的受力分析简图

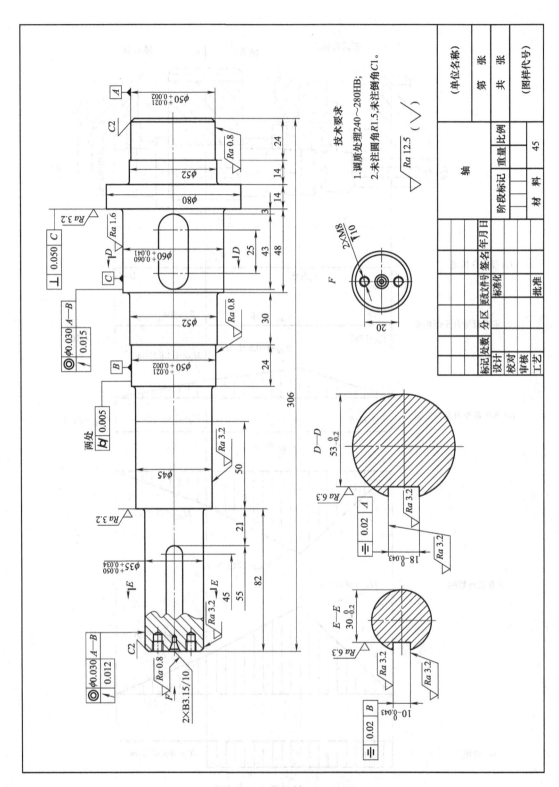

图 14-11 轴零件工作图

$$M_e = \sqrt{M_A{}^2 + (\alpha T)^2} = \sqrt{558.3^2 + (0.6 \times 166.34)^2} \text{ N} \cdot \text{m} = 567.2 \text{N} \cdot \text{m}$$

⑥ 通过图 14-10（d）、（e）可知，该轴的危险截面在轴承 A 截面左边，计算危险界面处轴的直径：

$$d \geqslant \sqrt[3]{\frac{M_e}{0.1[\sigma_{-1b}]}} = \sqrt[3]{\frac{567.2 \times 10^3}{0.1 \times 55}} \text{mm} = 46.9 \text{mm}$$

考虑键槽对轴的影响，将轴径 d 加大 5%，故．

$d = 46.9 \times 105\% = 49.2 \text{mm} < d_3 = 50 \text{mm}$（原估算值），所以原设计强度足够，安全。

轴的受力分析简图见图 14-10，轴的零件工作图见图 14-11。

第15章 轴 承

根据轴承中摩擦性质的不同,可把轴承分为滑动摩擦轴承(简称滑动轴承)和滚动摩擦轴承(简称滚动轴承)两大类。滚动摩擦由于摩擦因数小,启动阻力小,而且已经标准化,选用、润滑、维护都很方便,因此在一般机器中应用较广。但在某些不能、不便或使用滚动轴承没有优势的场合,如在工作速度特高、特大冲击与振动、径向空间尺寸受到限制或必须部分安装(如曲轴的轴承)以及需在水或腐蚀性介质中工作等场合,滑动轴承由于本身具有的一些独特优点仍占有重要地位。

15.1 滚动轴承的类型及设计计算

滚动轴承一般由内圈、外圈、滚动体和保持架组成(见图15-1)。滚动轴承作为标准部件,由于它具有摩擦力小,结构紧凑等优点,被广泛应用于各种机械、仪表和设备中。

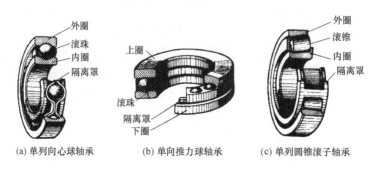

(a) 单列向心球轴承　　　(b) 单向推力球轴承　　　(c) 单列圆锥滚子轴承

图 15-1　滚动轴承的结构

15.1.1 滚动轴承的基本类型

我国机械行业中常用的滚动轴承类型和特性见表15-1。我国滚动轴承代号由基本代号、前置代号和后置代号构成,具体见 GB/T 272—1993 和 JB/T 2974—2004。

表 15-1　滚动轴承的主要类型和特性

轴承名称、类型	结构简图	承载方向	极限转速	允许偏差角	主要特性和应用
双列角接触球轴承 00000		较高	0°		能同时承受径向、轴向联合载荷,公称接触角越大,轴向承载能力也越大,能同时承受双向轴向力
调心球轴承 10000		中	2°~3°		主要承受径向载荷,同时也能承受少量的轴向载荷。因为外圈滚道表面是以轴承中点为中心的球面,故能调心
调心滚子轴承 20000		低	0.5°~2°		能承受很大的径向载荷和少量的轴向载荷。承载能力大,具有调心性

续表

轴承名称、类型	结构简图	承载方向	极限转速	允许偏差角	主要特性和应用
圆锥滚子轴承 30000		中	2′		能承受较大的径向、轴向联合载荷，因是线接触，承载能力大于 7 类轴承。内外圈可分离，装拆方便，成对使用
推力球轴承 50000	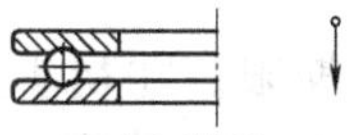 (a) 单向 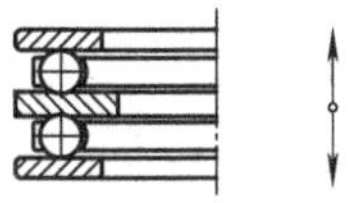 (b) 双向	低	不允许		公称接触角 $\alpha=90°$ 只能承受轴向载荷，而且载荷作用线必须与轴线重合，不允许有角偏差。有两种类型： 单向——承受单向推力 双向——承受双向推力 高速时，因滚动体离心力大，球与保持架摩擦发热严重，寿命较低，可用于轴向载荷大、转速不高之处
深沟球轴承 60000		高	8′~16′		主要承受径向载荷，同时也可承受一定量的轴向载荷。当转速很高而轴向载荷不大时，可代替推力球轴承承受纯轴向载荷 当承受纯径向载荷时，$\alpha=0°$
角接触球轴承 70000C($\alpha=15°$) 70000AC($\alpha=25°$) 70000B($\alpha=40°$)		较高	2′~10′		能同时承受径向、轴向联合载荷，公称接触角越大，轴向承载能力也越大。公称接触角 α 有 15°、25°、40°三种。通常成对使用，可以分装于两个支点或同装于一个支点上
推力圆柱滚子轴承 80000		低	不允许		能承受很大的单向轴向载荷
圆柱滚子轴承 N0000 （双列或多列用 NN 表示）		较高	2′~4′		能承受较大的径向载荷、不能承受轴向载荷。因是线接触，内外圈只允许有极小的相对偏转
滚针轴承 NA0000 RNA0000		低	不允许		只能承受径向载荷，承载能力大，径向尺寸特小。一般无保持架，因滚针间有摩擦，轴承极限转速低。这类轴承不允许有角偏差

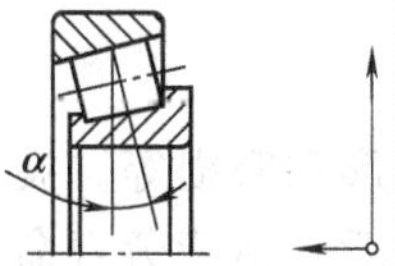

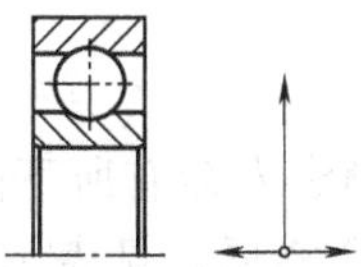

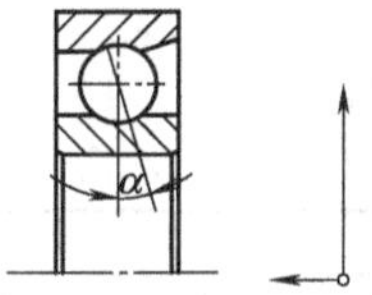

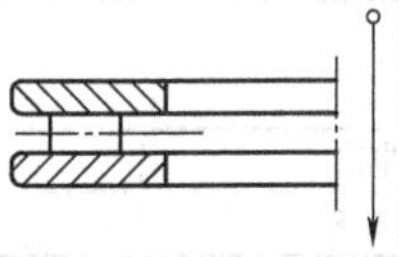

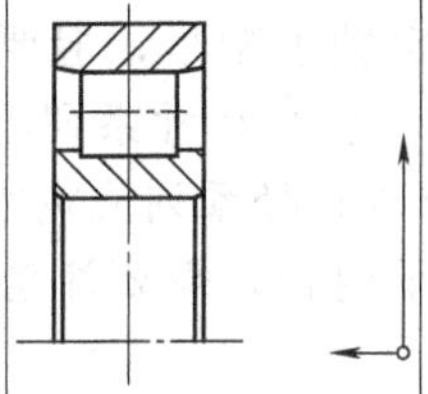

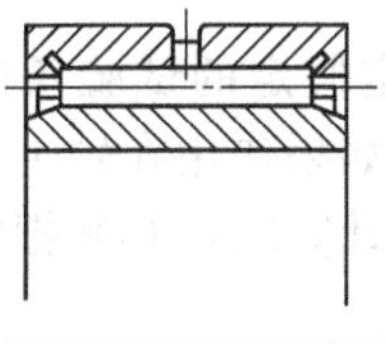

15.1.2　滚动轴承类型的选择

按负荷、转速、支承精度、刚度等工作要求选择轴承类型。一般转速较高、负荷不大但旋转精度要求高时，选用球轴承；转速较低、负荷大且有冲击时，选用滚子轴承。径向载荷和轴向载荷都较大，转速较高时，宜用角接触球轴承；转速不高时，宜用圆锥滚子轴承。径向载荷比轴向载荷大得多、转速较高时，可选用深沟球轴承或角接触球轴承。对支承刚度要求较高时，可成对采用角接触球轴承或圆锥滚子轴承。

轴承内径可根据求得的轴的最小直径确定。对于高速轴和低速轴,轴承内径比最小直径大 5~10mm;对于中间轴,轴承内径即为轴的最小直径。

一根轴上尽量选用同一规格的轴承,以保证加工精度。

15.1.3　滚动轴承的选择计算

滚动轴承的失效形式主要有疲劳剥落、过量的永久变形和磨损等。疲劳剥落是轴承的正常失效形式,它决定了轴承的工作寿命,故轴承的寿命一般是指疲劳寿命。

(1)滚动轴承的寿命计算

减速器轴承的预期寿命一般为减速器使用寿命或检修期限。在初步选定轴承的尺寸以后,如果轴承的预期寿命 L_h 和转速 n 均已知,当量动载荷 P 也已确定,轴承寿命与基本额定动载荷关系的关系可表示如下:

$$C' = \frac{f_P P}{f_t} \left(\frac{60n}{10^6} L_h \right)^{1/\varepsilon} \tag{15-1}$$

式中　L_h——预期基本额定寿命,h;

C'——基本额定动载荷,N;

P——当量动载荷,N;

f_t——温度系数,轴承在高于 100℃下工作,基本额定寿命有所下降,见表 15-2;

f_P——载荷系数,工作中的冲击和振动会使轴承寿命降低,见表 15-3;

n——轴承工作转速,r/min;

ε——寿命指数(球轴承 $\varepsilon=3$,滚子轴承 $\varepsilon=10/3$)。

表 15-2　温度系数 f_t

工作温度/℃	<120	125	150	175	200	225	250
f_t	1.00	0.95	0.90	0.85	0.80	0.75	0.70

表 15-3　载荷系数 f_P

载荷性质	无冲击或轻微冲击	中等冲击	强烈冲击
f_P	1.0~1.2	1.2~1.8	1.8~3.0

根据计算载荷 C',可以从手册标准的相应表格中选定轴承型号,但要求基本额定动载荷 $C \geq C'$。在轴承类型和预期寿命确定以后,轴承的尺寸(包括尺寸系列与内径)主要取决于轴承所受的载荷。若计算结果不满足要求,则首先可修改直径系列或宽度系列,若仍不能达到要求,可修改轴承内径或重选轴承类型。若修改轴承内径,需要注意对轴的强度的影响,载荷越大,轴承尺寸也就越大。

(2)滚动轴承的当量载荷计算

① 当量动载荷　滚动轴承的基本额定动载荷是在一定假定的试验条件下确定的,理论上向心轴承仅承受径向载荷,推力轴承仅承受轴向载荷。如果作用在轴上的实际载荷是既有径向载荷又有轴向载荷的联合作用,那么在进行轴承寿命计算时,必须把实际载荷转换成与额定动载荷的载荷条件相一致的载荷,这就是当量动载荷。

当量动载荷计算公式为

$$P = XF_r + YF_a \tag{15-2}$$

式中　P——当量动载荷,N;

F_r——轴承所受径向载荷,N;

F_a——轴承所受轴向载荷,N;

X——径向动载荷系数,查表 15-4;

Y——轴向动载荷系数,查表 15-4。

对于单列向心轴承，当 $F_a/F_r > e$ 时，可由表 15-4 查出 X 和 Y 的数值；当 $F_a/F_r \leqslant e$ 时，轴向力的影响可以忽略不计（这时 $Y=0$，$X=1$）。e 值列于轴承标准中，其值与轴承类型和 F_a/C_{or} 值有关（C_{or} 是轴承的径向额定静载荷），是衡量轴承承载能力的判别系数。

表 15-4 向心轴承当量动载荷的 X、Y 值

轴承类型		$\dfrac{F_a}{C_{or}}$	e	$F_a/F_r > e$		$F_a/F_r \leqslant e$	
				X	Y	X	Y
深沟球轴承		0.014	0.19		2.30		
		0.028	0.22		1.99		
		0.056	0.26		1.71		
		0.084	0.28		1.55		
		0.11	0.30	0.56	1.45	1	0
		0.17	0.34		1.31		
		0.28	0.38		1.15		
		0.42	0.42		1.04		
		0.56	0.44		1.00		
角接触球轴承（单列）	$\alpha=15°$	0.015	0.38		1.47		
		0.029	0.40		1.40		
		0.056	0.43		1.30		
		0.087	0.46		1.23		
		0.12	0.47	0.44	1.19	1	0
		0.17	0.50		1.12		
		0.29	0.55		1.02		
		0.44	0.56		1.00		
		0.58	0.56		1.00		
	$\alpha=25°$	—	0.68	0.41	0.87	1	0
	$\alpha=40°$	—	1.14	0.35	0.57	1	0
圆锥滚子轴承（单列）		—	$1.5\tan\alpha$	0.4	$0.4\cot\alpha$	1	0

当轴承承受有冲击载荷时，当量动载荷按下式计算：

$$P_d = f_d P$$

式中 P_d——考虑冲击载荷的当量动载荷，N；

f_d——冲击载荷因素，见表 15-5。

表 15-5 冲击载荷因素 f_d

载荷性质	f_d	举例
无冲击及轻微冲击	1.0~1.2	电机、汽轮机、通风机、水泵
中等冲击	1.2~1.8	车辆、机床、起重机、冶金设备、内燃机
强大冲击	1.8~3.0	破碎机、轧钢机、石油钻机、振动筛

② 当量静载荷 当轴承处于静止状态或缓慢运转状态时，若轴承的实际受载情况与基本额定静载荷的假定情况不同，要将实际载荷转换为当量静载荷。

对于向心轴承，当 $\alpha=0°$ 时，径向当量静载荷为：$P_{0r}=F_r$。

当 $\alpha \neq 0°$ 时，径向当量静载荷取下列两式计算出的较大值：

$$P_{0r}=X_0 F_r + Y_0 F_a \ \text{或} \ P_{0r}=F_r$$

式中 F_r——径向载荷；

F_a——轴向载荷；

X_0，Y_0——分别为径向、轴向载荷系数，见表 15-6。

③ 角接触轴承的载荷计算

a. 载荷作用中心。角接触轴承在计算支承反力时，首先要确定载荷作用中心 O 点的位置，见图 15-2，其位置参数 a 的数值可由轴承基本尺寸与数据表格查得。

表 15-6　静载荷系数 X_0、Y_0

轴承类型		X_0	Y_0
深沟球轴承		0.6	0.5
角接触球轴承	7000C	0.5	0.4
	7000AC		0.38
	7000B		0.2
圆锥滚子轴承		0.5	查设计手册

b. 内部轴向力。角接触轴承在承受纯径向载荷时，将产生附加轴向力 S，计算公式如下。

对于角接触球轴承：$S=eF_r$，其中 e 的数值可由表 15-4 查出。

对于圆锥滚子轴承：$S=F_r/2Y$，其中 Y 应取表 15-4 中 $F_a/F_r>e$ 的数值。

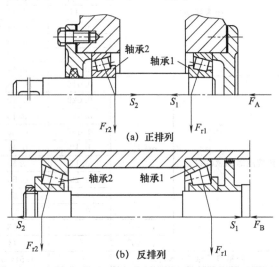

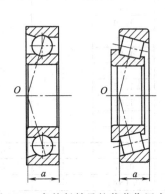

图 15-2　角接触轴承的载荷作用中心　　　　　　图 15-3　角接触轴承轴向载荷计算

c. 成对安装的角接触轴承轴向载荷计算。成对安装的角接触轴承，在计算轴向载荷时要同时考虑由径向力引起的内部轴向载荷 S 和作用于轴上的轴向工作载荷 F_a，计算方法如下。

在图 15-3（a）所示正排列（两外圈窄边相对）中：

若 $S_1+F_a>S_2$，则
$$\begin{cases} F_{a1}=S_1 \\ F_{a2}=S_1+F_a \end{cases}$$

若 $S_1+F_a<S_2$，则
$$\begin{cases} F_{a1}=S_2-F_a \\ F_{a2}=S_2 \end{cases}$$

在图 15-3（b）所示反排列（两外圈宽边相对）中：

若 $F_a+S_2>S_1$，则
$$\begin{cases} F_{a1}=F_a+S_2 \\ F_{a2}=S_2 \end{cases}$$

若 $F_a+S_2<S_1$，则
$$\begin{cases} F_{a1}=S_1 \\ F_{a2}=S_1-F_a \end{cases}$$

若外加轴向力 F_a 的方向与图示方向相反，则只需轴承 1 和轴承 2 交换一下标号，计算公式仍为上面各式。

15.1.4　滚动轴承的设计计算实例

轴承是标准件，通过轴径确定轴承型号及尺寸；再通过轴承寿命来计算轴承的额定动载荷；最后校核轴承型号选用是否正确。

例 1：某带输送机传动装置（见图 9-4），其减速器输出轴（Ⅲ 轴）已知轴径 $d=50\text{mm}$，转速 $n=136.54\text{r/min}$，轴承所承受径向载荷 $F_r=2768\text{N}$，要求使用寿命 $L_h=10200\text{h}$，工作温度 100℃以下，据工作条件决定选用一对 6210 深沟球轴承，是球轴承允许的最大径向载荷。

对深沟球轴承，由式（15-1）知径向基本额定载荷 C_r' 为

$$C_r'=\frac{f_P P}{f_t}\left(\frac{60n}{10^6}L_h\right)^{\frac{1}{\varepsilon}}$$

由《机械设计手册》查得 6210 深沟球轴承基本额定动载荷 $C_r=35.0\text{kN}$，查表 15-2 得 $f_t=1$，查表 15-3 得 $f_P=1$，对球轴承，$\varepsilon=3$，将以上有关数据带入上式，得

$$35000=\frac{1\times P}{1}\times\left(\frac{60\times136.54}{10^6}L_h\right)^{\frac{1}{3}}$$

$$P=\frac{35000}{83.56^{\frac{1}{3}}}\text{N}=8005.7\text{N}$$

故在规定条件下，6210 轴承可承受的最大径向载荷为 8005.7N，远大于轴承实际承受的径向载荷 2768N。所选轴承合格。

例 2：一水泵选用深沟球轴承，已知轴颈 $d=35\text{mm}$，转速 $n=2900\text{r/min}$，轴承所承受径向载荷 $F_r=2300\text{N}$，轴向载荷 $F_a=540\text{N}$，要求使用寿命 $L_h=5000\text{h}$，试选择轴承型号。

（1）先求出当量动载荷

因该向心轴承承受 F_r 和 F_a 作用，必须求出当量动载荷 P。计算时用到的径向系数 X、轴向系数 Y 要根据 $\frac{12.3F_a}{C_{0r}}$ 值查取，而 C_{0r} 是轴承额定静载荷，在轴承型号为选定前暂时不知道，故用试算法。根据表 15-4，暂取 $\frac{12.3F_a}{C_{0r}}=0.345$，则 $e=0.22$。

因 $\frac{F_a}{F_r}=\frac{540}{2300}=0.235>e$，由表 15-4 查得 $X=0.56$，$Y=1.99$。由式（15-2）得

$$P=XF_r+YF_a=(0.56\times2300+1.99\times540)\text{N}\approx2360\text{N}$$

即轴承在 $F_r=2300\text{N}$ 和 $F_a=540\text{N}$ 作用下的使用寿命，相当于在纯径向载荷 2360N 作用下的使用寿命。

（2）计算所需的径向基本额定动载荷

由式

$$C'=\frac{f_P P}{f_t}\left(\frac{60n}{10^6}L_h\right)^{\frac{1}{\varepsilon}}\text{N}$$

上式中 $f_P=1.1$（表 15-3），$f_t=1$（表 15-2，因温度不高），所以

$$C_r'=\frac{1.1\times2360}{1}\times\left(\frac{60\times2900}{10^6}\times5000\right)^{\frac{1}{3}}\text{N}\approx24800\text{N}$$

（3）选择轴承型号

查《机械设计手册》，选 6207 轴承，其 $C_r=25500\text{N}>C_r'=24800\text{N}$；$C_{0r}=15200\text{N}$，故 6207 轴承的 $\frac{12.3F_a}{C_{0r}}=\frac{12.3540}{15200}=0.436$ 与原估计接近，适用。

15.2　滚动轴承轴系结构设计

机器中的轴都以轴承为支承。轴的支承结构设计对于保证轴的运转精度，发挥轴承的工作能力起着重要作用。合理选择滚动轴承组合结构方案，是保证轴承正常工作的重要步骤，因此要在认真分析轴承工作条件后进行选择。

15.2.1　轴承的组合结构设计

轴一般采用双支承结构，每个支承由 1～2 个轴承组成。受纯径向载荷的轴，两支承可取向心轴承对称布置。受径向载荷和轴向载荷联合作用的轴，两支承通常选用同型号的角接触轴承。轴承结构设计方案有以下几种方式。

（1）面对面排列 （轴承正装）

载荷作用中心处于轴承中心线之内时，见图 15-4，此轴承配置称面对面排列（外圈窄端面相对）。这种排列结构简单、装拆方便。当轴受热伸长时，轴承游隙减小，容易造成轴承卡死，因此要特别注意轴承游隙的调整。

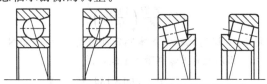

图 15-4　角接触轴承面对面排列的配置方式

图 15-5 所示为两轴承外圈窄面相对安装，即为轴承正装。当小圆锥齿轮顶圆直径大于套杯凸肩孔径时，采用齿轮与轴分开的结构拆装方便。图 15-5 为齿轮与轴制成齿轮轴时的结构，适用于小圆锥齿轮顶圆直径小于套杯凸肩孔径的场合。这种结构便于轴承在套杯外进行安装，轴承游隙用轴承盖与套杯间的垫片来调整。

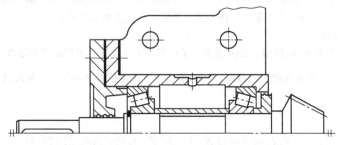

图 15-5　轴承正装结构设计

（2）背对背排列 （轴承反装）

当载荷作用中心处于轴承中心线之外时，见图 15-6，此轴承配置称背对背排列（外圈宽端面相对）。这种排列支点间跨距较大，悬臂长度较小，故悬臂端刚性较大。当轴受热伸长时，轴承游隙增大，因此不会发生轴承卡死破坏。如采用预紧安装，当轴受热伸长时，预紧量将减小。

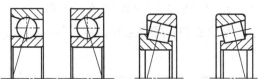

图 15-6　角接触轴承背对背排列的配置方式

图 15-7 所示为两轴承外圈宽面相对安装，即为轴承反装。这种结构不方便，轴承游隙靠圆螺母调整也较麻烦。

轴承的正装结构和反装结构对轴系的工作情况有不同的影响，如图 15-7 所示。当空间尺寸相同时，采用反安装结构可使轴承支承点跨距 L_b 增大，而齿轮的悬臂长度 L_a 减小。因此反装方案能提高悬臂轴系的刚性。但反装结构将使受径向载荷大的轴承承受圆锥齿轮的轴向力。

（3）串联排列

载荷作用中心处于轴承中心线同一侧的轴承配置方式称为串联排列，如图 15-8 所示。这种排列适合于轴向载荷大，需多个轴承联合承载的情况。

（4）轴承套杯

为满足圆锥齿轮传动的啮合精度要求，装配时需要调整两个圆锥齿轮的轴向位置。因此

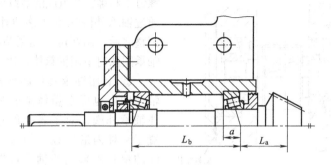

图 15-7 轴承反装结构设计

通常将小圆锥齿轮轴和轴承放在套杯内，利用套杯凸缘与箱体轴承座端面之间的垫片来调整小圆锥齿轮的轴向距离，见图 15-5 及图 15-7。

图 15-9 是将套杯与箱体的一部分制成一体，成为独立部件，简化了箱体结构。当采用这种结构时，必须注意保证刚度，一般套杯壁厚大于或等于箱体壁厚的 1.5 倍，同时还要增设加强筋。

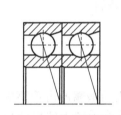

图 15-8 串联排列的配置方式

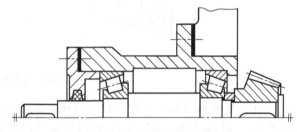

图 15-9 轴承套杯结构

15.2.2 轴承的轴向固定

（1）轴向定位

轴承的轴向固定，是为了使轴承始终处于定位面所限定的位置上，轴向固定包括内圈在轴上的固定和外圈在外壳孔内的固定。

轴承的内外圈在轴及壳体上都应有准确的定位，所有定位零件的径向尺寸均应小于轴承内外环的径向尺寸。

（2）轴向紧固

轴向紧固装置的种类很多，选用时应考虑轴向载荷的大小、转速的高低、轴承类型及其在轴上的安装位置和装拆条件等。当载荷愈大，转速愈高，轴向紧固应愈可靠时，内圈采用锁紧螺母、止动垫圈等，外圈采用端盖、螺纹环等。当轴向载荷较小，转速较低时，内圈采用弹性挡圈、紧定套等，外圈采用孔用弹性挡圈、止动环等。

15.2.3 轴承组合的调整

（1）轴承间隙的调整

轴承间隙的调整方法如下。

① 靠加减轴承盖与机座间垫片厚度进行调整，见图 15-10。

② 为便于调整轴承间隙，可使用螺纹件连续调节，见图 15-11。图 15-11（a）是在嵌入式端盖上安装大直径螺纹件 1 顶住自位垫圈 2，这种结构既可调整轴承间隙，又降低了垫圈端面精度要求。调整后，用锁紧片 3 固定螺纹件 1。图 15-11（b）是在凸缘式端盖上设置由

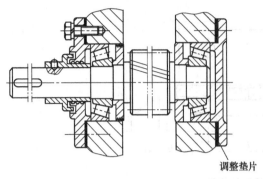

图 15-10 轴承间隙的调整

螺钉 1 和螺钉 2 组成的螺纹调整件，利用螺钉 1 通过轴承外圈压盖 3 移动外圈位置进行调整，调整之后，用螺母 2 锁紧防松。这种结构调整轴承间隙时不用拆箱体，比较方便。

③ 利用轴承套杯调整轴承间隙。轴承的轴向固定也可在箱体或套杯上做出凸肩，顶住轴承外圈。对于悬臂的小锥齿轮轴系，常置于套杯内形成独立组件。套杯凸缘与箱体间的垫片用来调整轴系位置，与凸缘之间的垫片用来调整轴承间隙，见图 15-5。

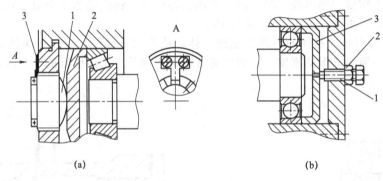

(a)   (b)

图 15-11 用螺纹件调整轴承间隙

④ 用圆螺母调整轴承游隙。设计圆螺母固定结构时，应注意止动垫圈的内舌要嵌入轴的沟槽内，以保证防松。图 15-12 中的套筒用以防止圆螺母与圆锥滚子轴承的保持架相接触。当用圆螺母移动轴承内圈来调整游隙时，轴与内圈的配合应选松些。

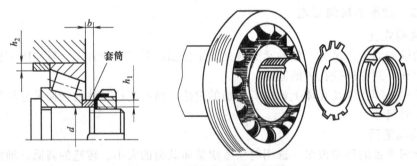

图 15-12 圆螺母调整轴承游隙

（2）轴承的预紧

对某些可调游隙式轴承，在安装时应给予一定的轴向预紧力，使内外圈产生相对位移而消除游隙，并在套圈和滚动体接触处产生弹性预变形，借此提高轴的旋转精度和刚度，这种方法称为轴承的预紧。预紧力可以利用金属垫片或磨窄套圈等方法获得，见图 15-13。

（3）轴承组合位置的调整

轴承组合位置调整的目的，是使轴上的零件（如齿轮、带轮等）具有准确的工作位置。如圆锥齿轮传动，要求两个节锥顶点相重合，方能保证正确啮合。图 15-14 为圆锥齿轮轴承组合位置的调整，套杯与机座间的垫片 1 用来调整圆锥齿轮轴的轴向位置，而垫片 2 则用来调整轴承游隙。

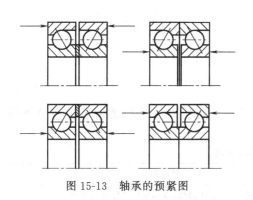

图 15-13 轴承的预紧图

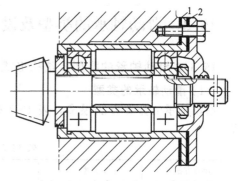

图 15-14 轴承组合位置的调整

15.2.4 轴承的配合

滚动轴承内圈与轴的配合采用基孔制，外圈与外壳孔的配合采用基轴制。与一般的圆柱面配合不同，由于轴承内外径的上偏差均为零，故在配合种类相同的条件下，内圈与轴颈的配合较紧，外圈与外壳孔的配合较松。

滚动轴承的配合种类和公差等级应根据轴承的类型、精度、尺寸以及载荷的大小、方向和性质确定。

15.2.5 轴承的装拆

设计轴承组合时，应考虑有利于轴承装拆，以便在装拆过程中不致损坏轴承和其他零件。用工具拆卸轴承内外圈时，应留有拆卸高度，以便拆卸轴承时工具能方便进入，见图 15-15。

拆卸轴承留出的拆卸高度 h_1，见图 15-16 （a）、（b），或在壳体上做出能放置拆卸螺钉的螺孔，见图 15-9 （c）。

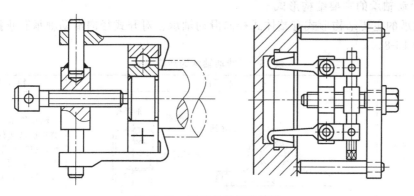

图 15-15 用钩爪器拆卸轴承

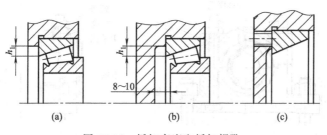

图 15-16 拆卸高度和拆卸螺孔

15.3　滑动轴承的类型及设计计算

15.3.1 滑动轴承的类型及结构形式

（1）滑动轴承的类型

滑动轴承的分类方法很多，表 15-7 列出了按三种不同的方法对滑动轴承进行分类的情况。

表 15-7　滑动轴承的分类

分类方法	类型	特点及应用
按其承受载荷方向的不同	径向滑动轴承	承受径向载荷，一般用于低速、轻载或间歇性工作的机器中
	止推滑动轴承	承受轴向载荷，用于承受轴向力的场合
根据其滑动表面间润滑状态的不同	液体润滑轴承	滑动副的两表面之间被一层较厚的连续的液体膜隔开，表面凸峰不直接接触，摩擦只发生于液体内部，称为液体摩擦，此时的润滑状态称为液体润滑，也称为完全润滑
	不完全液体润滑轴承	一般采用润滑脂、油绳与滴油形式润滑，轴颈与轴承表面得不到足够润滑剂，液体油膜不连续，滑动表面间处于边界润滑或混合润滑状态。结构简单，摩擦因数较大，磨损较大
	自润滑轴承	工作时不加润滑剂
根据液体润滑承载机理的不同	液体动力润滑轴承	简称液体动压轴承，其轴颈与轴承工作表面间被油膜完全隔开。用于高转速及高精度机械，如离心压缩机的轴承等
	液体静压润滑轴承	简称液体静压轴承，其轴颈与轴承被外界供给的一定压力的承载油膜完全隔开。轴的稳定性好，可满足轴的高精度回转要求，摩擦因数小，机械效率高，寿命长。主要用于低速难于形成油膜、重载及要求回转精度高的机器中

（2）滑动轴承的主要结构形式

滑动轴承的主要结构形式有整体式径向滑动轴承、对开式径向滑动轴承和止推滑动轴承三种，见表 15-8。

表 15-8　滑动轴承的结构形式

类　型		结构简图	特点及应用
径向滑动轴承	整体式径向滑动轴承	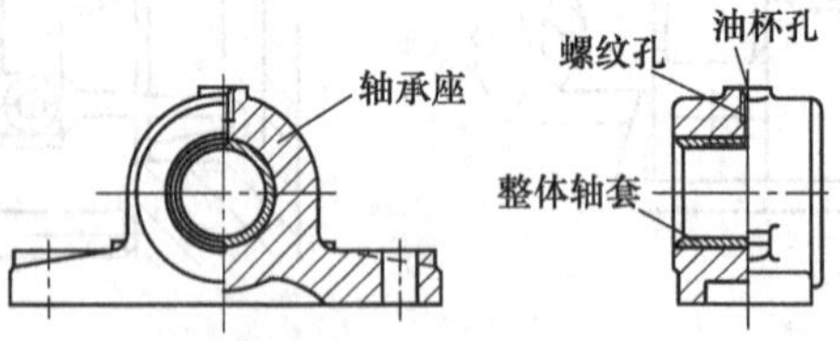 轴承座　　螺纹孔　油杯孔　　整体轴套	结构简单，成本低廉；因磨损而造成的间隙无法调整；只能从沿轴向装入或拆出。多用于低速、轻载或间歇性工作的机器中
	对开式径向滑动轴承	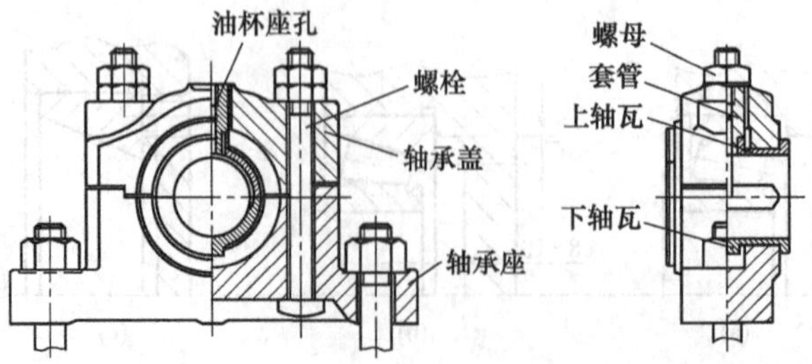 油杯座孔　螺栓　轴承盖　轴承座　　螺母　套管　上轴瓦　下轴瓦	结构复杂、可以调整磨损而造成的间隙、安装方便。应用于低速、轻载或间歇性工作的机器中

类 型		结构简图	特点及应用
止推滑动轴承	空心式	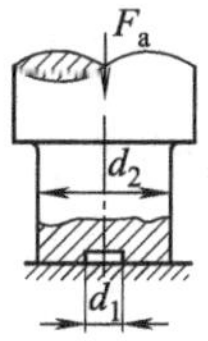 d_2 由轴的结构设计拟定,$d_1 = (0.4 \sim 0.6)d_2$ 若结构上无限制,应取 $d_1 = 0.5d_2$	轴颈接触面上压力分布较均匀,润滑条件较实心式的有改善
	单环式	d_1、d_2 由轴的结构设计拟定 d 由轴的结构设计拟定 $d_2 = (1.2 \sim 1.6)d$ $d_1 = 1.1d$ $h = (0.12 \sim 0.15)d$ $h_0 = (2 \sim 3)h$	利用轴颈的环形端面止推,结构简单,润滑方便,广泛用于低速、轻载的场合
	多环式	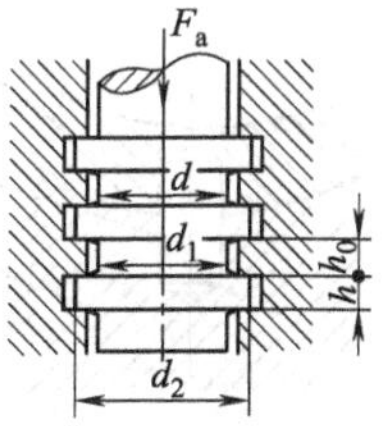	不仅能承受较大的轴向载荷,有时还可承受双向轴向载荷。由于各环间载荷分布不均,其单位面积的承载能力比单环式低 50%

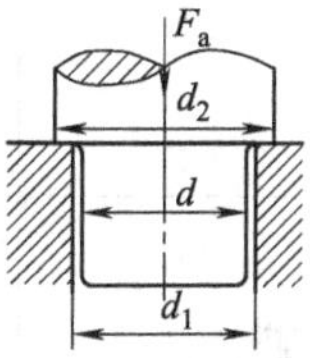

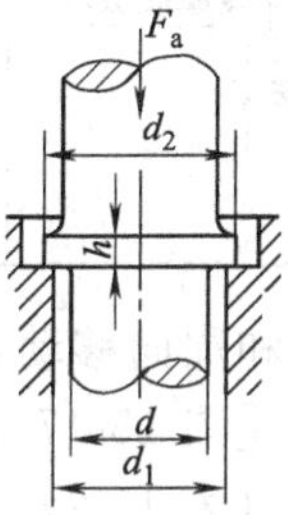

（3）轴瓦结构

常用的轴瓦有整体式和对开式两种结构，如表 15-9 所示。

表 15-9　常用的轴瓦结构

结构	类型	结构简图	特 点
整体式轴瓦	整体轴套	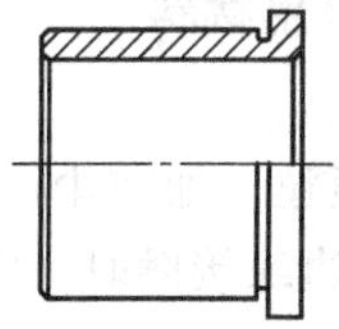	整体式轴瓦可由除轴承合金以外的其他金属材料及非金属材料制成,轴与轴瓦之间的间隙不能调整,结构简单,轴颈只能从轴端装拆,一般用于转速低、轻载而且装拆允许的机器上。其中,卷制轴套可用单层、双层或多层材料,且由于工艺原因,只有薄壁轴套,且有一条缝,因此它不适用于受旋转载荷的轴承
	卷制轴套	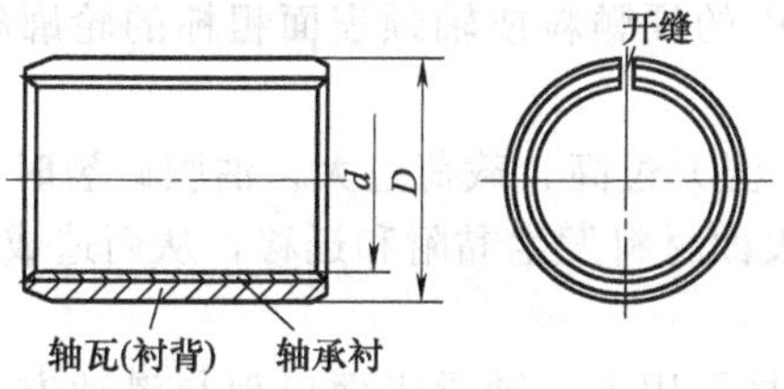 开缝 轴瓦(衬背)　轴承衬	

续表

结构	类型	结构简图	特点
对开式轴瓦	厚壁轴瓦	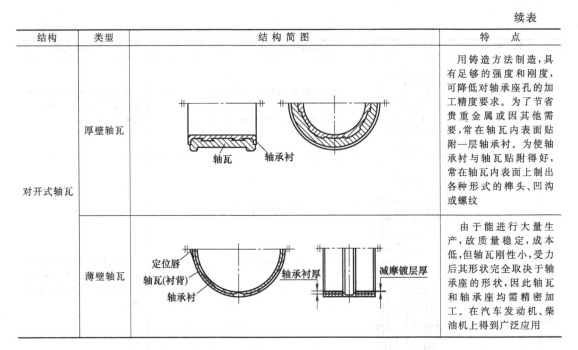	用铸造方法制造,具有足够的强度和刚度,可降低对轴承座孔的加工精度要求。为了节省贵重金属或因其他需要,常在轴瓦内表面贴附一层轴承衬。为使轴承衬与轴瓦贴附得好,常在轴瓦内表面上制出各种形式的榫头、凹沟或螺纹
	薄壁轴瓦		由于能进行大量生产,故质量稳定,成本低,但轴瓦刚性小,受力后其形状完全取决于轴承座的形状,因此轴瓦和轴承座均需精密加工。在汽车发动机、柴油机上得到广泛应用

　　轴瓦和轴承座不允许有相对移动。为了防止轴瓦沿轴向和周向移动,可将其两端做出凸缘来做轴向定位,也可用紧定螺钉［图 15-17 (a)］或销钉［图 15-17 (b)］将其固定在轴承座上,或在轴瓦剖分面上冲出定位唇(凸耳)以供定位用(表 15-9)。

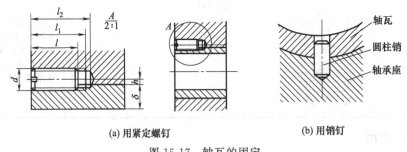

(a) 用紧定螺钉　　　　　　　　　　(b) 用销钉

图 15-17　轴瓦的固定

　　为了把润滑油导入整个摩擦面间,轴瓦或轴颈上需开设油孔或油槽。对于液体动压径向轴承,有轴向油槽和周向油槽两种形式可供选择。

15. 3. 2　滑动轴承的失效形式及常用材料

(1) 滑动轴承的失效形式

　　① 磨粒磨损　进入轴承间隙的硬颗粒(如灰尘、砂粒等)将对轴颈和轴承表面起研磨作用,在启动、停车或轴颈与轴承发生边缘接触时,将加剧轴承磨损,使轴承性能在预期寿命前急剧恶化。

　　② 刮伤　进入轴承间隙中的硬颗粒或轴颈表面粗糙的轮廓峰顶,在轴瓦上划出线状伤痕,导致轴承因刮伤而失效。

　　③ 咬粘(胶合)　当轴承温升过高,载荷过大,油膜破裂时,或在润滑油供应不足条件下,轴颈和轴承的相对运动表面材料发生黏附和迁移,从而造成轴承损坏。咬粘有时甚至可能导致相对运动中止。

　　④ 疲劳剥落　在载荷反复作用下,轴承表面出现与滑动方向垂直的疲劳裂纹,当裂纹

向轴承衬与衬背结合面扩展后，造成轴承衬材料的剥落。

⑤ 腐蚀　润滑剂在使用中不断氧化，所生成的酸性物质对轴承材料有腐蚀性，特别是铸造铜铅合金中的铅易受腐蚀而形成点状的脱落。

以上列举了常见的五种失效形式，由于工作条件不同，滑动轴承还可能出现汽蚀、电侵蚀、流体侵蚀和微动磨损等失效形式。

（2）轴承材料

轴瓦和轴承衬的材料统称为轴承材料。针对上述失效形式，轴承材料性能应满足良好的减摩性、耐磨性和抗咬黏性、足够的强度和抗腐蚀能力、良好的导热性、工艺性和经济性等要求。但没有一种轴承材料能满足所有的要求，因此需根据具体情况进行合理选用。

常用的轴承材料可分为三大类：①金属材料，如轴承合金、铜合金、铝基轴承合金和铸铁等；②多孔质金属材料；③非金属材料，如工程塑料、碳-石墨等。表 15-10 是常用轴承材料的特点及性能。

表 15-10　常用轴承材料的特点及性能

类别	名称	牌号	许用值			特点及用途
			$[p]$ /MPa	$[v]$ /(m/s)	$[pv]$ /(MPa·m/s)	
金属材料	锡基轴承合金	ZSnSb11Cu6 ZSnSb8Cu4	平稳/冲击载荷			用于高速、重载下工作的重要轴承，变载荷下易于疲劳，价贵
			25/20	80/60	20/15	
	铅基轴承合金	ZPbSb16Sn16Cu2	15	12	10	用于中速、中等载荷的轴承，不宜受显著冲击。可作为锡锑轴承合金的代用品
		ZPbSb15Sn5Cu3Cd2	5	8	5	
	铝基轴承合金	2%铝锡合金	28～35	14	—	用于高速、中载轴承，是较新的轴承材料，强度高、耐腐蚀、表面性能好。可用于增压强化柴油机轴承
	锡青铜	ZCuSn10P1 (10-1 锡青铜)	15	10	15	用于中速、重载及受变载荷的轴承
		ZCuSn5Pb5Zn5 (5-5-5 锡青铜)	8	3	15	用于中速、中载的轴承
	铅青铜	ZCuPb30 (30 铅青铜)	25	12	30	用于高速、重载轴承，能承受变载和冲击
	铝青铜	ZCuAl10Fe3 (10-3 铝青铜)	15	4	12	最宜用于润滑充分的低速重载轴承
	灰铸铁	HT150～HT250	1～4	2～0.5	—	由于铸铁性脆、磨合性差，故只适用于低速、轻载和不受冲击的场合；价廉
	耐磨铸铁	HT300	0.1～6	3～0.75	0.3～4.5	
非金属材料	酚醛树脂		39～41	12～13	0.18～0.5	由织物、石棉等为填料与酚醛树脂压制而成。抗咬性好，强度、抗震性好。能耐水、酸、碱，导热性差，重载时需用水或油充分润滑。易膨胀，轴承间隙宜取大些
	尼龙		7～14	3～8	0.11(0.05m/s)	最常用的非金属轴承。摩擦因数低、耐磨性好、无噪声。金属瓦上覆以尼龙薄层，能受中等载荷；加入石墨、二硫化钼等填料可提高刚性和耐磨性；加入耐热成分，可提高工作温度
					0.09(0.5m/s)	
					<0.09(5m/s)	
	聚四氟乙烯(PTFE)		3～3.4	0.25～1.3	0.04(0.05m/s)	摩擦因数很低、自润滑性能好，能耐任何化学药品的侵蚀，适用温度范围宽，但成本高，承载能力低
					0.06(0.5m/s)	
					<0.09(5m/s)	

类别	名称	牌号	许用值			特征及用途
			$[p]$/MPa	$[v]$/(m/s)	$[pv]$/(MPa·m/s)	
	多孔质金属材料					是用不同金属粉末经压制、烧结而成的轴承材料,为多孔结构。使用前先把轴瓦在热油中浸渍数小时,使孔隙中充满润滑油,因此具有自润滑性。由于其韧性较小,故宜用于平稳无冲击载荷及中、低速度情况。常用的有多孔铁和多孔质青铜

注:$[pv]$为不完全液体润滑下的许用值。

15.3.3　不完全液体润滑滑动轴承的设计计算

对于工作要求不高,速度较低,载荷不大,难于维护等条件下工作的轴承,往往设计成不完全液体润滑滑动轴承。因为在上述条件下采用液体润滑轴承不仅在技术上困难,而且在经济上也是不合算的。

不完全液体润滑滑动轴承在工作时由于得不到足够的润滑剂,在相对运动表面间难以产生一个完全的承载油膜,轴承只能在混合摩擦润滑状态(即边界润滑和液体润滑同时存在的状态)下运转。这类轴承可靠的工作条件是:边界油膜不遭破坏,维持粗糙表面微腔内有液体润滑存在。在工程上,这类轴承常以维持边界油膜不遭破坏作为设计的最低要求。但是促使边界油膜破裂的因素较复杂,因此目前仍采用简化的条件性计算。

不完全液体润滑滑动轴承的设计计算,主要是在轴承的结构尺寸确定之后,进行工作能力的验算,即作轴承的平均压力 p 和压力与轴承表面圆周速度的乘积 pv 的验算。对于压力小的轴承,还要对工作速度 v 进行验算。实践证明,这种方法基本上能够保证轴承的工作能力。

(1)径向滑动轴承的计算

径向滑动轴承的设计计算步骤见表 15-11。

表 15-11　径向滑动轴承的设计计算步骤

已知条件		①轴承所受的径向载荷 F,N; ②轴颈转速 n,r/min; ③轴颈直径 d,mm	
计算简图			
步骤 1	确定轴承的结构形式及轴瓦材料	根据工作条件和使用要求,确定径向滑动轴承的结构形式,并按表 15-10 选定轴瓦材料	
步骤 2	确定轴承的宽度	参考表 15-12 中 B/d 的推荐值,根据已知的轴颈直径 d 确定轴承的宽度 B。在确定轴承宽度时,还应考虑到机器外形尺寸的限制	
步骤 3	验算	轴承的平均压力 p/MPa	$p=\dfrac{F}{dB}\leqslant[p]$	B—轴承宽度,mm; $[p]$—轴瓦材料的许用压力,MPa,其值见表 15-10
		pv 值/(MPa·m/s)	$pv=\dfrac{F}{Bd}\times\dfrac{\pi dn}{60\times1000}=\dfrac{Fn}{19100B}\leqslant[pv]$	v—轴颈圆周速度,m/s; $[pv]$—轴承材料的 pv 许用值,MPa·m/s,其值见表 15-10
		圆周速度 v/(m/s)	$v\leqslant[v]$	$[v]$—材料的许用滑动速度,m/s,其值见表 15-10
步骤 4	选择轴承配合	为保证一定的间隙,必须合理选择轴承的配合,一般可选 H9/d9、H8/f7 或 H7/f6	

表 15-12 推荐的轴承宽径比 B/d

机 器	轴承	B/d	机 器	轴承	B/d
汽车发动机	主轴承	0.35~0.7	活塞式泵、压缩机	主轴承	0.8~2
	连杆轴承	0.5~0.8		连杆轴承	0.9~2
	活塞销轴承	0.8~1		活塞销轴承	1.5~2
柴油发动机(2 冲程)	主轴承	0.6~0.75	传动装置	轻载轴承	1~2
	连杆轴承	0.5~1		重载轴承	
	活塞销轴承	1.5~2	金属切削机床	主轴承	1~3
铁路车辆	轮轴支承	1.4~2	轧钢机	主轴承	0.8~1.5
汽轮机	主轴承	0.8~1.25	发电机、电动机、离心压缩机	转子轴承	0.8~1.5
			减速器	轴承	1~3

（2）止推滑动轴承的计算

止推滑动轴承的设计计算步骤见表 15-13。

表 15-13 止推滑动轴承的设计计算步骤

已知条件		①轴承所受的轴向载荷 F_a，N；②轴颈转速 n，r/min；③轴环直径 d_2 和轴承孔直径 d_1，mm；④轴环数目 z（参考表 15-8 中的图）	
步骤 1		确定轴承的结构型式及轴瓦材料	根据载荷大小、方向及空间尺寸等条件,确定止推轴承的结构型式（参见表 15-8），并按表 15-10 选定轴瓦材料
步骤 2		确定轴颈的基本尺寸	参照表 15-8 初定止推轴颈的基本尺寸
步骤 3	验算	轴承的平均压力 p /MPa	$$p=\frac{F_a}{A}=\frac{F_a}{z\frac{\pi}{4}(d_2{}^2-d_1{}^2)}\leqslant[p]$$	d_1—轴承孔直径,mm；d_2—轴环直径,mm；F_a—轴向载荷,N；z—轴环数目；$[p]$—许用压力,MPa,其值见表 15-14。对于多环式止推轴承,由于载荷在各环间分布不均,因此其许用压力 $[p]$ 比单环式的低 50%
		pv 值 /(MPa·m/s)	轴承的环形支承面平均直径处的圆周速度 $$v=\frac{\pi n(d_1+d_2)}{60\times1000\times2} \quad(\text{m/s})$$ 故 $$pv=\frac{nF_a}{30000z(d_2-d_1)}\leqslant[pv]$$	n—轴颈的转速,r/min；$[pv]$—轴承材料的 pv 许用值,MPa·m/s,其值见表 15-14。同样,由于多环式止推轴承中的载荷在各环间分布不均,因此 $[pv]$ 值也应比单环式的降低 50%

表 15-14 止推滑动轴承的 [p]、[pv] 值

轴(轴环端面、凸缘)	轴 承	[p]/MPa	[pv]值/(MPa·m/s)
未淬火钢	铸铁	2.0~2.5	1~2.5
	青铜	4.0~5.0	
	轴承合金	5.0~6.0	
淬火钢	青铜	7.5~8.0	1~2.5
	轴承合金	8.0~9.0	
	淬火钢	12~15	

15.3.4 不完全液体润滑滑动轴承的设计计算实例

例：试设计一起重卷筒的滑动轴承。已知轴承的径向载荷 $F_r=2\times10^5$ N,轴颈直径 $d=200$mm,轴的转速 $n=300$r/min。

（1）确定轴承的结构形式

　　根据轴承的重载低速工作要求，按不完全液体润滑滑动轴承设计。采用剖分式结构便于安装和维护。润滑方法采用润滑脂润滑。由《机械设计手册》可初步选择 2HC4-200 号径向滑动轴承。

（2）选择轴承材料

　　按重载低速条件，由《机械设计手册》选用轴瓦材料为 ZQAl9-4，据其轴瓦材料特性查得：

$$[p] = 15\text{MPa}, [pv] = 12\text{MPa} \cdot \text{m/s}, [v] = 4\text{m/s}$$

（3）确定轴承宽度

　　对起重装置，轴承的宽径比可取大些，取 $B/d = 1.5$，则轴承宽度

$$B = 1.5 \times 200 = 300\text{mm}$$

（4）验算轴承的平均压力

$$p = \frac{F_r}{dB} = \frac{2 \times 10^5}{200 \times 300} \approx 3.33\text{MPa} < [p]$$

（5）验算 v 及 pv 值

$$v = \frac{\pi dn}{60 \times 1000} = \frac{3.14 \times 200 \times 300}{60 \times 1000} = 3.14\text{m/s} < [v]$$

$$pv = 3.33 \times 3.14 \approx 10.47\text{MPa} \cdot \text{m/s} < [pv]$$

（6）选择配合

　　滑动轴承常用的配合有 H9/d9、H8/f7 及 H7/f6 等，一般可选 H9/d9。

第16章 联轴器、离合器和制动器

16.1 联轴器的类型及设计计算

联轴器是连接两轴或轴和回转件，使它们在传递运动和动力过程中一同回转而不脱开的一种装置。联轴器还具有补偿两轴相对位移、缓冲和减振以及安全防护等功能。选择联轴器包括选择联轴器的类型和型号。

16.1.1 联轴器的分类及类型选择

（1）联轴器的分类

按照联轴器的性能可分为刚性联轴器和挠性联轴器两大类。联轴器连接的两轴由于制造、安装的误差及载荷、温度变化等因素，往往会产生相对偏移，不能严格对中。对相对偏移无补偿能力的联轴器称为刚性联轴器，适用于两轴有较高对中精度并在工作中不发生相对偏移、载荷平稳、转速稳定的场合；对相对偏移有补偿能力的联轴器称为挠性联轴器，适用于图 16-1 所示的两轴有较大偏斜或工作中有相对偏移、载荷速度有变化的场合。联轴器的详细分类见图 16-2。刚性联轴器和无弹性元件挠性联轴器均无缓冲作用，有弹性元件挠性联轴器具有缓冲和减振作用。

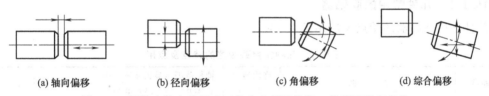

(a) 轴向偏移　　　(b) 径向偏移　　　(c) 角偏移　　　(d) 综合偏移

图 16-1　两轴有较大偏斜或工作中有相对偏移、载荷速度有变化

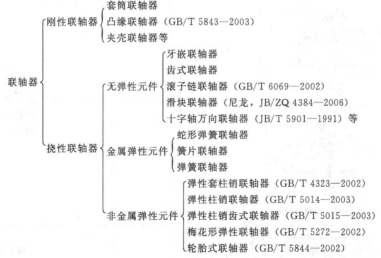

图 16-2　联轴器的分类

联轴器现已实现了标准化，联轴器孔和键槽的结构尺寸见《机械设计手册》。

对联轴器的一般要求是：工作可靠、装拆方便、尺寸小、质量轻、维护简单。联轴器的安装位置要尽量靠近轴承。

（2）联轴器类型的选择

联轴器的类型应根据工作要求来选择，一般可先根据机器的工作条件、使用要求等综合分析来选择标准联轴器。具体选择时可考虑以下几点。

① 根据原动机和工作机的机械特性选择。原动机的类型不同，其输出功率和转速，有的平稳恒定，有的波动不均匀。而各种工作机的载荷性质差异更大，有的平稳，有的冲击或振动，都将直接影响联轴器类型的选择。对于载荷平稳的，则可选用刚性联轴器，否则宜选用弹性联轴器。

② 根据联轴器连接的轴系及其运转情况选择。对于连接轴系的质量大、转动惯量大，而又经常启动、变速或反转的，则应考虑选用能承受较大瞬时过载，并能缓冲吸振的弹性联轴器。

③ 传动装置中大多有两个联轴器——在电动机轴与减速器高速轴之间连接用的联轴器和减速器输出轴与工作机之间连接用的联轴器。前者由于轴的转速较高，为减小启动载荷、缓和冲击，应选用具有较小转动惯量和具有弹性的联轴器，如弹性套柱销联轴器等。后者由于轴的转速较低，传递转矩较大，且减速器与工作机常不在同一机座上，要求有较大的轴线偏移补偿，因此常选用承载能力较高的刚性可移式联轴器，如鼓形齿式联轴器、滑块联轴器等。若工作机有振动冲击，为了缓和冲击，以免振动影响减速器内传动件的正常工作，则可选用弹性柱销联轴器等。

此外，在选择联轴器时还应考虑其制造、安装和维护成本。在满足使用要求的条件下，应使选择的联轴器成本低，不需经常维护以降低费用。

16.1.2　几种常用的联轴器

几种常用联轴器的特点及应用见表 16-1。

表 16-1　几种常用联轴器的特点及应用

联轴器形式	图　　例	许用转矩 /N·m	轴径范围 /mm	最大转速范围 /(r/min)	特点及应用
凸缘联轴器	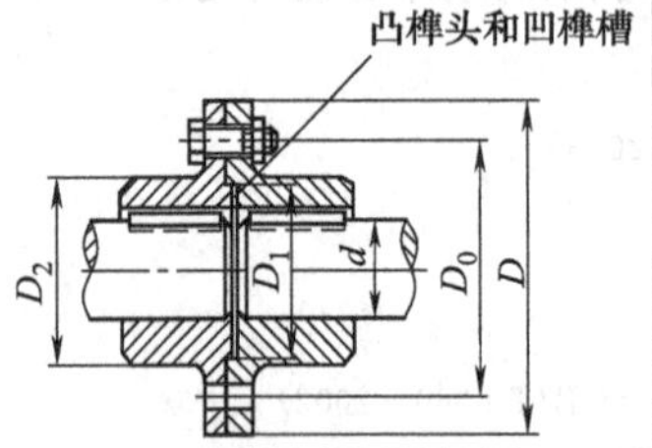 (a) 用凸榫头和凹榫槽对中 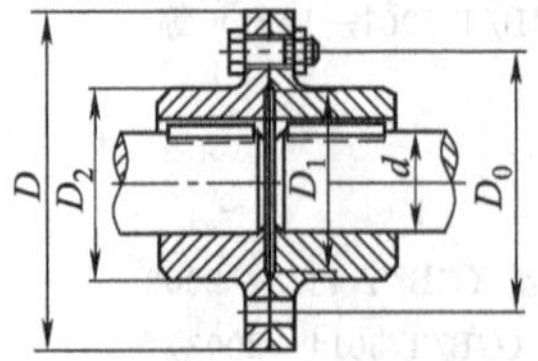 (b) 铰制孔用螺栓对中	400～16000	40～160	1450～3500	结构简单、成本低、可传递较大的转矩、工作可靠、容易维护。适用于转速低、载荷平稳、对中性好的连接
套筒联轴器	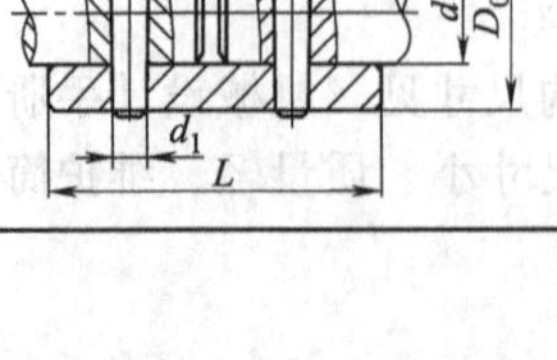	4.5～10000	10～100	200～250	结构简单，径向尺寸小，但拆装不方便。用于两轴直径较小、同心度高、工作平稳的连接

续表

联轴器形式	图　例	许用转矩 /N·m	轴径范围 /mm	最大转速范围 /(r/min)	特点及应用
滑块联轴器		120～20000	15～150	100～250	由两端面有凹榫槽的半联轴器和一个两面都有凸榫的圆盘（滑块）组成。径向尺寸小，寿命较长，但制造复杂，需要润滑。用于两轴相对偏移量较大，低速传动，工作较平稳的场合
齿轮联轴器	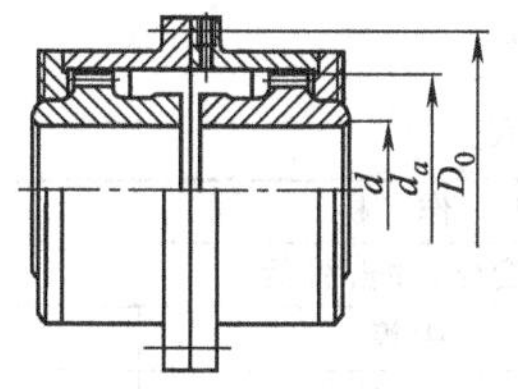	710～10^6	18～560	300～3780	工作可靠，外廓紧凑，传递转矩较大，对综合偏移有良好的补偿性，但成本高。适用于启动频繁、经常正反转的重型机械
万向联轴器	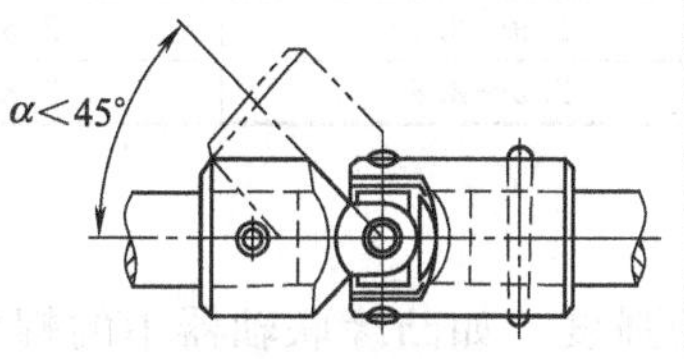 $\alpha<45°$	25～1280	10～40	—	由两个叉形接头通过十字轴连接而成，常常成对使用。结构紧凑，维护方便，但制造较复杂。广泛应用于汽车、拖拉机、组合机床等机械的传动系统中
弹性套柱销联轴器	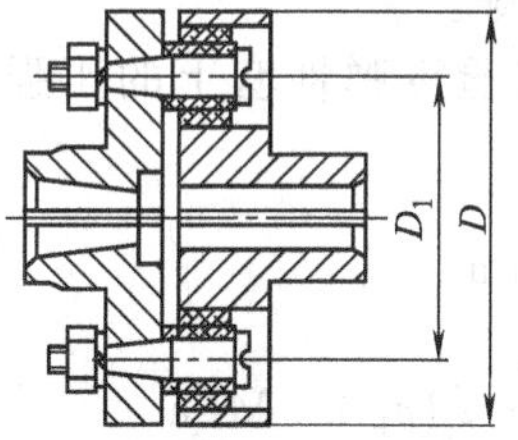	67～15380	25～180	1100～5400	弹性较好，装拆方便，成本较低，但弹性圈易损坏，寿命短，要限制使用温度。用于连接载荷较平稳，需正、反转或启动频繁的传递中、小转矩的轴
轮胎联轴器	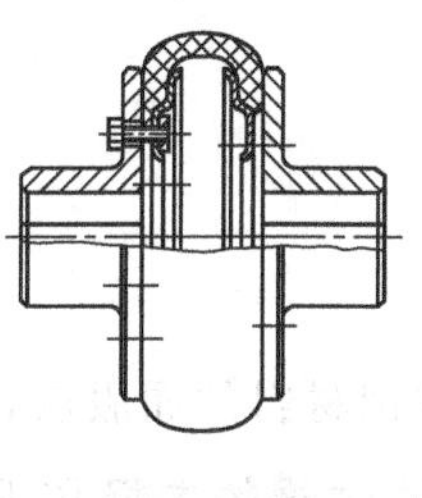	10～16000	10～230	600～4000	通过弹性元件——轮胎环传递工作转矩，具有良好的消振、缓冲和补偿两轴线偏移的能力。结构简单，不需要润滑，维修方便，但径向尺寸较大。用于潮湿、多尘、启动频繁、正反转多变、冲击载荷大及两轴线偏移较大的场合

16.1.3　联轴器的选择和设计计算

联轴器大部分已经标准化、系列化。在设计中可按照标准在《机械设计手册》中确定联轴器的类型和尺寸。

（1）选择联轴器的类型

选择联轴器的类型主要考虑的因素有：被连两轴的对中性、载荷大小及特性、工作转速、工作环境及温度等。此外，还应考虑安装尺寸的限制及安装、维护方便等。

（2）选择联轴器的型号

联轴器需要传递的转矩应该是考虑惯性力矩和过载时的最大转矩，如果最大转矩不能精确确定，常用计算转矩 T_c 代替。在确定联轴器的类型之后，应按计算转矩 T_c、轴的直径 d

及工作转速 n 在《机械设计手册》中选取。联轴器的许用转矩、转速应大于计算转矩及实际转速，轴孔长度、结构尺寸应分别与两被连接轴相配。

联轴器选择型号的条件为

$$T_c = KT \leqslant [T] \quad \text{N·m} \tag{16-1}$$

$$n \leqslant [n] \quad \text{r/min} \tag{16-2}$$

式中　T_c——计算转矩，N·m；

　　　T——联轴器传递的标称转矩，N·m；

　　　K——工作情况因子，其值见表16-2；

　　　$[T]$——所选联轴器的许用转矩，N·m；

　　　$[n]$——联轴器的许用转速，r/min，查联轴器标准。

表 16-2　工作情况因子 K

动　力　机	工　作　机		
	转矩变化、冲击载荷		
	小	中等	大
电动机、汽轮机	1.3~1.5	1.7~1.9	2.3~3.1
多缸内燃机	1.5~1.7	1.9~2.1	2.5~3.3
单、双缸内燃机	1.8~2.4	2.2~2.8	2.8~4.0

注：刚性联轴器取大值，挠性联轴器取小值。

（3）强度校核

根据具体情况，必要时应验算联轴器主要元件的强度，如凸缘联轴器中的螺栓强度、弹性套柱销联轴器中柱销的弯曲强度和弹性套的挤压强度等。

例如，在选用弹性套柱销联轴器（图16-3）时，应验算弹性套上的压强 p 和柱销的弯曲应力 σ_F。其验算式为

$$p = \frac{2KT}{zdsD_1} \leqslant [p] \quad \text{MPa} \tag{16-3}$$

$$\sigma_F = \frac{M}{W} \approx \frac{2KT}{zD_1} \times \frac{L/2}{(0.1d)^3} = \frac{10KTL}{zD_1d^3} \leqslant [\sigma_F] \quad \text{MPa} \tag{16-4}$$

式中　z——柱销数目；

　　　d——柱销直径，mm；

　　　D_1——柱销中心所在圆的直径，mm；

　L、s——结构尺寸，mm，见图16-3；

　　　$[p]$——许用压强，对橡胶弹性套，$[p]=2$MPa；

　　$[\sigma_F]$——柱销的许用弯曲应力，$[\sigma_F]=0.25\sigma_s$，σ_s 为柱销材料的屈服点，MPa。

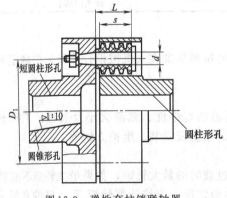

短圆柱形孔

圆柱形孔

圆锥形孔

图 16-3　弹性套柱销联轴器

16.1.4　联轴器的选择和设计计算实例

例：对于某一齿轮减速器，已知：电机型号 Y200L$_2$-6，实际最大输出功率 $P=20.8$kW，转速 $n=970$r/min，减速器的输入轴径 $d=48$mm。工作机为刮板运输机，载荷为中等冲击，与减速器连接的轴径 $d=100$mm。试选择该减速器高速轴端的联轴器。

（1）选择联轴器的类型

从受力情况分析为中等载荷，有一定冲击，轴有一定的弯曲变形；从安装条件看，不易保证完全同轴线，所以应采用弹性联轴器。由于高速轴转速高，动载荷大，可以选用传递转矩不大的弹性套柱销联轴器。

(2) 联轴器型号的选择

根据载荷中等，弹性联轴器可取载荷系数 $K=1.5$，则计算转矩

$$T_c=KT=K\times 9550\frac{P}{n}=1.5\times 9550\times\frac{20.8}{970}\text{N}\cdot\text{m}=307.2\text{N}\cdot\text{m}$$

根据得到的 T_c，减速器输入轴 $d=48$mm，由《机械设计手册》可查得 TL7 弹性套柱销联轴器（GB 4323—1984），该联轴器许用转矩为 500N·m，且联轴器毂孔径 d 有 40、42、45、48 四种规格，说明可用。决定选用 TL7 型，即

$$\text{TL7联轴器}\quad\frac{\text{Y}55\times 112}{\text{J}48\times 84}\quad\text{GB 4323—1984}$$

在标记中，Y 为圆柱形轴孔，尺寸 55×112 表示与电动机连接处的轮毂孔径和长度；J 为短圆柱形轴孔，48×84 是与减速器输入轴（高速轴）连接处的孔径和长度。

(3) 校核柱销的弯曲强度和弹性套的挤压强度

查《机械设计手册》，TL7 型联轴器有 6 个 $d=14$mm 的柱销，柱销分布圆直径 $D_1=140$mm，柱销长度 L 都近似取 45mm，则

$$\sigma_F=\frac{10KTL}{zD_1d^3}=\frac{10\times 307200\times 45}{6\times 140\times 14^3}\text{MPa}=60\text{MPa}$$

$$p=\frac{2KT}{zdD_1L}=\frac{2\times 307200}{6\times 14\times 140\times 45}\text{MPa}=1.16\text{MPa}$$

柱销材料用 45 钢，$\sigma_s=360$MPa，则许用弯曲应力为

$$[\sigma_F]=0.25\sigma_s=0.25\times 360=90\text{MPa}$$

弹性套用橡胶圈，$[p]=2$MPa，则

$$\sigma_F=60\text{MPa}\leqslant[\sigma_F]=90\text{MPa}$$

$$p=1.16\text{MPa}\leqslant[p]=2\text{MPa}$$

计算结果表明，强度均满足。

16.2　离合器的结构和类型

机器运转时可使两轴随时接合或分离的装置称为离合器。离合器用于各种机械，把原动机的运动和动力传给工作机，并可在运转时与工作机随时分离或接合。离合器除了用于机械的启动、停止、换向和变速之外，它还可用于对机械零件的过载保护。对离合器的基本要求为：①接合平稳，分离彻底，动作准确可靠；②结构简单，质量轻，外形尺寸小，从动部分转动惯量小；③操纵省力，对结合元件的压紧力能达到内力平衡；④散热好，结合元件耐磨损，使用寿命长。

16.2.1　离合器的分类

离合器的类型很多，按其接合元件传动的工作原理，可分为啮合式离合器和摩擦式离合器；按实现离、合动作的过程，分为外力操纵式和自动操纵式离合器；按离合器的操纵方式，分为机械式、气压式、液压式和电磁式等离合器，如图 16-4 所示。

- 离合器
  - 外力操纵式
    - 机械离合器
    - 气压离合器
    - 液压离合器
    - 电磁离合器
    - —
      - 啮合式—牙嵌、齿式等
      - 摩擦式—圆盘、圆锥、弹簧、气胎等
  - 自动操纵式
    - 超越离合器—牙嵌、滚柱、楔块等
    - 离心离合器—闸块、钢珠等
    - 安全离合器—牙嵌、钢珠、圆盘、圆锥等

图 16-4　离合器的分类

为保证离合器工作可靠，在选择离合器时的计算转矩取为

$$T_c=\beta T \tag{16-5}$$

式中，T_c 为计算转矩；T 为实际需要传递的转矩，按工作机的载荷，也可按原动机的额定或最大转矩确定；β 为储备因子，其值大于 1，按表 16-3 确定。

表 16-3　离合器储备因子 β 值

机 械 类 别	β	机 械 类 别	β
金属切削机床	1.3～1.5	轻纺机械	1.2～2
曲柄式压力机械	1.1～1.3	农业机械	2～3.5
汽车、车辆	1.2～3	挖掘机械	1.2～3.5
拖拉机	1.5～3.5	钻探机械	2～4
船舶	1.3～2.5	活塞泵、通风机	1.3～1.7
起重运输机械	1.2～1.5	冶金矿山机械	1.8～3.2

注：对冲击载荷小、载荷要求平稳的离合器，宜取表中较小值；对冲击载荷大，或者要求迅速接合的离合器，宜取表中较大值。

16.2.2　常用离合器

（1）牙嵌离合器

牙嵌离合器属啮合式，由两个端面带牙的半离合器组成，如图 16-5 所示。一个半离合器通过平键与主动轴连接，另一个半离合器用导键或花键与从动轴连接，并借助操纵机构使其作轴向移动，以实现离合器的分离与结合。为使两半离合器能够对中，在主动轴端的半离合器上固定一个对中环，从动轴可在对中环内自由转动。牙嵌离合器的结合动作应在两轴不回转时或两轴的转速差很小时进行，以免齿因受冲击载荷而断裂。

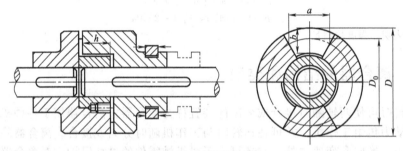

图 16-5　牙嵌离合器

牙嵌离合器常用的齿形有矩形、梯形、锯齿形、三角形等，如图 16-6 所示。三角形齿用于小转矩的低速离合器［见图 16-6（a）］；梯形齿强度高，可以传递较大的转矩，能自动补偿齿的磨损与间隙［见图 16-6（b）］；锯齿形的强度最高，但只能传递单向转矩［见图 16-6（c）］；矩形齿不便于离合，磨损后无法补偿［见图 16-6（d）］；图 16-6（e）所示齿形主要用于安全离合器。

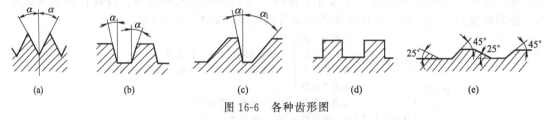

图 16-6　各种齿形图

离合器齿的齿面应具有较高的硬度。制造牙嵌离合器的材料常用低碳钢渗碳淬火或中碳钢表面淬火处理，硬度分别达到 52～62HRC 和 48～52HRC。不重要的和在静止时结合的离合器可用铸铁。

牙嵌离合器的主要尺寸可以从设计手册中选取，必要时应进行验算。

齿面的压力验算：

$$p=\frac{2T_c}{D_0 z_c A}\leqslant[p] \tag{16-6}$$

式中　A——每个齿的有效挤压面积，对梯形和矩形齿，$A=bh$，其中，b 为齿宽，h 为牙的工作高度；

　　　D_0——离合器的平均直径；

　　　z_c——计算齿数，一般取 $z_c=(1/3\sim1/2)z$；

　　　$[p]$——许用压力，静止状态下结合，$[p]\leqslant90\sim120$MPa；低速状态下结合，$[p]\leqslant50\sim70$MPa；较高速状态下结合，$[p]\leqslant35\sim45$MPa。

齿的抗弯强度验算：假定圆周力作用在齿高的中部，则牙根抗弯强度验算式为

$$\sigma_F=\frac{hT}{D_0 z_c W}\leqslant[\sigma_F] \tag{16-7}$$

式中　W——齿根抗弯截面模量，$W=\frac{1}{6}a^2 b$（a、b 见图 16-5）；

　　　$[\sigma_F]$——许用弯曲应力，静止结合时，$[\sigma_F]=\dfrac{\sigma_s}{1.5}$；运转结合时，$[\sigma_F]=\dfrac{\sigma_s}{3\sim4}$，其中，$\sigma_s$ 为离合器材料的屈服点，MPa。

（2）圆盘摩擦离合器

圆盘摩擦离合器有单盘式（见图 16-7）和多盘式（见图 16-8），其中多盘式应用较广泛。按摩擦面的润滑状态又有干式和湿式之分。圆盘摩擦离合器的主动摩擦盘转动时，由主、从动盘接触面间的摩擦力矩来传递转矩。

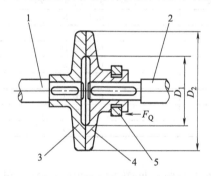
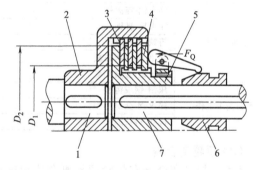

图 16-7　单盘式摩擦离合器　　　　　　　图 16-8　多盘式摩擦离合器

1—主动轴；2—从动轴；3,4—摩擦盘；5—操纵环　　　1—主动轴；2—主动轴套筒；3—外摩擦盘；

　　　　　　　　　　　　　　　　　　　　　4—内摩擦盘；5—从动套筒；6—滑环套；7—从动轴

对于单盘摩擦离合器，摩擦盘 3 安装在主动轴 1 上，摩擦盘 4 安装在从动轴 2 上，并可轴向移动。当操纵环 5 向左移动时，摩擦盘 4 在从动轴 2 上轴向滑移，并与摩擦盘 3 在轴向压力作用下压紧。多盘摩擦离合器可减少径向尺寸，传递较大转矩。

假设压紧力沿摩擦面均匀分布，则摩擦盘材料允许的最大压紧力

$$F_Q=\frac{\pi(D_2^2-D_1^2)}{4}[p] \tag{16-8}$$

$$[p]=[p_0]k_a k_b k_c \tag{16-9}$$

式中　$[p]$——许用压力；

　　　$[p_0]$——基本许用压力，见表 16-5；

k_a，k_b，k_c——修正因子，分别根据离合器平均圆周速度、主动摩擦盘数目、每小时结合次数，由表 16-4 查取；

D_2，D_1——摩擦盘的外径、内径，见图 16-7 和图 16-8。

离合器在油中的工作时，$D_1=(1.5\sim2)d$，d 为轴径，$D_2=(1.5\sim2)D_1$；对于干式摩擦离合器，$D_1=(2\sim3)d$，$D_2=(1.5\sim2.5)D_1$。

圆盘摩擦离合器所能传递的最大转矩 T_{max} 由下式求得

$$T_{max}=F_Q z\mu r_f \tag{16-10}$$

式中　μ——摩擦因数，见表 16-5；

F_Q——压紧力；

r_f——摩擦半径，$r_f=\dfrac{D_1+D_2}{4}$；

z——结合面数。$z=m+n-1$，m 为主动摩擦盘数，n 为从动摩擦盘数。z 不宜过多，否则将影响离合器的灵活性，一般取 $z<10\sim15$。

摩擦离合器正常工作时，其转矩必须满足 $T_c\leqslant T_{max}$。

表 16-4　因子 k_a、k_b、k_c 值

平均圆周速度/(m/s)	1	2	2.5	3	4	65	8	10	15
k_a	1.35	1.08	1	0.94	0.86	0.75	0.68	0.63	0.55
主动摩擦盘数目	3	4	5	6	7	8	9	10	11
k_b	1	0.97	0.94	0.91	0.88	0.85	0.82	0.79	0.76
每小时结合次数	90		120		180		240	300	≥360
k_c	1		0.95		0.8		0.7	0.6	0.5

表 16-5　摩擦离合器的材料及其性能

摩擦副的材料及工作条件		摩擦因数 μ	基本许用压力 $[p_0]$/MPa
在油中工作	淬火钢-淬火钢	0.06	0.6~0.8
	淬火钢-青钢	0.08	0.4~0.5
	铸铁-铸铁或淬火钢	0.08	0.6~0.8
	钢-酚醛层压布板	0.12	0.4~0.6
	淬火钢-金属陶瓷	0.10	0.8
不在油中工作	压制-钢或铸铁	0.3	0.2~0.3
	淬火钢-金属陶瓷	0.4	0.3
	铸铁-铸铁或淬火钢	0.15	0.2~0.3

（3）超越离合器

常用的超越离合器有棘轮超越离合器和滚柱式超越离合器，见图 16-9 和图 16-10。棘轮超越离合器构造简单，对制造精度要求低，在低速传动中应用广泛。

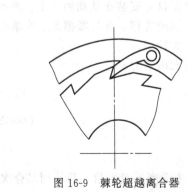

图 16-9　棘轮超越离合器

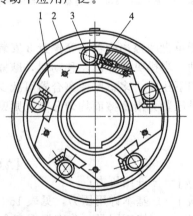

图 16-10　滚柱式超越离合器

1—星轮；2—外圈；3—滚柱；4—弹簧柱

滚柱式超越离合器的星轮 1 顺时针转动时，滚柱 3 受摩擦力作用被楔紧在槽内，带动外圈 2 一起转动，此时为结合状态；当星轮 1 逆时针转动时，滚柱 3 处在槽中较宽的部分，离合器为分离状态。因而它只能传递单向转矩。

如果外圈 2 在随星轮 1 旋转的同时，又从另一运动系统获得旋向相同但转速较大的运动时，离合器也将处于分离状态，即从动件的角速度超过主动件时，不能带动主动件回转。

超越离合器工作时没有噪声，宜于高速传动，但制造精度要求较高。

16.3　制动器的类型和设计计算

制动器是用来制动、减速及限速的装置。制动可靠是对制动器的基本要求，同时也应该具备操纵灵活、散热良好、体积小、质量轻、调整和维修方便的特点。

16.3.1　制动器的组成及分类

制动器主要由制动架、摩擦元件和驱动装置三部分组成。许多制动器还装有摩擦元件间隙的自动调整装置。随着技术的发展，出现了许多新结构制动器，其中盘式制动器发展较快，在摩托车、汽车等行走机械中的应用得到了较快的发展。

制动器通常应装在设备的高速轴上，这样所需要的制动力矩小，制动器尺寸也小。大型设备的安全制动器则应装在靠近设备工作部分的低速轴上。

有些制动器已标准化或系列化，并由专业工厂生产。如选用标准制动器，则应以计算制动力矩为依据，选出标准型号后做必要的发热验算。

制动器的分类、特点及应用见表 16-6。

表 16-6　制动器的分类、特点及应用

分　类		特点及应用
按制动装置形式分	块式	简单可靠，散热好，瓦块有充分的退距，制动力矩大小与转向无关，制造较复杂，尺寸较大，包角小，适用于制动频繁的场合
	带式	结构简单紧凑，包角大，制动力矩大，制动带的压力与磨损不均匀，散热性差，适用于要求结构紧凑的场合，如移动式超重机
	盘式	利用轴向压力使圆盘或圆锥型摩擦面压紧实现制动
按驱动类型分	电动式	结构简单，工作可靠。但工作时噪声大，冲击大，电磁线圈寿命短，磨损严重，用于操作频繁，快速启动的场合
	液压式	结构稍复杂，但工作平稳，使用寿命长，无噪声，动作稍缓慢，用于操作不太频繁、不需快速启动、制动的场合，如起重机的回转、运行机构
	液压、电动式	具有液压、电动两者的优点，电磁线圈寿命长，能自动补偿制动瓦的磨损，制动器动作时可调整，适用于多种场合，特别适用于高温环境及工作频繁的场合（可达 600 次/h 以上），但构造稍复杂

16.3.2　制动力矩的计算

制动力矩是选择制动器的原始参数，其计算方法如下。

垂直制动的制动力矩 T_b 通常是根据重物可靠地悬吊在空中这一条件来确定，

$$T_b = \frac{mgD_0 \eta s}{2i} \tag{16-11}$$

式中　T_b——制动力矩；

　　　　m——重物与吊具质量之和；

　　　　g——重力加速度；

　　　　D_0——卷筒直径；

i——制动轴到卷筒轴承间的传动比;

η——制动轴到卷筒轴间的传动效率;

s——制动安全因数,通常取 $s=1.75\sim2.5$。

水平制动,如行走起重机和车辆等的制动,不计机构移动时的其他阻力(摩擦阻力、风荷阻力等),所需制动力矩为

$$T_b = \frac{mv}{t} \times \frac{D_w}{2i}\eta + \frac{J\omega}{t} \qquad (16\text{-}12)$$

式中 m——各直线运动零件的质量;

v——移动速度;

t——制动时间;

D_w——行走轮直径;

J——各回转零件质量换算到制动轴上的转动惯量;

ω——制动轴在制动前的角速度。

16.3.3 常用制动器

(1)块式制动器

制动瓦、制动轮和使制动瓦贴向制动轮的杠杆构成块式制动器。块式制动器有外抱块式和内张蹄式两种。图 16-11 为典型的常闭式长行程制动器。主弹簧已拉紧制动臂 3,使制动瓦压住制动轮,制动器紧闸。通电启动驱动装置 5,电磁铁推动推杆 4,推开制动臂 3,制动器松闸。

块式制动器的制动力为主弹簧的工作载荷,当计算制动力矩 T_b 已知时,主弹簧的最大工作力 F_{max} 为

$$F_{max} = F + k(0.95 + 0.05K_h)\frac{h_e}{i_1}$$

$$F = \frac{F_n}{i_2\eta}$$

$$F_n = \frac{T_b}{\mu D} \qquad (16\text{-}13)$$

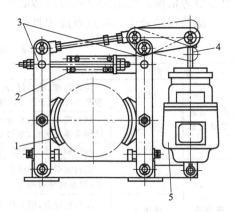

图 16-11 常闭式长行程外抱式制动器
1—制动瓦;2—主弹簧;3—制动臂;
4—推杆;5—驱动装置

式中 F——额定工作力;

k——弹簧刚度;

K_h——行程利用因子,对电磁液压推动器,$K_h=1.0$,其他推动器 $K_h=0.5\sim0.6$;

h_e——驱动装置额定行程;

i_1——驱动装置到主弹簧的杠杆比;

F_n——制动瓦额定正压力;

i_2——弹簧到制动瓦的杠杆比;

η——弹簧到制动瓦的机械效率;

μ——摩擦副的摩擦因数,见表 16-7;

D——制动轮直径。

表 16-7 制动器摩擦副许用压力和摩擦因数推荐值

材料		许用应力 [p]/MPa			摩擦因数 μ	
摩擦件	制动盘	块式制动器[1]	带式制动器[1]	盘式制动器[2]	干式	湿式
铸铁	钢	1.5;2.0	1.0;1.5	0.2~0.3;0.6~0.8	0.17~0.20	0.06~0.08
钢	钢或铸铁	1.5;2.0	1.0;1.5	0.2~0.3;0.6~0.8	0.15~0.18	0.06~0.08

续表

材料		许用应力 [p]/MPa			摩擦因数 μ	
摩擦件	制动盘	块式制动器①	带式制动器①	盘式制动器②	干式	湿式
青铜	钢			0.2～0.3;0.6～0.8	0.15～0.20	0.06～0.11
石棉树脂③	钢	0.3;0.6	0.3;0.6	0.2～0.3;0.6～0.8	0.35～0.40	0.10～0.12
石棉橡胶	钢		0.3;0.6		0.40～0.43	0.12～0.16
石棉铜丝	钢		0.3;0.6			—
石棉浸油	钢	0.3;0.6	0.3;0.6	0.2～0.3;0.6～0.8	0.33～0.35	0.08～0.12
石棉塑料	钢	0.3;0.6	0.4;0.6	0.4～0.6;1.0～1.2	0.35～0.45	0.15～0.20

①小值用于滑摩式或下降式，大值用于停止式。②小值用于干式，大值用于湿式。③即石棉刹车带。

制动瓦摩擦面上的压力校核计算式为

$$p=\frac{2\left[F+0.95k\left(1-K_{\mathrm{h}}\right)\dfrac{h_{\mathrm{e}}}{i_1}\right]}{DB_2\alpha}\leqslant[p] \tag{16-14}$$

式中　B_2——制动瓦宽；

　　　α——制动瓦包角，一般取 $\alpha=1.222\mathrm{rad}$ 或 $1.536\mathrm{rad}$；

　　　$[p]$——制动瓦许用压力，见表 16-7。

（2）带式制动器

用挠性钢带包围制动轮，而带的一端或两端固接在杠杆上，构成带式制动器。图 16-12 是靠弹簧力制动的带式制动器，为常闭式，弹簧力推压杠杆，拉紧钢带紧闸。通过启动驱动装置，电磁铁拉起杠杆而松闸。

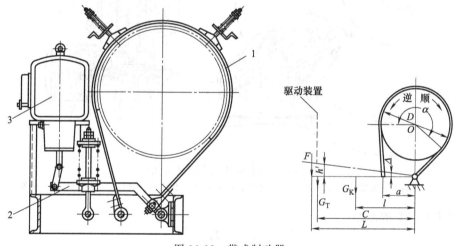

图 16-12　带式制动器
1—钢带；2—杠杆系；3—驱动装置

若弹簧力作用点到杠杆销轴中心的距离为 L [见图 16-12（b）]，则弹簧工作力

$$F=\frac{1}{L}\left[\frac{2T_{\mathrm{b}}a}{D\left(\mathrm{e}^{\mu\alpha}-1\right)\eta}-\left(G_{\mathrm{K}}l+G_{\mathrm{T}}c\right)\eta\right] \tag{16-15}$$

式中　T_{b}——制动力矩；

　　　a——制动器出端拉力距制动杠杆销轴的垂直距离；

　　　D——制动轮直径；

　　　μ——摩擦副的摩擦因数，见表 16-7；

　　　α——钢带包角；

　　　η——杆系机械效率；

G_K——杠杆所受重力；

l——杠杆重心距销轴距离；

G_T——衔铁所受重力；

c——衔铁重心距杠杆销轴距离。

制动带最大拉力为

$$F_{max} = \frac{2T_b e^{\mu \alpha}}{D(e^{\mu \alpha} - 1)}$$ (16-16)

摩擦面压力校核式为

$$p = \frac{2F_{max}}{DB} \leqslant [p]$$ (16-17)

式中　B——制动带宽度；

　　　$[p]$——制动带许用压力，见表 16-7。

（3）盘式制动器

盘式制动器有点盘式、全盘式及锥盘式三种。图 16-13 是固定卡钳式点盘制动器，为常开式。弹簧 8 推平行杠杆组 5，使摩擦块离开制动盘而松闸。给液压缸送入压力油启动活塞，拉紧平行杠杆组 5 而紧闸。

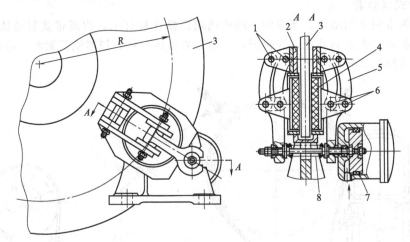

图 16-13　常开式固定卡钳式制动器

1—销轴；2—基架；3—制动盘；4—摩擦块；5—平行杠杆组；6—销轴；7—液压缸；8—弹簧

摩擦块上需要的推力：

$$F_Q = \frac{T_b}{2\mu R}$$ (16-18)

式中　R——摩擦块中心到制动盘中心的距离；

　　　μ——摩擦面上的摩擦因数，见表 16-7。

摩擦块上的压力校核式为

$$p = \frac{F_Q}{A} \leqslant [p]$$ (16-19)

式中　A——一个摩擦块的摩擦面积；

　　　$[p]$——摩擦面的许用压力，见表 16-7。

第17章 减 速 器

减速器是位于原动机和工作机之间的封闭式机械传动装置。减速器一般是由封闭在箱体内的齿轮传动、蜗杆传动或齿轮-蜗杆传动所组成，主要用来降低转速、增大转矩或改变运转方向。由于其传递运动准确可靠，结构紧凑，效率高，寿命长，且使用维修方便，得到广泛的应用。

减速器的类型很多，可以满足不同机器的不同要求。常用减速器目前已经标准化和规格化，使用者可根据具体的工作条件进行选择。

17.1 减速器的结构和类型

17.1.1 减速器的类型

减速器的类型很多，可有如下分类。

按传动件类型的不同可分为圆柱齿轮减速器、圆锥齿轮减速器、蜗杆减速器、齿轮蜗杆减速器和行星齿轮减速器；

按传动级数的不同可分为一级减速器、二级减速器和多级减速器；

按传动布置方式不同可分为展开式减速器、同轴式减速器和分流式减速器；

按传动功率的大小不同可分为小型减速器、圆锥齿轮减速器、中型减速器和大型减速器。

17.1.2 常用减速器的特点及应用

常用减速器的特点及应用见表 17-1。

表 17-1 常用减速器的特点和应用

名　称		运 动 简 图	推荐传动比	特点及应用
单级圆柱齿轮减速器		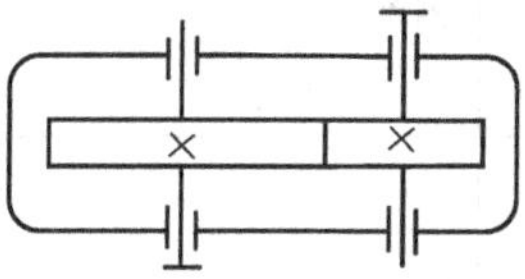	$i \leqslant 8 \sim 10$	轮齿可做成直齿、斜齿和人字齿。直齿用于速度较低($v \leqslant 8\text{m/s}$)、载荷较轻的传动；斜齿轮用于速度较高的传动；人字齿轮用于载荷较重的传动中。箱体通常用铸铁做成，单件或小批生产，有时采用焊接结构。轴承一般采用滚动轴承，重载或特别调整时采用滑动轴承。其他形式的减速器与此类同
两级圆柱齿轮减速器	展开式	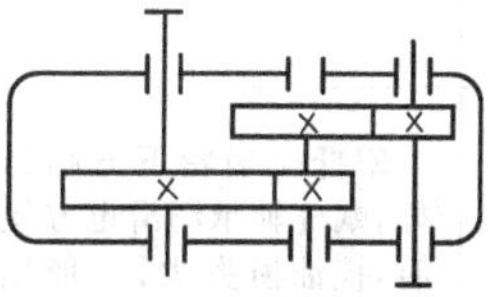	$i = i_1 i_2$ $i = 8 \sim 60$	结构简单，但齿轮相对于轴承的位置不对称，因此要求轴有较大的刚度。高速级齿轮布置在远离转矩输入端，这样，轴在转矩作用下产生的扭转变形和轴在弯矩作用下产生的弯曲变形可部分互相抵消，以减缓沿齿宽载荷分布不均匀的现象。用于载荷比较平衡的场合。高速级一般做成斜齿，低速级可做成直齿
	分流式	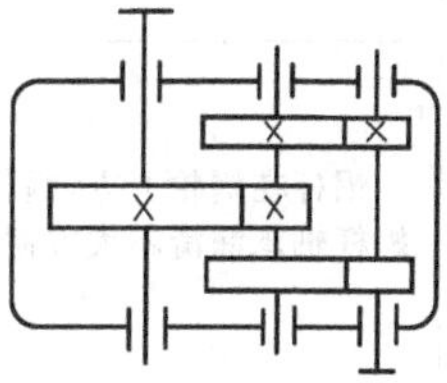	$i = i_1 i_2$ $i = 8 \sim 60$	结构复杂，但由于齿轮相对于轴承对称布置，与展开式相比载荷沿齿宽分布均匀、轴承受载较均匀。中间轴危险截面上的转矩只相当于轴所传递转矩的一半。适用于变载荷的场合。高速级一般用斜齿，低速级可用直齿或人字齿

名　称		运 动 简 图	推荐传动比	特点及应用
两级圆柱齿轮减速器	同轴式	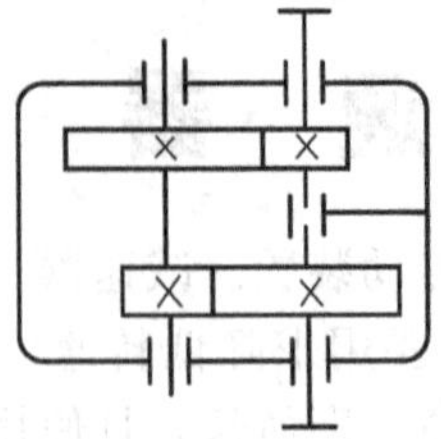	$i=i_1 i_2$ $i=8\sim60$	减速器横向尺寸较小,两对齿轮浸入油中深度大致相同。但轴向尺寸和重量较大,且中间轴较长、刚度差,使沿齿宽载荷分布不均匀。高速轴的承载能力难以充分利用
	同轴分流式	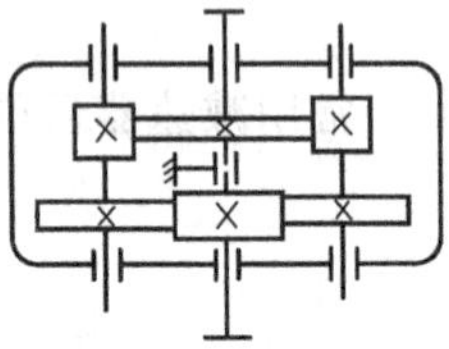	$i=i_1 i_2$ $i=8\sim60$	每对啮合齿轮仅传递全部载荷的一半,输入轴和输出轴只承受转矩,中间轴只受全部载荷的一半,故与传递同样功率的其他减速器相比,轴颈尺寸可以缩小
三级圆柱齿轮减速器	展开式	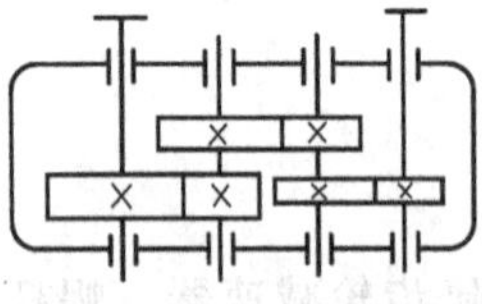	$i=i_1 i_2 i_3$ $i=40\sim400$	同两级展开式
	分流式	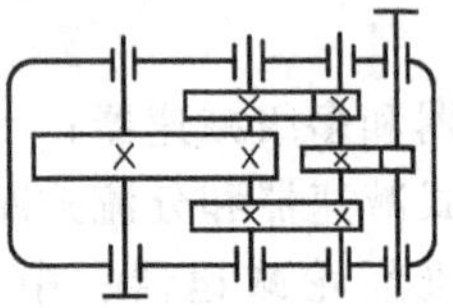	$i=i_1 i_2 i_3$ $i=40\sim400$	同两级分流式
单级圆锥齿轮减速器		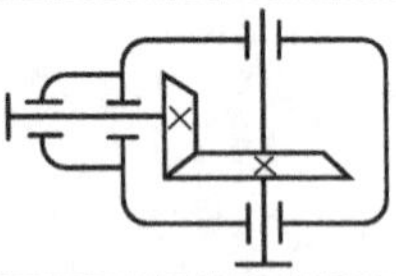	$i=8\sim10$	轮齿可做成直齿、斜齿或曲线齿。用于两轴垂直相交的传动中,也可用于两轴垂直相错的传动中。由于制造安装复杂、成本高,所以仅在传动布置需要时才采用
两级圆锥-圆柱齿轮减速器		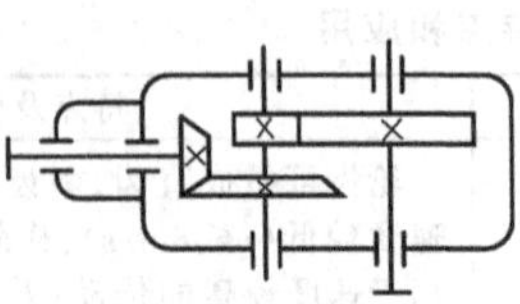	$i=i_1 i_2$ 直齿圆锥齿轮 $i=8\sim22$ 斜齿或曲线齿锥齿轮 $i=8\sim40$	特点同单级圆锥齿轮减速器,圆锥齿轮应在高速级,以使圆锥齿轮尺寸不致太大,否则加工困难
三级圆锥-圆柱齿轮减速器		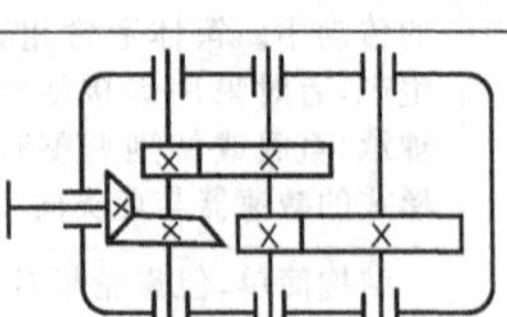	$i=i_1 i_2 i_3$ $i=25\sim75$	同两级圆锥-圆柱齿轮减速器
单级蜗杆减速器	蜗杆下置式	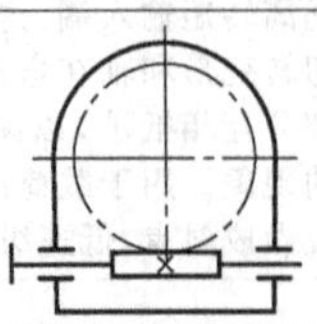	$i=10\sim80$	蜗杆在蜗轮下方啮合处的冷却和润滑都较好,蜗杆轴承润滑也方便,但当蜗杆圆周速度高时,搅油损失大,一般用于蜗杆圆周速度 $v<10\text{m/s}$ 的场合
	蜗杆上置式	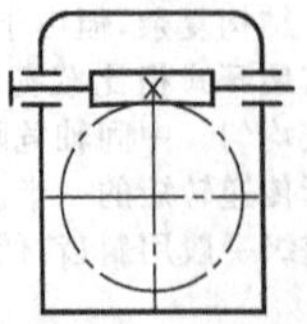	$i=10\sim80$	蜗杆在蜗轮上方,蜗杆的圆周速度可高些,但蜗杆轴承润滑不太方便

续表

名　　称	运动简图	推荐传动比	特点及应用
单级蜗杆减速器　蜗杆侧置式	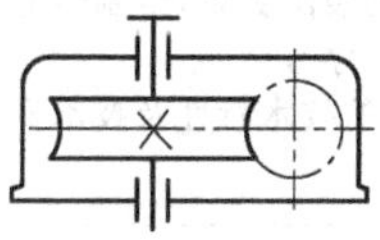	$i=10\sim80$	蜗杆在蜗轮侧面,蜗轮轴垂直布置,一般用于水平旋转机构的传动
两级蜗杆减速器	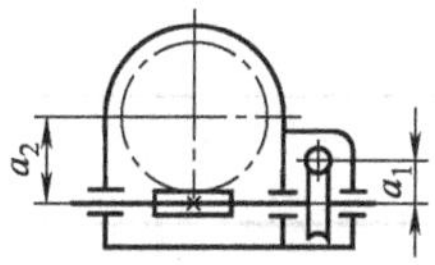	$i=i_1i_2$ $i=43\sim3600$	传动比大,结构紧凑,但效率低,为使高速级和低速级传动浸油深度大致相等可取 $a_1\approx\dfrac{a_2}{2}$
两级齿轮-蜗杆减速器	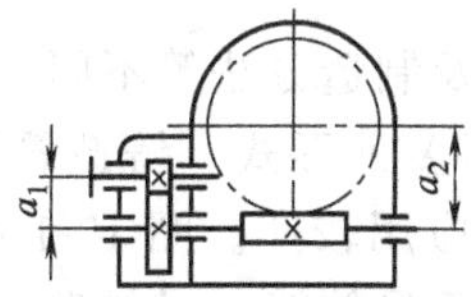	$i=i_1i_2$ $i=15\sim480$	有齿轮传动在高速级和蜗杆传动在高速级两种型式。前者结构紧凑,而后者传动效率高

17.2　减速器的结构设计

17.2.1　减速器结构设计的一般步骤

减速器设计一般可按表 17-2 中所述的几个阶段进行。

表 17-2　减速器设计的一般步骤

序号	阶　　段	主　要　内　容
1	设计准备	①仔细阅读和研究设计任务书,明确设计要求,分析原始数据、工作条件及设计要求、内容和步骤等 ②了解设计对象,阅读有关资料、图纸,观看实物模型及录像,进行减速器拆装实验 ③复习本课程有关内容和一些先修课程的相关内容,熟悉机械零件的设计方法和步骤 ④准备好设计需要的图书、设计资料、绘图仪器、绘图铅笔、计算器、丁字尺、图纸、计算说明书用纸等用具 ⑤拟定课程设计进度计划
2	传动装置的总体设计	①拟定传动装置的总体布置方案,并绘制传动装置运动简图 ②计算电动机的功率、转速,确定电动机的型号 ③确定传动装置的总传动比和分配各级传动比 ④计算各级运动和动力参数,计算出各轴的功率、转速和转矩
3	各级传动零件设计	①进行减速器外部的传动零件设计(带传动、开式齿轮传动等) ②进行减速器内部的传动零件设计(齿轮传动、蜗杆传动等) ③进行联轴器类型和型号的选择
4	减速器装配草图设计	①选择合适的比例尺,合理布置视图,确定减速器各零件的相互位置 ②选择轴端零件(联轴器、带轮或开式齿轮),初步计算各轴的轴径,初选轴承型号,进行各轴的结构设计 ③确定支承形式,初定轴承的型号,进行轴承组合结构设计 ④分析轴上的载荷,确定轴上力的作用点及支点距离,进行轴、轴承及键的强度校核计算,最后确定轴承型号 ⑤分别进行轴系部件、传动零件、减速器箱体及其附件的结构设计

序号	阶　　段	主　要　内　容
5	减速器装配图设计	①选用足够的视图,来正确表达装置的装配关系,绘制装配图 ②标注必要的尺寸、公差配合及零件的序号 ③编写明细表、标题栏,编写传动装置的技术特性及技术要求 ④完成装配图整体设计
6	零件工作图设计	①轴类零件工作图 ②齿轮类零件工作图 ③箱体类零件工作图
7	编写设计计算说明书	整理和编写设计计算说明书

17.2.2　减速器箱体的结构方案选择

减速器类型不同,其结构形式也不同。根据结构及制造方法等不同,减速器箱体一般有剖分式、整体式、铸造式、焊接式以及卧式和立式等多种形式。铸造箱体一般用灰铸铁制造,刚性好,易于切削,适用于形状较复杂的箱体,应用较广。图 17-1 和图 17-2 所示的减速器均采用铸造箱体。焊接箱体是由钢板焊接而成,重量较轻,材料省、生产周期短,但焊接时易产生变形,要求较高的焊接技术和焊后作退火处理,仅适用于单件小批量生产,见图17-3。传动件轴线位于剖分面内的剖分式箱体为齿轮减速器所广泛采用,也有少数减速器使用整体式箱体。

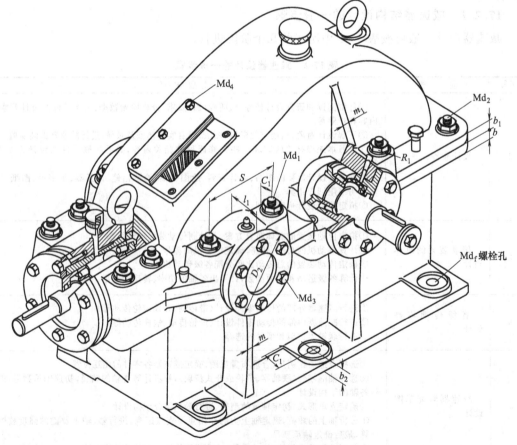

图 17-1　圆锥-圆柱齿轮减速器

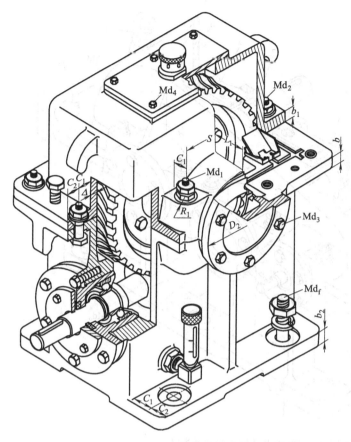

说明：
机体采用剖分结构，制造安装都方便。当尺寸较小时，可采用大端盖结构，结构简单。
当蜗杆圆周速度很大时，则蜗杆搅油阻力大，影响效率，可用蜗杆在上的结构。
蜗杆传动发热大，所以必须考虑散热问题，必要时应在机体上铸出散热片或设置风扇，以利散热。

图 17-2　蜗杆下置减速器

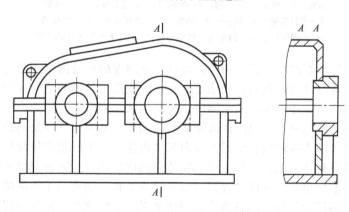

图 17-3　焊接箱体

一般情况下，为便于制造、装配及运动零部件的润滑，减速器多选用铸造的卧式剖分箱体。减速器一般由传动零件（直齿轮、斜齿轮、圆锥齿轮或蜗杆、蜗轮）、轴系零件（轴、轴承）、减速器箱体和附件、润滑密封装置等组成，其详细结构参见图 17-4 二级展开式圆柱齿轮减速器。

图 17-4 所示的二级展开式圆柱齿轮减速器中箱体为剖分式结构，其剖分面通过齿轮传动的轴线、齿轮、轴、轴承等可在箱体外装配成轴系部件后再装入箱体，使装拆较为方便；箱盖和箱座由两个圆锥销精确定位，并用一定数量的螺栓连成一体；起盖螺钉是为了便于由

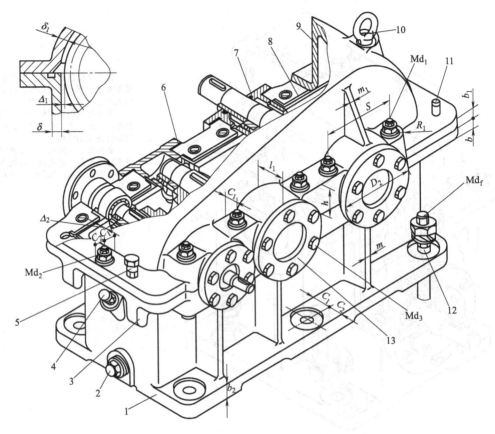

图 17-4   二级展开式圆柱齿轮减速器

1—箱座；2—油塞；3—吊钩；4—油标尺；5—起盖螺钉；6—调整垫片；
7—密封装置；8—油沟；9—箱盖；10—吊环螺栓；11—定位销；
12—地脚螺栓；13—轴承盖（其中吊钩 3、油沟 8 与箱座铸成一体）

箱座上揭开箱盖，吊环螺钉用于提升箱盖；而整台减速器的提升则应使用与箱座铸成一体的吊钩，减速器用地脚螺栓固定在机架或地基上；轴承盖用来封闭轴承并且固定轴承相对于箱体的位置；减速器中齿轮传动采用油池润滑，滚动轴承的润滑利用了齿轮旋转溅起的油雾以及飞溅到箱盖内壁上的油液，汇集后流入箱体结合面上的油沟中，经油沟导入轴承；箱盖顶部所开的检查孔用于检查齿轮啮合情况以及向箱体内注油，平时用盖板封住。箱底下部设有排油孔，平时用油塞封住；油标尺用来检查箱体内油面高低；为防止润滑油渗漏和箱外杂质侵入，减速器在轴的伸出处、箱体结合面处以及检查孔盖、油塞与箱体的结合面均采取密封措施；轴承盖与箱体结合处装有调整垫片，用于轴承间隙的调整。通气器用来及时排放箱体内因发热温升而膨胀的气体。

17.2.3   减速器箱体的结构设计尺寸

箱体起着支承轴系、保证轴系零件及传动件正常运转的重要作用。在轴系零件及传动件的设计草图基本确定，在箱体结构形式、毛坯制造方法（如铸造箱体）也已经确定的基础上，可以全面地进行箱体结构设计。

箱体的结构和受力情况较为复杂，目前尚无完整的理论设计方法，主要按经验数据和经验公式来确定。

减速器机体结构尺寸见表 17-3 和表 17-4（参考图 17-1、图 17-2、图 17-4）。

表 17-3 减速器机体结构尺寸   mm

机体结构尺寸,主要依据地脚螺栓的尺寸,再通过底板固定,而地脚螺栓尺寸又要根据两齿轮的中心距 a 来确定

名称	代号	减速器箱体荐用尺寸		
		齿轮减速器	圆锥齿轮减速器	蜗杆减速器
机座壁厚	δ	一级 $0.025a+1\geqslant 8$ 二级 $0.025a+3\geqslant 8$ 三级 $0.025a+5\geqslant 8$	$0.0125(d_{1m}+d_{2m})+1\geqslant 8$ 或 $0.01(d_1+d_2)+1\geqslant 8$ d_1,d_2——小、大圆锥齿轮的大端直径 d_{1m},d_{2m}——小、大圆锥齿轮的平均直径	$0.04a+3\geqslant 8$
机盖壁厚	δ_1	一级 $0.02a+1\geqslant 8$ 二级 $0.02a+3\geqslant 8$ 三级 $0.02a+5\geqslant 8$	$0.01(d_{1m}+d_{2m})+1\geqslant 8$ 或 $0.0085(d_1+d_2)+1\geqslant 8$	上置蜗杆:$\approx\delta$ 下置蜗杆:$=0.85\delta\geqslant 8$
机座凸缘厚	b	$b=1.5\delta$		
机盖凸缘厚	b_1	$b_1=1.5\delta_1$		
机座底凸缘	b_2	$b_2=2.5\delta$		
地脚螺栓直径	d_f	$d_f=0.036a+12$	$0.018(d_{1m}+d_{2m})+1\geqslant 12$ 或 $0.015(d_1+d_2)+1\geqslant 12$	$d_f=0.036a+12$
地脚螺栓数目	n	$a\leqslant 250$ 时,$n=4$ $a>250\sim500$ 时,$n=6$ $a>500$ 时,$n=8$	$n=\dfrac{\text{底凸缘周长之半}}{200\sim300}\geqslant 4$	4
轴承旁螺栓直径	d_1	$d_1=0.75d_f$		
机盖与机座连接螺栓直径	d_2	$d_2=(0.5\sim0.6)d_f$		
连接螺栓 d_2 的间距	l	$l=150\sim200$		
轴承盖螺栓直径	d_3	$d_3=(0.4\sim0.5)d_f$		
窥视孔盖螺栓直径	d_4	$d_4=(0.3\sim0.4)d_f$		
定位销直径	d	$d=(0.7\sim0.8)d_2$		
螺栓至机壁距离	C_1			
螺栓到凸缘外缘距离	C_2	C_1 及 C_2 查表 17-4		
轴承旁凸台半径	R_1	$R_1=C_2$		
凸台高度	h	以低速级轴承座外径确定,便于扳手空间(要满足 C_1、C_2 的要求)		
外壁至轴承座端面距离	l_1	与计算轴的长度有关 $l_1=C_1+C_2+(5\sim10)$		
大齿轮齿顶圆与箱内壁间的距离	Δ_1	$>1.2\delta$		
齿轮端面与内机壁间的距离	Δ_2	$>\delta$,注意小齿轮要宽于大齿轮		
机盖筋厚	m_1	$m_1\approx0.85\delta_1$		
机座筋厚	m	$m\approx0.85\delta$		
轴承端盖外径	D_2	轴承孔直径(外径)$+(5\sim5.5)d_3$ 对于嵌入式端盖,$D_2=1.25D+10$,D—轴承外径		
轴承端盖凸缘厚度	t	$t=(1\sim1.2)d_3$		
轴承旁连接螺栓的距离	S	尽量靠近,以 Md_1 和 Md_3 互不干涉为准,一般取 $S\approx D_2$		

注:多级传动时,a 取低速级中心距。对圆锥-圆柱齿轮减速器,按圆柱齿轮传动中心距取值。

表 17-4 螺栓的 C_1、C_2 尺寸   mm

螺栓直径	M8	M10	M12	M16	M20	M22	M24	M27
C_{1min}	13	16	18	22	26	28	34	36
C_{2min}	11	14	16	20	24	25	28	32
沉头直径	20	24	26	32	40	42	48	54

17.2.4　箱体结构设计的基本要求

（1）箱体要有足够的刚度

箱体刚度不足，在工作过程中会产生过大的变形，引起轴承孔中心线的歪斜，从而影响齿轮啮合质量，因此在设计箱体时，适当增加轴承座的壁厚和在轴承处设加强筋。加强筋结构见图 17-5。加强筋有外筋和内筋之分，分别见图 17-5（a）、图 17-5（b）。内筋刚性大，箱体外表面光滑美观，但会引起润滑油扰流而增加损耗，铸造工艺也较复杂，所以多采用外筋。

对于剖分式箱体，还应保证箱盖、箱座连接刚度。为此，轴承座两侧的螺栓应尽量靠近。为使连接螺栓紧靠座孔，应在轴承座旁设置凸台结构，见图 17-5。

对于蜗杆减速器，由于发热量大，箱体大小应考虑到散热面积的需要，一般都在箱外加散热筋，见图 17-6，其尺寸关系为 $b=d$；$a=(1.0\sim1.5)d$；$c=0.3d$；$H=(4\sim5)d$。

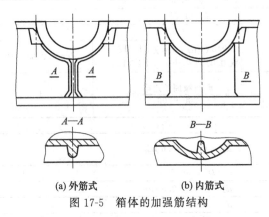

(a) 外筋式　　　(b) 内筋式
图 17-5　箱体的加强筋结构

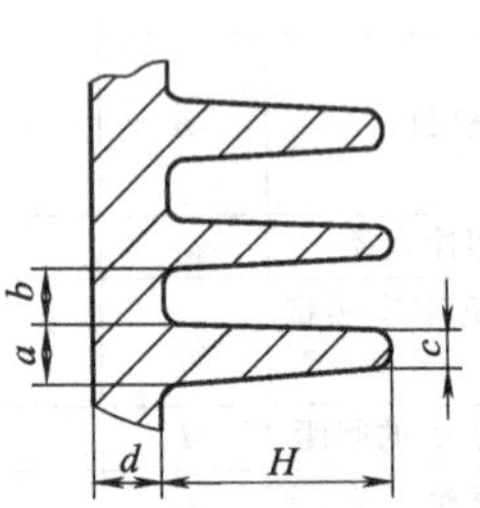

图 17-6　减速器散热筋板

（2）铸件箱体壁厚 δ

铸件箱体的尺寸直接影响它的刚度，首先要确定壁厚 δ，力求壁厚均匀合理。箱体壁厚 δ 与所受载荷大小有关，可用经验公式检查：

$$\delta=2\sqrt[4]{0.1T}\geqslant8\text{mm}$$

式中　T——低速轴转矩，N·mm。

在相同壁厚情况下，增加箱体底面积及箱体轮廓尺寸，可以增加抗弯扭的惯性矩，有利于提高箱体的整体刚性。

轴承座、箱体底座等部位承受载荷较大，其壁厚应更厚些。为了造型和拔模的便利，外形应力求平坦和光滑过渡；同时应避免出现狭缝，内腔孔凸台体应与壁或筋有一定的距离。用砂型铸造时，箱体上铸造表面（铸后不再进行机械加工的表面）相交处应以圆角过渡，铸造圆角半径可取 $R\geqslant5\text{mm}$。

由于结构要求箱体各处厚薄不一，由厚到薄应采取平缓的过渡结构，其过渡部分结构尺寸见表 17-5。

表 17-5　铸件过渡部分尺寸

铸件壁厚 h	x	y	R
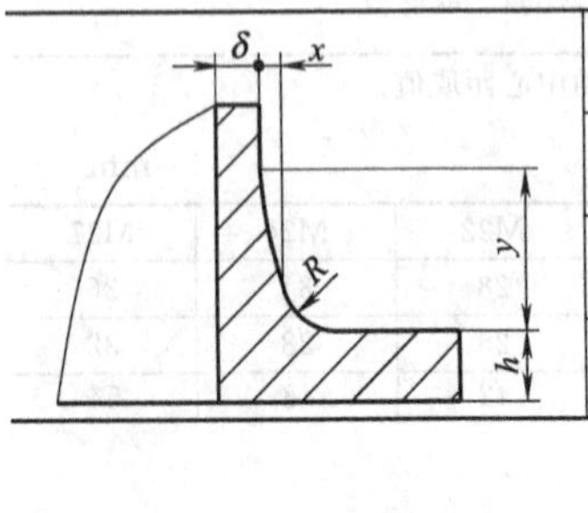 10～15	3	15	5
15～20	4	20	5
20～25	5	25	5

箱体轴承孔附近和箱体底座与地基接合处承受较大的集中载荷,故此处需要有更大的壁厚如尺寸 a 和尺寸 b,见图 17-7。

对于锥齿轮减速器的箱体,在支承小锥齿轮悬臂部分的壁厚还可以适当加厚些,但应注意避免过大的铸造应力,并应尽量减小轴的悬臂部分长度,以利于提高轴的刚性,见图 17-8。

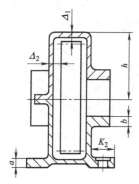

图 17-7　集中载荷处的壁厚

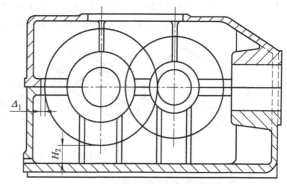

图 17-8　锥齿轮减速器的悬臂轴承座

(3)保证箱座与箱盖接合面的紧密性

为了防止润滑油沿接合面向外渗漏和保证镗制轴承孔的精度,箱座与箱盖应紧密贴合。接合面需要精密加工,一般先经刨或铣,再由平面磨床磨削或钳工手工刮削。在装配时不得用垫片,以免破坏滚动轴承在轴承座中的配合。为了提高密封性,有时在箱座的接合面上加工出油槽和钻出斜孔或铣出斜槽,把沿接合面向外渗漏的油贮集在油槽中,并通过斜孔或斜槽流回箱内,这种油槽称为回油沟。

装配前用水玻璃、密封胶等涂在剖分面上也是增强密封措施之一。

(4)箱体结构要有良好的铸造工艺性

箱体的结构工艺性指毛坯制造、机械加工、热处理及装配等环节的工艺性。铸造工艺性包括铸件的壁厚与变化、筋壁的连接、外形与内腔的结构,设计箱体时必须全面考虑这些因素。对于铸造箱体,要尽量考虑到造型、起模和浇注的方便。形状应尽量简单,箱体壁厚力求均匀,壁厚不能太薄,以免浇注时铁水流动困难、金属积聚等而造成内部缺陷。铸造零件抗拉强度较低,不耐冲击,铸造零件容易产生缺陷,如缩孔、疏松等。结构设计时,应注意正确设计铸造零件的结构、形状和尺寸,发挥铸造零件的优点,避免它的缺点。设计箱体结构时,还需考虑取模的方便,因此铸造表面沿起模方向应有 $1:20\sim1:10$ 的起模斜度。当铸造表面有凸起结构时,则在造型时要增加活块,所以设计时有起模方向的表面上应尽量减少凸起,或者将几个凸起结构连成一体,以减少活块数,见图 17-9。在图 17-9 中,图(a)为铸件;图(b)说明整体木模不能取出;图(c)可以取出主体,留下活块;图(d)表明

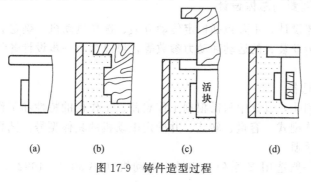

(a)　　　(b)　　　(c)　　　(d)

图 17-9　铸件造型过程

可以取出活块。

用砂型铸造时，箱体上铸造表面（铸后不再进行机械加工的表面）相交处应以圆角过渡，铸造圆角半径可取 $R \geqslant 5$mm。

（5）箱体应有良好的加工工艺性

设计箱体结构形状时，应尽可能减少机械加工面积，以提高劳动生产率，减少刀具磨损。图 17-10 为箱座底面的一些结构形式，图（a）的结构不合理，因加工面积太大，且难以支持平整；图（c）所示结构较合理；当底面较短时，常采用图（b）或图（d）所示结构。

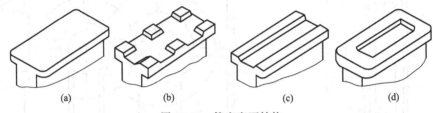

(a)　　　　　　(b)　　　　　　(c)　　　　　　(d)

图 17-10　箱座底面结构

（6）箱体形状力求均匀美观

箱体设计应考虑艺术造型问题，外形的简洁和整齐会增加统一协调的美感，如尽量减少外凸结构，可设置内肋替代外肋，不仅提高刚度，而且也使外形更加整齐美观。

箱体的结构和受力情况较为复杂，目前尚无完整的理论设计方法，主要按经验数据和经验公式来确定。减速器的箱体结构尺寸可按表 17-3 确定（参考图 17-1、图 17-2、图 17-4）。设计时按表中所列的经验公式计算出尺寸后，应将其圆整；有些尺寸应根据结构要求适当修改；与标准件有关的尺寸，如螺栓、销直径等，应取相应的标准值。

17.3　减速器的设计计算实例

为了进一步了解减速器的设计全过程，现通过一例题进行阐述。

例：已知图 9-4 所示的带输送机，其传动装置主要参数见表 17-6。要求对该装置进行电动机选择、传动比分配、V 带设计、开式齿轮传动设计、闭式齿轮传动设计、轴系零件设计和箱体设计等。

表 17-6　带运输机传动装置主要参数

项　目	设计数据	项　目	设计数据
运输带曳引力 F/N	2000	每日工作时数/h	8
带速 v/(m/s)	1.0	传动工作年限/年	5
滚筒直径 D/mm	700		

注：传动不逆转，载荷较平稳。

17.3.1　传动装置的总体设计

传动装置的总体设计，主要包括拟定传动方案、选择电动机、确定总传动比和确定各级分传动比以及计算传动装置的运动和动力参数等，可以为下一步设计各级传动零件和绘制装配图提供依据。

（1）电动机的选择

电动机已经系列化，设计中只需根据工作载荷、工作机的特性和工作环境等条件，选择电动机的类型和结构型式、容量、转速，并确定电动机的具体型号。选择电动机时的详细过程参考《机械设计手册》。

按工作要求，一般选用 Y 系列三相异步电动机（JB 3074—1982），其结构型式选择基本安装 B3 型，机座带底脚，端盖无凸缘，额定电压 380V。

① 计算电动机所需工作功率　由已知条件可知运输带曳引力 $F=2000\text{N}$，带速 $v=1.0\text{m/s}$，又由于电动机所需功率：

$$P_0 = \frac{P_\text{W}}{\eta}$$

$$P_\text{W} = \frac{Fv}{1000\eta_\text{W}}$$

所以

$$P_0 = \frac{Fv}{1000\eta\eta_\text{W}}$$

式中　P_0——电动机工作功率，kW；

P_W——工作机（滚筒）所需功率，kW；

η_W——工作机（带传送）效率；

η——从电动机至工作机总效率。

按图 9-4，可得

$$\eta = \eta_\text{带}\,\eta_\text{闭}\,\eta_\text{开}\,\eta_\text{滚}^2\,\eta_\text{滑}$$

式中　$\eta_\text{带}$——V 带传动效率；

$\eta_\text{闭}$——闭式齿轮传动效率；

$\eta_\text{开}$——开式齿轮传动效率；

$\eta_\text{滚}$——滚动轴承传动效率；

$\eta_\text{滑}$——滑动轴承传动效率。

查《机械设计手册》，取 $\eta_\text{带}=0.96$，$\eta_\text{闭}=0.97$，$\eta_\text{开}=0.92$，$\eta_\text{滚}=0.99$，$\eta_\text{滑}=0.94$。

则总效率　　　　　　　$\eta = 0.96 \times 0.97 \times 0.92 \times 0.99^2 \times 0.94 = 0.79$

滚筒传动效率按平带开式传动 $\eta_\text{W}=0.98$

则电动机工作功率为

$$P_0 = \frac{2000 \times 1.0}{1000 \times 0.79 \times 0.98} = 2.58\text{kW}$$

② 电动机额定功率确定　电动机的额定功率通常按下式计算

$$P_\text{m} = (1 \sim 1.3)P_\text{d} = (1 \sim 1.3) \times 2.58 = 2.58 \sim 3.35\text{kW}$$

在电动机标准表中，查《机械设计手册》，符合这一范围功率的电动机额定功率有 3kW、4kW 两种，取 $P_\text{m}=3\text{kW}$ 较为合适。

③ 确定电动机转速　由已知可知滚筒直径 $D=700\text{mm}$，带速 $v=1.0\text{m/s}$，所以滚筒工作转速为

$$n_\text{W} = \frac{60 \times 1000 \times 1.0}{\pi D} = \frac{60 \times 1000 \times 1.0}{\pi \times 700}\text{r/min} = 27.30\text{r/min}$$

在传动装置中，总传动比为电动机转速 n_m 与工作机转速 n_W 之比，即 $i = \dfrac{n_\text{m}}{n_\text{W}}$

由图 9-4 的传动方案可知，该传动装置的总传动比等于三级传动比的乘积，即

$$i = i_1 i_2 i_3$$

式中　i_1——普通 V 带传动比；

i_2——闭式齿轮传动比；

i_3——开式齿轮传动比。

查《机械设计手册》，取 $i_1 = (2 \sim 4)$，$i_2 = (3 \sim 5)$，$i_3 = (4 \sim 6)$

传动比范围 $i = (2 \sim 4) \times (3 \sim 5) \times (4 \sim 6) = 24 \sim 120$

所以电动机的转速 n_m 范围为

$$n_\text{m} = i n_\text{W} = (24 \sim 120) \times 27.30\text{r/min} = 655.2 \sim 3276\text{r/min}$$

符合这一范围转速的同步转速有 750r/min、1000r/min 和 1500r/min 三种，按《机械设计手册》查出三种适用的电动机型号，其各自传动比为

当 $n=750$r/min 时，$i=\dfrac{750}{27.30}=27.5$；

当 $n=1000$r/min 时，$i=\dfrac{1000}{27.30}=36.6$；

当 $n=1500$r/min 时，$i=\dfrac{1500}{27.3}=54.9$。

因此，有三种传动比方案，见表 17-7。

表 17-7　传动比方案比较

方案	电动机型号	额定功率/kW	电动机转速/(r/min)		传动装置的传动比			
			同步	满载	总传动比	V带传动	闭式齿轮传动	开式齿轮传动
1	Y100L2-4	3	1500	1420	54.9	2.75	4	5
2	Y132S-6	3	1000	960	36.6	2.29	4	4
3	Y132M-8	3	750	710	27.5	2.29	3	4

综合考虑电动机和传动装置尺寸、机构和各级传动比，认为方案 1 比较合适。故选用 Y100L2-4 型电动机，其主要性能和安装尺寸见表 17-8 和表 17-9。

表 17-8　Y100L2-4 型电动机主要性能

电动机型号	额定功率/kW	同步转速/(r/min)	满载转速/(r/min)	额定转矩/N·m
Y100L2-4	3	1500	1420	2.2

表 17-9　Y100L2-4 型电动机安装尺寸

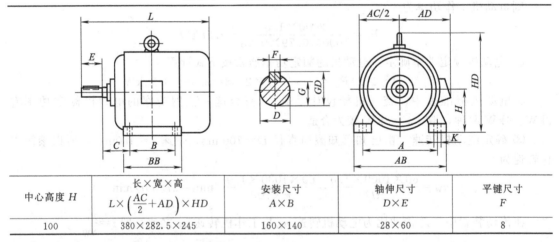

中心高度 H	长×宽×高 $L\times\left(\dfrac{AC}{2}+AD\right)\times HD$	安装尺寸 $A\times B$	轴伸尺寸 $D\times E$	平键尺寸 F
100	380×282.5×245	160×140	28×60	8

（2）确定传动装置的各级传动比

① 系统各级传动比的计算　电动机选定以后，根据电动机满载转速 n_{m} 及工作机转速 n_{W}，就可计算出传动装置的总传动比为

$$i=\frac{n_{\mathrm{m}}}{n_{\mathrm{w}}}=\frac{1420}{27.30}\mathrm{r/min}=52.0\mathrm{r/min}$$

又由于传动装置的总传动比等于各级传动比的乘积，即

$$i=i_1 i_2 i_3$$

式中　i_1——V带传动比；

　　　i_2——闭式齿轮传动比；

i_3——开式齿轮传动比。

查《机械设计手册》，取 $i_2=4$，$i_3=5$

则 V 带传动比 $i_1=\dfrac{i}{i_2 i_3}=\dfrac{52.0}{4\times5}=2.6$，查《机械设计手册》，带传动比在 2～4 之间，符合要求。

因此，传动比分配为：V 带传动比 $i_1=2.6$；闭式齿轮传动比 $i_2=4$；开式齿轮传动比 $i_3=5$。

② 传动装置的运动和动力参数　传动装置的运动参数和动力参数是指各轴的转速、功率和转矩。

设计减速器时，根据工作要求，可按已确定的输入的额定功率（即电动机所需功率）计算，也可按输出的有效转矩计算。为进行传动零件的设计，需要求出各轴的转速、转矩或功率。若将传动装置的各轴由高速至低速依次定为Ⅰ轴、Ⅱ轴……（电动机轴为 0 轴），并设：

n_I、n_{II}、n_{III}…——各轴的转速，r/min；

P_I、P_{II}、P_{III}…——各轴的输入功率，kW；

T_I、T_{II}、T_{III}…——各轴的转矩，N·m；

$\eta_{0,I}$、$\eta_{I,II}$、$\eta_{II,III}$…——相邻两轴间的传动效率；

i_0、i_1、i_2…——相邻两轴间的传动比。

则可按电动机轴至工作机轴的运动传递路线推算出各轴的运动和动力参数。

a. 各轴转速

Ⅰ轴：$n_I=n_m=1420\text{r/min}$

Ⅱ轴：$n_{II}=n_I/i_1=1420/2.6\approx546\text{r/min}$

Ⅲ轴：$n_{III}=n_{II}/i_2=546/4\approx137\text{r/min}$

Ⅳ轴：$n_{IV}=n_{III}/i_3=137/5\approx27\text{r/min}$

b. 各轴功率

Ⅰ轴：$P_I=P_0=2.58\text{kW}$

Ⅱ轴：$P_{II}=P_I\eta_带=2.58\times0.96=2.48\text{kW}$

Ⅲ轴：$P_{III}=P_{II}\eta_闭\eta_滚=2.48\times0.97\times0.99=2.38\text{kW}$

Ⅳ轴：$P_{IV}=P_{III}\eta_开\eta_滚=2.38\times0.92\times0.99=2.16\text{kW}$

输出功率 $P_{out}=P_{IV}\eta_滑\eta_w=2.16\times0.94\times0.98=1.99\text{kW}$

c. 各轴转矩

Ⅰ轴：$T_I=T_d=9550\dfrac{P_0}{n_m}=9550\times\dfrac{2.58}{1420}\text{N·m}\approx17.35\text{N·m}$

Ⅱ轴：$T_{II}=9550\dfrac{P_{II}}{n_{II}}=9550\times\dfrac{2.48}{546}\text{N·m}\approx43.36\text{N·m}$

Ⅲ轴：$T_{III}=9550\dfrac{P_{III}}{n_{III}}=9550\times\dfrac{2.38}{136}\text{N·m}\approx166.34\text{N·m}$

Ⅳ轴：$T_{IV}=9550\dfrac{P_{IV}}{n_{IV}}=9550\times\dfrac{2.16}{27}\text{N·m}\approx755.33\text{N·m}$

带输送机传动装置各轴主要参数的计算结果如表 17-10 所示。

17.3.2　减速器传动零件的设计计算

减速器设计中的传动装置是由各种类型的零件、部件组成的，其中最主要的是传动零件，它关系到传动装置的工作性能、结构布置和尺寸大小。由于减速器是一独立、完整的传动部件，为使其设计时原始条件比较准确，通常是先进行减速器外部传动零件的设计计算，再进行减速器内部传动零件的设计计算。

表 17-10　带输送机传动装置各轴主要参数计算结果

轴号	输入功率 P/kW	转矩 $T/(N \cdot m)$	转速 $n/(r/min)$	传动比 i	效率
Ⅰ	2.58	17.35	1420		0.96
Ⅱ	2.48	43.36	546	2.6	0.96
Ⅲ	2.38	166.34	137	4	0.91
Ⅳ	2.16	755.33	27	5	0.92
滚筒轴	2.16	755.33	27	1	

　　减速器外部传动零件设计中的带传动、Ⅲ轴上开式齿轮传动的设计计算分别见 10.3.3 和 12.2.2；减速器内部传动零件中的Ⅱ轴上的闭式齿轮传动的设计计算见 12.2.2。

17.3.3　减速器轴系零件的设计计算

　　轴系零件包括轴、键、轴承。输出轴（Ⅲ轴）的结构及尺寸的设计计算见 14.3；输出轴（Ⅲ轴）所用的滚动轴承的设计计算过程及结果见 15.1.4 中的例 1；平键的设计计算过程见 9.2.3。

17.3.4　减速器机体结构尺寸的确定

　　箱体的结构和受力情况较为复杂，目前尚无完整的理论设计方法，主要按经验数据和经验公式来确定。

　　通过上述计算，结合例图 9-4，已知减速器中心距 $a=150mm$，输出轴选用深沟球轴承 6210，轴承外径 $D=90mm$。参考表 17-3、表 17-4 及图 17-1、图 17-2、图 17-4，可计算出带输送机一级减速器机体各结构尺寸，其计算数据见表 17-11、表 17-12。

表 17-11　减速器机体结构尺寸　　　　　　　　　　　mm

名　称	代号	齿轮减速器箱体荐用尺寸
机座壁厚	δ	$0.025a+1=0.025 \times 150+1=4.75$，取 $\delta=8$
机盖壁厚	δ_1	$0.02a+1=0.02 \times 150+1=4$，取 $\delta_1=8$
机座凸缘厚	b	$b=1.5\delta=1.5 \times 8=12$
机盖凸缘厚	b_1	$b_1=1.5\delta_1=1.5 \times 8=12$
机座底凸缘	b_2	$b_2=2.5\delta=2.5 \times 8=20$
地脚螺栓直径	d_f	$d_f=0.036a+12=0.036 \times 150+12=17.4$，取 $d_f=$M20
地脚螺栓数目	n	$a \leqslant 250mm$ 时，$n=4$
轴承旁螺栓直径	d_1	$d_1=0.75d_f=0.75 \times 20=15$，取 $d_1=$M16
机盖与机座连接螺栓直径	d_2	$d_2=(0.5 \sim 0.6)d_f=(0.5 \sim 0.6) \times 20=(10 \sim 12)$，取 $d_2=$M12
轴承盖螺栓直径	d_3	$d_3=(0.4 \sim 0.5)d_f=(0.4 \sim 0.5) \times 20=(8 \sim 10)$，取 $d_3=$M10
窥视孔盖螺栓直径	d_4	$d_4=(0.3 \sim 0.4)d_f=(0.3 \sim 0.4) \times 20=(6 \sim 8)$，取 $d_4=$M8
定位销直径	d	$d=(0.7 \sim 0.8)d_2=(0.7 \sim 0.8) \times 12=(8.4 \sim 9.6)$，取 $d=$M10
螺栓至机壁距离	C_1	各螺栓 C_1、C_2 见表 17-4
螺栓到凸缘外缘距离	C_2	
轴承旁凸台半径	R_1	$R_1=C_2=20$　　$(d_1=$M16$)$
凸台高度	h	在草图绘制时，按低速级轴承座外径确定，注意留有扳手空间（即满足 C_1、C_2 的要求）
外壁至轴承座端面距离	l_1	与计算轴的长度有关 $l_1=C_1+C_2+(5 \sim 10)=22+20+(5 \sim 10)=47 \sim 52$，取 $l_1=50$
大齿轮齿顶圆与箱内壁间的距离	Δ_1	$\Delta_1 > 1.2\delta=1.2 \times 8=9.6$，取 $\Delta_1=10$
齿轮端面与内机壁间的距离	Δ_2	$\Delta_2 > \delta=8$，注意小齿轮要宽于大齿轮，取 $\Delta_2=10$
机盖筋厚	m_1	$m_1 \approx 0.85\delta_1=0.85 \times 8=6.8$，取 $m_1=7$
机座筋厚	m	$m \approx 0.85\delta=0.85 \times 8=6.8$，取 $m=7$
轴承端盖外径	D_2	$D_2=D+(5 \sim 5.5)d_3=90+(5 \sim 5.5) \times 10=140 \sim 145$，取 $D_2=145$
轴承端盖凸缘厚度	t	$t=(1 \sim 1.2)d_3=(1 \sim 1.2) \times 10=10 \sim 12$，取 $t=12$
轴承旁连接螺栓的距离	S	尽量靠近，以 Md_1 和 Md_3 互不干涉为准，一般取 $S \approx D_2=145$

名称	符号	尺寸关系
机座壁厚	δ	一级传动:0.025a+1≥8mm 二级传动:0.025a+3≥8rm 三级传动:0.025a+5≥8mm
机盖壁厚	δ_1	$(0.8\sim0.85)\delta,\delta\geq8mm$
机座凸缘的厚度	b	1.5δ
机盖凸缘的厚度	b_1	$1.5\delta_1$
机座底凸缘厚度	b_2	2.5δ
地脚螺栓的直径	d_f	$0.036a+12mm$
轴承旁连接螺栓直径	d_1	$0.75d_f$
上下机体连接螺栓直径	d_2	$(0.5\sim0.6)d_f$
轴承端盖的螺钉直径	d_3	$(0.4\sim0.5)d_f$
窥视孔盖的螺钉直径	d_4	$(0.3\sim0.4)d_f$
螺栓 Md_f、Md_2 至边缘距离	C_2	由螺栓直径决定以便于搬动或由右下表查得
上下机体连接螺栓距离	C_1	同上
凸台旁连接螺钉直径	R_1	C_2
凸台高度	h	由结构确定以便于搬运器
外机壁至轴承端面之间距离	l_1	$C_1+C_2+(5\sim10)mm$
大齿轮顶圆与内机壁距离	Δ_1	$>1.2\delta$
齿轮端面与内机壁之间的距离	Δ_2	$>\delta$
上下机体端面凸缘之间的距离	$m_1;m$	$>0.85\delta_1\sim0.85\delta_5$
轴承端盖外直径	D_2	轴承孔直径+(5~5.5)d_3
轴承旁连接螺栓距离	S	尽量靠近以螺栓孔 Md_1 和 Md_5 丘不干涉为准,并留有余地,一般取 $S\geq D_2$

注:上表中a对多级传动系指高速级中心距

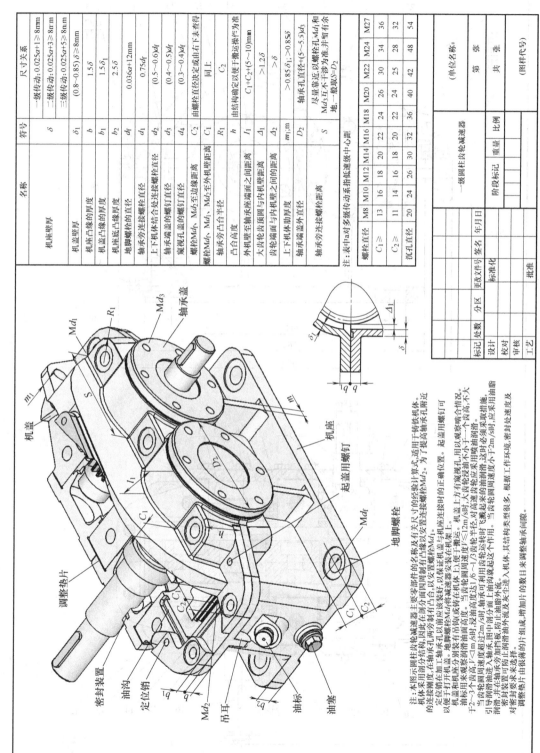

螺栓直径	M8	M10	M12	M14	M16	M18	M20	M22	M24	M27
$C_1\geq$	13	16	18	20	22	24	26	30	34	36
$C_2\geq$	11	14	16	18	20	22	24	25	28	32
沉孔直径	20	24	26	30	32	36	40	42	48	54

一级圆柱齿轮减速器

阶段标记	重量	比例

第　张　共　张

(单位名称)

(图样代号)

标记	处数	分区	更改文件号	签名	年月日
设计			标准化		
校对					
审核			批准		
工艺					

图 17-11　一级直齿圆柱齿轮减速器立体图

注:本图所示圆柱齿轮减速器主要零部件的名称及有关尺寸的经验计算式,适用于铸铁机体。机体采用剖分式结构,因此在剖分面前周制有凸台,为了提高轴承孔附近的连接刚度,在轴承孔两旁制有凸台,以安置连接螺栓 Md_2。为了保证减速器装配在接剖面处的正确位置,以便于加工开机盖。地脚螺栓 Md_4 将减速器安装在机架上。定位销在加工轴承孔以前应该装好,以保证加工轴承孔和机盖与机座的正确位置。倾于搬运上,顶盖圆周速度超过2m/s时,可用甩油润滑。当轴承圆周速度小于2m时,应采用油脂润滑。引导润滑油进入轴承,图中剖分面上制有油沟槽,防止油外流。当齿轮圆周速度小于12m/s时,应采用油脂润滑,并在轴承旁利用齿轮运转时将甩起来的油溅起进入油沟润滑。当齿轮圆周速度很多,其结构类型很多,根据工作环境、密封处速度皮对密封型式要求来选择。调整垫片由很薄的片组成,增加片的数目用来调整轴承间隙。

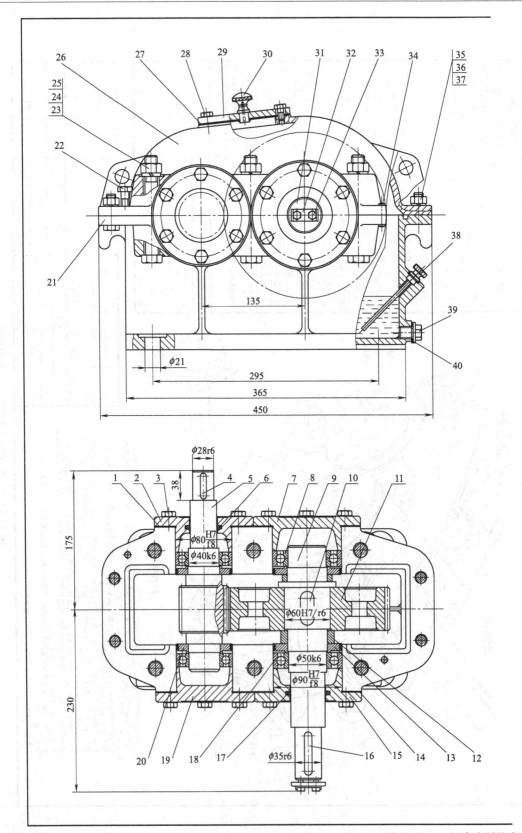

图 17-12 一级直齿圆柱齿

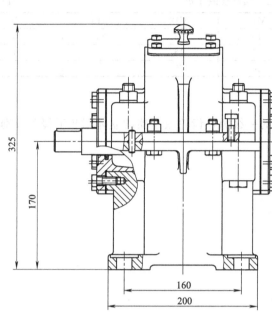

技术特性
功率：2.85kW；
高速轴转速：411.6r/min；
传动比：3.5。

技术要求
1.装配前,所有零件用煤油清洗,滚动轴承用汽油清洗,机体内不许有任何杂物存在,内壁涂上不被机油浸蚀的涂料两次;
2.啮合侧隙用铅丝检验不小于0.16mm,铅丝不得大于最小侧隙的四倍;
3.用涂色法检验斑点。按齿高接触斑点不小于40%;按齿长接触斑点不小于50%,必要时可用研磨或刮后研磨以便改善接触情况;
4.应调整轴承轴向间隙:ϕ40为0.05～0.1mm,ϕ50为0.08～0.15mm;
5.检查减速器剖分面、各接触面及密封处,均不许漏油,剖分面允许涂以密封油漆或水玻璃,不允许使用任何填料;
6.机座内装HJ-50润滑油至规定高度;
7.表面涂灰色油漆。

40		垫片	1	石棉橡胶纸		
39		螺塞	1	A_3		
38		油标尺	1			组合件
37	GB/T 93—1987	垫圈 M12	4	A_3		
36	GB/T 41—2000	螺母 M12	4	A_3		
35	GB/T 5780—2000	螺栓 M12×40	4	A_3		
34	GB/T 117—2000	销 8×30	2			
33	GB/T 5780—2000	螺栓 M6×16	2			
32		止动垫片	1	A_2		
31		轴端挡圈	1	A_3		
30		通气器	1	A_3		
29		窥视板	1	A_2		
28	GB/T 5780—2000	螺栓 M8×16	4			
27		窥视板密封垫	1	石棉橡胶纸		
26		机盖	1	HT200		
25	GB/T 93—1987	垫圈 M16	6	A_3		
24	GB/T 41—2000	螺母 M16	6	A_3		
23	GB/T 5780—2000	螺栓 M16×130	6	A_3		
22	GB/T 5780—2000	螺栓 M10×30	2			
21		机座	1	HT200		
20		挡油环	2	A_3		
19		轴承盖(小)	1	HT200		
18	GB/T 276—1994	轴承 6210	2			
17		毡封油圈	1	半粗羊毛毡		
16	GB/T 1095—2003	键 10×55	1			
15		轴承透盖(大)	1	HT200		
14		调整垫片(大轴端)	2组	08F		
13		挡油环	2			
12		套筒	2	A_3		
11		齿轮	1	ZG35SiMn		$m=2.5\ z=84$
10	GB/T 1095—2003	键 18×45	1			
9		轴	1	45		
8	GB/T 276—1994	轴承 6208	2			
7		轴承端盖(大)	1	HT200		
6		毡封油圈	1	半粗羊毛毡		
5		齿轮轴	1	40MnB		$m=2.5\ z=24$
4	GB/T 1095—2003	键 8×35	1			
3	GB/T 5780—2000	螺栓 M10×30	24			
2		轴承透盖(小)	1	HT200		
1		调整垫片(小轴端)	2组	08F		
序号	图号	名　称	数量	材料	单件 总计 重　量	备　注

			一级圆柱齿轮减速器	(单位名称)
标记 处数 分区 更改文件号 签名 年月日				第　张
设计		标准化	阶段标记 重量 比例	共　张
校对				
审核				(图样代号)
工艺		批准		

轮减速器工作图

根据计算,该减速器选用的各螺栓至机壁及至外缘的距离见表 17-12。

表 17-12 螺栓安装距离　　　　　　　　　　　　　　　　　mm

螺栓直径	M8	M10	M12	M16	M20
螺栓至机壁距离 C_{1min}	13	16	18	22	26
螺栓至外缘距离 C_{2min}	11	14	16	20	24
沉头直径	20	24	26	32	40

17.3.5 减速器装配图的绘制

根据上述减速器的设计计算实例绘制的一级圆柱齿轮减速器的立体图和工程图分别见图 17-11 和图 17-12。

参 考 文 献

[1] 秦大同. 谢里阳主编. 现代机械设计手册. 第1卷. 北京：化学工业出版社，2011.
[2] 秦大同. 谢里阳主编. 现代机械设计手册. 第2卷. 北京：化学工业出版社，2011.
[3] 秦大同. 谢里阳主编. 现代机械设计手册. 第3卷. 北京：化学工业出版社，2011.
[4] 成大先等. 机械设计手册（第五版）第1卷. 北京：化工工业出版社，2008.
[5] 成大先等. 机械设计手册（第五版）第2卷. 北京：化工工业出版社，2008.
[6] 成大先等. 机械设计手册（第五版）第3卷. 北京：化工工业出版社，2008.
[7] 骆素君，朱诗顺主编. 机械课程设计简明手册. 第2版. 北京：化学工业出版社，2011.
[8] 骆素君主编. 机械设计课程设计实例与禁忌. 北京：化学工业出版社，2009.
[9] 张策主编. 机械原理与机械设计（下册）. 北京：机械工业出版社，2008.
[10] 张鄂主编. 机械设计学习指导　重点难点及典型题精解. 西安：西安交通大学出版社，2002.
[11] 吴宗泽主编. 机械设计实用手册. 第2版. 北京：化学工业出版社，2003.
[12] 杨可桢，程光蕴主编. 机械设计基础. 第5版. 北京：高等教育出版社，2010.
[13] 濮良贵，纪名刚主编. 机械设计. 第8版. 北京：高等教育出版社，2006.
[14] 邱宣怀主编. 机械设计. 第4版. 北京：高等教育出版社，1997.